U0309444

航天科技图书出版基金资助出版

空间大型天线多体动力学分析

周志成　董富祥　著

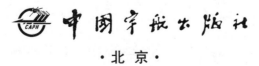

中国宇航出版社

·北京·

图书在版编目（CIP）数据

空间大型天线多体动力学分析 / 周志成，董富祥著

－－北京：中国宇航出版社，2015.3

ISBN 978－7－5159－0847－2

Ⅰ. ①空… Ⅱ. ①周… ②董… Ⅲ. ①航天器天线－
多体动力学－动力学分析　Ⅳ. ①V443

中国版本图书馆 CIP 数据核字（2014）第 292126 号

责任编辑　舒承东　　　**封面设计**　文道思

出 版 发 行	**中国宇航出版社**		
社 址	北京市阜成路 8 号	**邮 编**	100830
	(010)68768548		
网 址	www.caphbook.com		
经 销	新华书店		
发行部	(010)68371900	(010)88530478(传真)	
	(010)68768541	(010)68767294(传真)	
零售店	读者服务部	北京宇航文苑	
	(010)68371105	(010)62529336	
承 印	北京画中画印刷有限公司		

版 次	2015 年 3 月第 1 版
	2015 年 3 月第 1 次印刷
规 格	787×1092
开 本	1/16
印 张	14.75
字 数	352 千字
书 号	ISBN 978－7－5159－0847－2
定 价	118.00 元

本书如有印装质量问题，可与发行部联系调换

航天科技图书出版基金简介

航天科技图书出版基金是由中国航天科技集团公司于 2007 年设立的，旨在鼓励航天科技人员著书立说，不断积累和传承航天科技知识，为航天事业提供知识储备和技术支持，繁荣航天科技图书出版工作，促进航天事业又好又快地发展。基金资助项目由航天科技图书出版基金评审委员会审定，由中国宇航出版社出版。

申请出版基金资助的项目包括航天基础理论著作，航天工程技术著作，航天科技工具书，航天型号管理经验与管理思想集萃，世界航天各学科前沿技术发展译著以及有代表性的科研生产、经营管理译著，向社会公众普及航天知识、宣传航天文化的优秀读物等。出版基金每年评审 1～2 次，资助 10～20 项。

欢迎广大作者积极申请航天科技图书出版基金。可以登录中国宇航出版社网站，点击"出版基金"专栏查询详情并下载基金申请表；也可以通过电话、信函索取申报指南和基金申请表。

网址：http：//www.caphbook.com

电话：(010) 68767205，68768904

序 一

在航天发展的历程中，许多关键性技术的突破，有力推动了航天产品的创新发展与服务的广泛应用，星载大天线技术即是其中之一。传统上，受限于运载火箭整流罩尺寸和星载天线构型，一般星载天线口径在 4 米以内，严重制约了地面的应用。而星载可展开大型天线的出现，使以往认为不可能的事逐渐成为现实。现在，4 米以上、几十米甚至上百米口径的反射器天线都已实现，并且逐步成为移动通信卫星、电子侦察卫星以及海洋盐度和土壤湿度等对地观测卫星研制的先决条件和重要标志。

大型空间可展开天线一般为柔性反射面，在轨展开过程中以及展开后对动力学控制、反射器型面精度控制等都有非常严格的要求。目前，仅有美国、欧洲和俄罗斯等少数航天大国具备一定的研制能力和基础条件，大型空间可展开天线技术已经成为衡量宇航制造企业乃至一国航天综合实力的重要技术特征。我国正处在由航天大国向航天强国迈进的关键历史时期，在技术上和工程上突破星载大天线瓶颈制约具有重要的现实意义和深远的影响。

我国在空间大型天线方面进行了多年的研究，在大型空间天线的设计、分析和验证中，天线展开过程的柔性多体动力学分析仿真技术、地面试验技术以及故障预防和排除策略等，都是必须突破的关键技术。《空间大型天线多体动力学分析》作为国内该领域的首部专著，以空间大型桁架式天线为研究对象，从天线的动力学建模、设计、仿真和试验验证，以及展开故障模式分析与对策研究等方面进行了详细地阐述，具有理论分析与工程实践相结合、国内情况与国外经验相结合的特点。对空间大型天线的动力学研究和工程设计研制等相关人员来说，具有很好的参考价值，是一本不可多得的好书。

《空间大型天线多体动力学分析》充分反映了我国在大型空间机构展开动力学分析、地面试验和故障模式分析与处理等领域理论研究和工程应用方面取得的新成果。相信该书的出版，必将有力地推动我国航天器多体动力学的进一步研究发展和广泛的工程应用，推动我国大型空间可展开结构设计、分析、验证及故障处理能力达到更高的水平。在此，对该书的出版表示衷心的祝贺！

王礼恒

中国工程院院士

中国航天科技集团公司高级技术顾问

2015 年 1 月

序　二

随着通信、空间科学的迅猛发展，卫星成为信息传播中继站的首选。随着信息量的不断增大，对卫星天线的大容量、多谱段、大功率、长寿命等功能的需求变得愈加迫切，必然要求增大天线的口径来提高其传输带宽、信号增益和简化地面接收装置，其设计、分析和试验验证技术已经成为航天科技发展迫切需要掌握的核心技术。

周志成研究员在从事多年航天器动力学与控制专业研究后，致力于通信卫星和导航卫星总体设计工作，是我国大型地球静止轨道卫星公用平台（东方红四号）总设计师。他在航天器研制、动力学与控制、总体优化设计和研制试验方面，具有扎实的理论基础、精湛的专业知识和丰富的工程经验。他和董富祥合作编著的《空间大型天线多体动力学分析》，是我国首部全面介绍大型空间天线展开多体动力学及故障处理对策方面的专著。因此，本书对于推广我国空间大型天线研制经验、培养空间大型天线工程专业人才将会产生非常重要的推动作用。

《空间大型天线多体动力学分析》以空间大型桁架式天线为研究对象，系统地介绍了大型桁架式天线在展开、收拢状态，以及状态变化过程中的复杂强耦合、时变高维非线性动力学问题。这些问题给航天器动力学建模与数值仿真带来了巨大的挑战，作者对此进行了卓有成效的研究，并在动力学理论建模、地面试验技术、展开过程故障模式机理分析和力学建模、故障处理对策和应用软件开发等领域形成了一系列研究成果，具有较高的技术深度和较强的实践性和指导性。

难能可贵的是，本书密切结合工程实践。作者结合多年的动力学研究经历和工程实践经验，将刚体、小变形弹性体和大变形柔性索网有机地整合在一个理论框架内，推动非线性动力学研究拓展至新领域。作者的研究分析方法和应用成果为大型空间天线的设计提供了有力的计算机辅助验证工具，具有重要应用价值。此外，本书将力学理论与软件工程密切结合，开发了准确高效、工程实用的大型复杂航天器动力学分析仿真平台，有力提升了我国专用仿真软件的自主能力。

我相信，《空间大型天线多体动力学分析》的出版，将会促进我国空间大型天线技术的进步，其研究方法和成果对于航空航天、动力学与控制的专业研究生也具有重要参考意义，并会受到航天器总体设计、空间可展结构设计与故障处理对策等前沿领域工程技术人员的欢迎。

中国工程院院士
中国航天科技集团公司高级技术顾问
2015 年 1 月

序　三

当今时代，航天不再只是人类探索未知的手段，更成为提升国家实力、普惠民众生活、驱动科技创新和增进国际合作的战略制高点。发展人造地球卫星技术，增强利用空间能力，是各国开展航天活动的重要诉求。特别是地球静止轨道通信卫星和对地观测卫星，具有位置高远、覆盖广阔的天然优势，能极大地改善卫星应用水平，提供更佳的业务服务能力。

空间大型天线是满足静止轨道通信和对地观测需求的关键技术设备，其设计、分析及相关试验验证技术已经成为各国航天发展迫切需要掌握的核心技术。作为大型复杂空间可展开结构，空间大型天线的设计与制造是一项"复合"工程，不仅涉及天线机构展开、型面精度调整等工程技术问题，更涵盖多体系统动力学、空间机构摩擦学等科学理论问题，为发展该项技术带来了诸多挑战。并且，受试验条件限制和空间大型天线功能结构约束，难以通过地面试验完全再现空间大型天线在轨展开过程的所有关键力学参数和整星动态特性，为卫星后续设计改进带来诸多不便。因此，空间大型天线研制工程中遇到的技术难题向力学研究提出了新挑战。实践证明，航天工程与力学理论相结合、动力学建模与软件仿真相结合、故障预测与应对策略分析相结合，是解决空间大型天线工程研制难题的有效手段。

《空间大型天线多体动力学分析》是我国全面介绍空间大型天线展开多体动力学及故障处理对策的首部专著，总结了我国在空间大型天线理论研究和工程实践方面的经验，填补了领域空白。该著作从理论研究出发，结合工程研制经验，对空间大型天线的多体动力学问题、工程研究实践和试验仿真等进行了论述，集理论性、工程性和技术性于一体，可读性强、研究价值高。更重要的是，本书由国内长期从事空间大型天线研制的一线专家和技术人员共同编写，凝聚了众多研究人员的多年研究成果和工程经验，内容涵盖全、技术论述精、可实践性强，是一部不可多得的权威性工程专著。

欣闻《空间大型天线多体动力学分析》付梓发行，值得祝贺！相信这部航天工程与力学理论密切结合的工程专著能够推动我国空间大型天线技术发展，促进我国卫星研制技术创新，并将对航天领域相关专业人才的培养发挥重要作用。

中国工程院院士

2015 年 1 月

序　四

　　在世界航天发展五十余年的时间里，出现了许多突破性技术，有力推动了航天产品与服务的广泛和深入应用，星载大天线技术即是其中之一。传统上，受限于运载火箭整流罩尺寸和星载天线构型，一般星载天线口径在 4 米以内，严重限制了地面的应用。而星载可展开大型天线的出现，使以往认为不可能的事逐渐成为现实。现在，4 米以上、几十米甚至几百米口径的反射器天线都已实现，并且已经逐步成为移动通信卫星、电子侦察卫星以及海洋盐度和土壤湿度等对地观测卫星的先决条件和重要标志。

　　大型空间可展开天线一般为柔性反射面，在轨展开过程中以及在轨展开后对动力学控制、反射器型面精度控制等方面都具有非常严格的要求。目前，全球仅有美国、欧洲和俄罗斯等少数几个航天大国具备一定的研制基础和能力，大型空间可展开天线技术已经成为衡量宇航制造企业乃至一国航天综合实力的重要技术特征。我国正处在由航天大国向航天强国迈进的关键历史时期，在技术上和工程上突破星载大天线瓶颈具有重要且深远的意义。

　　我国在空间大型天线方面开展了多年的研究，在大型空间天线的设计、分析和验证中，天线展开过程的柔性多体动力学分析仿真技术、地面试验技术、以及展开故障预防和排除策略，都是必须突破的关键技术。《空间大型天线多体动力学分析》作为国内该领域的首部专著，以空间大型桁架式天线为研究对象，从天线的动力学建模、设计、仿真和试验验证、以及展开故障模式分析与对策研究等角度进行了详细的阐述，具有理论分析与工程实践相结合、国内情况与国外经验相结合的特点。对空间大型天线的动力学研究和工程设计研制等相关人员来说，该书具有相当高的参考价值，是一本不可多得的好书。

　　在此，热烈祝贺《空间大型天线多体动力学分析》的出版，它充分反映了我国在大型空间机构展开动力学分析、地面试验和故障模式分析与处理等领域理论研究和工程应用方面取得的新成果。相信该书的出版，必将有力地推动我国航天器多体动力学的进一步研究发展和广泛的工程应用，促进我国大型空间可展开结构设计、分析、验证及故障处理能力达到更高水平。

中国工程院院士
2014 年 12 月

前　言

随着卫星移动用户终端不断向轻质、便携化趋势发展，对时间敏感目标监视需求的不断增长，以及对海洋盐度及土壤湿度监测战略需求的提出，大型可展开空间天线已成为满足高轨移动通信和对地遥感等需求的关键技术设备，其设计、分析和试验验证技术已经成为航天科技发展迫切需要掌握的核心技术。

空间大型桁架式天线属于含有众多桁架铰链和索网拉索的典型空间非线性结构系统和柔性多体机构系统，具有尺寸大、刚度低等特点，地面测试难以完全准确揭示其在轨展开动力学特性，可靠稳定的空间大型天线展开过程多体系统动力学分析，对于优化天线结构机构设计、制定展开过程控制规律及预测天线在轨展开动力学性态均具有重要意义，是空间大型天线结构机构设计、分析验证及故障处理的不可或缺的。开展空间大型天线典型故障模式和故障处理对策仿真研究，分析影响天线展开可靠性的薄弱环节，建立相应故障处理预案，是提升空间大型天线在轨展开可靠性的重要途径。

本书以空间大型桁架式天线为研究对象，密切结合国内外卫星工程发展趋势，对著者多年来在空间大型桁架式天线展开动力学理论建模、地面试验技术、展开过程故障模式机理分析与力学建模、故障处理对策制定及应用仿真软件开发等方面取得的研究成果进行了较系统总结。在阐述大型桁架式网状天线系统组成及其展开原理的基础上，推导了大小臂展开过程刚柔耦合多体动力学方程，确定了大小伸展臂展开动力学正逆问题求解方案，建立了天线反射器驱动传动机构、调速控制机构、锁定机构及索网非线性力学模型，攻克了索网桁架非线性耦合动力学建模及仿真问题。为满足大型天线展开动力学分析仿真需求，相继解决了不同软件接口设计、动力学仿真各模块设计与测试、软件系统集成测试、软件系统动态演示等多项难题，开发了基于参数化的空间大型天线展开动力学与故障对策专用仿真软件包，并使之具备了开展大型天线展开动力学仿真的能力。在调研国内外航天器机构在轨展开故障的基础上，总结了引起航天器机构在轨展开故障的各类影响因素，并结合国内大型天线展开机构技术特点和故障模式分析结果，提出了铰链卡滞、反射器桁架展开不同步引起的故障及索网缠绕等三类故障模式，分析了三类典型故障模式的作用机理，建立了各类故障模式力学模型及动力学方程，开展了铰链卡滞在轨姿态机动和电动机拉索驱动处理对策、齿轮传动间隙引起的反射器展开不同步及索网桁架耦合动力学仿真，并根据仿真结果提出了天线展开可靠性设计改进建议。

本书共 8 章，各章内容安排如下：

第 1 章介绍了 GEO 大型空间天线技术发展概况及应用情况，周边桁架式天线系统组成与展开原理，简述了国内外大型空间天线展开多体动力学研究与软件开发现状，大型天线展开动力学试验和大型空间天线展开故障模式与处理对策现状，提出了工程实用的大型桁架式网面天线展开动力学与故障仿真软件七大设计原则。

第 2 章系统介绍了航天器多体动力学建模方法，阐述了多体系统动力学模化方法，讲述了基于相对坐标的航天器多刚体系统动力学方程、基于有限元离散和模态离散的小变形弹性体和大变形柔性索网动力学建模方法，提出了天线展开过程中索网三类动力学问题，并建立了索网、索网与桁架耦合以及索网接触碰撞动力学模型，介绍了多体系统常微分方程组和微分代数方程组数值算法，为空间大型网状反射面天线展开多体动力学及故障模式建模与仿真奠定了理论及算法基础。

第 3 章介绍了星载大型空间天线在轨展开原理，总结了其展开机构主要技术特点，提出了展开机构设计及装配应遵循的基本原则；定义了各部件的坐标系，并根据空间大型天线展开过程，依次推导了大小臂展开正逆问题动力学方程，并根据天线反射器展开机构系统组成和展开原理，建立了反射器驱动传动机构、调速控制机构力学模型，针对反射器桁架展开过程中构型奇异问题提出了基于替代约束的求解方案，成功避免了小角度情况下反射器雅可比矩阵接近奇异导致的数值性态差问题。

第 4 章针对星载大型空间天线实际工程算例，开展了大型天线伸展臂正逆问题数值仿真，并结合试验测试结果对反射器展开动力学进行了数值仿真，数值仿真结果证明了开发的空间大型天线展开动力学分析软件的正确性。

第 5 章对国内外航天器机构在轨展开故障进行统计，通过分析获得航天器机构展开的各类故障模式，归纳了导致航天器机构展开故障的主要几类影响因素，并结合大型空间天线展开机构工作原理和技术特点，总结出了空间大型天线三类典型故障模式，对各类故障模式机理进行了分析研究，建立了各自相应的力学模型，为故障模式处理对策仿真工作的开展奠定了基础。

第 6 章针对天线展开三类典型的故障模式，根据各自的故障作用机理，通过数值仿真分析了宜采用的故障处理对策。本章还对反射器擒纵机构振动周期设计进行了分析研究，提出了相应的设计改进方法。

第 7 章介绍了专门设计的空间大型天线展开多体动力学仿真软件框架、数据结构及各主要模块程序设计流程，通过算例对软件的正确性进行了考核，最后对软件的特色功能进行了说明。

第 8 章介绍了空间机构摩擦学试验、力学环境试验和热真空试验技术，综述了大型空间机构地面重力补偿试验装置国内外研究现状，针对大型卫星天线技术特点，提出了伸展臂和大型桁架式网状天线地面展开试验装置设计原则，最后讨论了大型天线地面展开试验的局限性。

作为我国大型空间天线展开多体动力学及故障处理对策方面的首部专著，本书编写目标是使读者通过学习能了解和掌握携带大型空间天线航天器总体设计、分析及天线在轨展开故障处理方法，为大型空间天线展开机构设计、试验、故障预防和故障排除策略制定提供理论参考依据。曲广吉研究员在学术上一直关心、帮助和指导作者的研究工作，在此致以衷心的感谢。限于作者水平，书中错误和不当之处在所难免，恳请读者批评指正。

作　者

2014 年 12 月

目　录

第 1 章 绪 论

1.1 概述

根据国民经济的发展需求，各航天大国正研究和部署 GEO 移动通信卫星、高分辨率对地微波遥感卫星等各类航天器。随着卫星移动用户终端不断向轻质便携化趋势发展，对时间敏感目标监视需求的不断增长和对海洋盐度及土壤湿度监测战略需求的提出，大型可展开空间天线已成为满足高轨移动通信和高分辨率对地微波遥感等需求的关键技术设备，其设计、分析和试验验证技术已经成为航天科技发展迫切需要掌握的核心技术。由于运载火箭整流罩尺寸的限制及展开状态低刚度天线难以承受发射时受到的载荷，空间大型天线需要采用可展开结构。

空间大型天线具有活动部件数量多、在轨展开可靠性要求高、型面精度调整和保持困难、指向精度受复合因素影响大及地面试验验证困难等特点，这些给空间大型天线及带这类天线航天器设计、建造与试验验证带来了巨大挑战。由于空间大型天线技术复杂，地面试验难以完全验证天线设计有效性和展开可靠性，这些困难主要表现在：天线几何尺寸巨大且自身刚度弱，地面试验过程中往往需要依赖重力补偿装置，导致天线地面与在轨展开动态特性差别大，尤其柔性索膜管理装置设计有效性难以得到充分验证；空间真空高低温环境对天线可展开可靠性影响大，地面热真空试验成本高，且试验设施内部空间难以满足大型天线展开试验需求；由于天线尺寸巨大且受气浮台试验装置限制，天线在轨展开期间整星动态特性难以通过地面试验获取。鉴于地面试验困难、成本高且难以充分验证天线在轨展开动力学与结构动力学特性，为降低天线研制风险、成本和周期，各国在大型天线研制过程中纷纷采用物理试验与动力学仿真分析结合的方法，用于指导天线结构部件设计、展开机构参数设计与优化、索网防缠绕管理机构设计和地面展开试验方案制定，并为卫星控制分系统天线展开模式设计、天线在轨展开故障预案制定和型面精度保持提供动力学输入参数及设计建议。因此，空间大型天线展开多体动力学是带这类天线新型航天器研制必须攻克的核心技术。

图 1-1 为一类空间大型可展开天线在轨展开过程示意图。图中反射器抱箍已经解锁，星载大型天线处于展开初始状态，如同 1-1（a）所示。大型天线展开过程可分为以下几个阶段：1）大小臂上火工品解锁，大臂在电机驱动下展至一定角度，如图 1-1（b）所示；2）大臂带动小臂和反射器转动到位后，绕自身轴线回转至一定角度，如图 1-1（c）所示；3）大臂带动小臂和反射器回转到位后，小臂在臂间主动关节驱动下，展开至指定位置，如图 1-1（d）所示；4）小臂展开到位后，捆束在反射器上包带先后切断，反射器

先在被动卷簧作用下展开一定角度，避开反射器桁架奇异点位置，此时电动机主要起到收纳绳索的作用，当被动卷簧驱动力矩不足以驱动天线继续展开时，电动机起主要驱动作用，使反射器展开至最终位置。当反射器接近最终展开位置时，反射器索网和金属反射丝网在短时间内绷紧，形成反射抛物面，如图 1-1（e）所示。

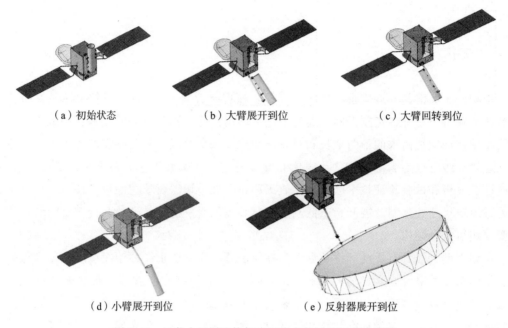

（a）初始状态　　　　　　　　（b）大臂展开到位　　　　　　　（c）大臂回转到位

（d）小臂展开到位　　　　　　　　　　（e）反射器展开到位

图 1-1　星载大型周边桁架式天线在轨展开过程示意图

空间大型天线技术复杂，地面试验难以完全验证天线设计有效性和展开可靠性，因此这类天线在轨展开过程极易发生故障。据不完全资料统计，迄今为止国际上发射带大型可展开天线（口径达 4.8 m 以上）的航天器共有 40 多颗，天线展开过程发生故障的为 5 颗，通过故障模式分析和正确的故障控制对策成功挽救 1 颗，4 颗天线展开失败导致航天任务失败。因此，国际上对大型可展开天线在设计研制阶段就非常重视多体展开可靠性设计，并创造条件从部件级到系统级开展试验验证，包括地面试验甚至飞行试验。尽管如此，这类航天器因受发射力学环境和空间高真空及高低温环境影响，大型天线在轨展开过程仍然有可能出现各种故障，因此国际上各大航天公司还非常重视天线在轨展开过程典型故障模式分析及其故障排除策略仿真研究工作。例如 2010 年 11 月美国发射的 SkyTerra-1 移动通信卫星，大型可展开天线口径高达 22 m，但卫星入轨后天线展开出现了故障，卫星主制造商波音公司和天线制造商 Harris 公司根据事先制定的故障模式应急处理对策，专家团队用了十多天时间才使天线完全展开。可见，天线在轨展开故障处理对策对于确保天线在轨可靠展开具有重要价值，其对策制定依赖于关键的多体动力学分析。

综上所述，大型天线展开过程多体动力学分析方法是这类复杂天线设计优化、地面试验验证及在轨展开故障预防与排除策略制定等必须突破的关键共性技术。本书以大型桁架式网面天线为主要对象，系统总结了著者近年在"空间大型天线展开多体动力学建模及故障模式处理对策仿真研究"中取得的一系列研究成果，对空间大型天线、刚柔耦合多体动力学建模理论与数值算法、地面零重力试验、在轨展开过程动力学仿真、在轨展开故障分析及处理对策和自主开发的空间大型天线展开多体动力学软件等内容进行了阐述。

1.2 空间大型可展开天线

1.2.1 分类及应用情况

天线是将电磁波导能按要求转换成空间电磁波或将空间电磁波能按要求转换成电磁波导能的转换设备。按照结构形式分，航天器天线主要包括线性天线、阵列天线、面天线。面天线包括反射面天线，喇叭天线和透镜天线等。本书研究的空间大型可展开天线均属于反射面天线，这类天线一般由馈源、反射面和支撑架等部分组成，对于大口径反射面天线通常还需要伸展臂将其撑离航天器一段距离。根据反射面类型不同，空间大型可展开天线可以分为三类：固面可展开天线、可充气天线和网状反射面天线。下面分别对这三类天线进行介绍。

（1）固面可展开天线（Solid Surface Deployable Antenna）

固面可展开天线是由中心柱和若干瓣固体曲面板组成的反射面结构，其优点是型面精度可以达到很高，缺点是展开机构复杂，且收拢状态体积大，受限于展开机构的复杂度和运载火箭整流罩尺寸，其口径一般不超过 10 m，能够满足工作频率超过 40GHz 应用需求，目前大型固面可展开天线在航天器中应用数量较少。图 1 - 2 为 Lavochkin 公司为频谱 - R（Spektr - R）卫星制造的固面天线地面试验照片，该反射面天线由 27 块金属瓣组成，口径达 10 m，可在 30 min 内展开。图 1 - 3 为 2011 年 7 月发射的俄罗斯频谱 - R 卫星在轨工作状态示意图。

图 1 - 2 Spektr - R 的固面可展开天线

图 1 - 3　Spektr - R 在轨展开到位构型

（2）可充气天线（Inflatable Antenna）

可充气天线通过充入气体使天线型面达到设计形状，然后天线表面树脂在高温和紫外线作用下逐渐固化，固化后天线内部气体排出。可充气天线具有结构简单、收纳率高、质量轻及展开可靠性高特点，但受材料和技术限制，其型面精度很难满足工程需求，目前这类天线在空间天线中很少采用。1996 年 5 月，美国喷气推进实验室实施了可充气天线在轨展开试验，如图 1 - 4 所示。航天飞机释放了由 L'Garde 公司研制的 14m 抛物面型充气天线，天线质量为 60 kg，收拢时刻天线收拢体积为 2.0 m×1.1 m×0.46 m。天线抛物面反射器由 Mylar 材料支撑，三个充气式展开臂由 Kevlar 材料组成。反射器展开前包装在矩形包装箱中，展开时反射器先由弹簧机构弹出，然后三根充气臂开始充气，最后抛物面开始充气。

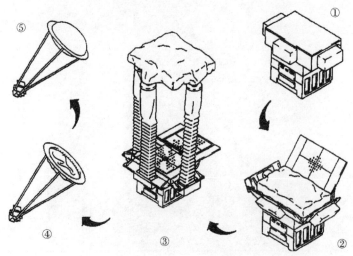

图 1 - 4　L'Garde 公司的 14 m 抛物面型充气天线

（3）网状反射面天线

网状反射面天线使用经过编织的金属网作为反射面，是目前研究和应用最广泛的天线，具有多种实现形式。鉴于大口径固面天线和可充气天线研究和应用较少，后面本书在介绍空间大型可展开天线时，一般指网状反射面天线。

网状反射面天线采用的网面材料一般选用镀镍不锈钢、镀金钨丝、镀金钼丝等丝材经针织加工成网。金属网要求轻质、工艺性好、抗皱性强及无源互调消除容易。为保持天线网面精度，通常采用索网预张紧技术。根据结构形式的不同，网状反射面天线主要包括径向肋式天线、缠绕肋式天线、折叠肋式天线、自弹回天线、环柱式天线、构架式天线、环形桁架式天线、周边桁架式天线等类型。下面着重对工程典型的径向肋式天线、折叠肋式天线、构架式天线、环形桁架式天线、周边桁架式天线进行介绍。

1）径向肋式天线（Radial Rib Antenna）。径向肋天线是美国 Harris 公司研发的由中心体、可径向折叠刚性肋和肋间射频反射网面组成一种网状反射面天线，由于其形状类似雨伞，因此常被称为伞状天线。图 1 - 5 为 Harris 公司开发的直径 4.8 m 径向天线照片。这类天线结构简单、展开可靠性和可达到型面精度高，但收纳率低，一般适用于口径 5m 以下天线。

图 1-5　径向肋式天线

2）折叠肋式天线（Folding Rib Antenna）。折叠肋式天线是一种由 Harris 公司研制的铰接径向肋天线，特点是沿肋的轴向方向可折叠，以降低天线收拢状态的体积。这类天线用于印尼 Garuda - 1 移动通信卫星，美国移动电视卫星 ICO G1，欧洲移动通信卫星 Eute-sat W2A，印尼移动广播卫星 Protostar 2，美国 TerreStar - 1，2 移动通信卫星（见图 1 - 6），美国海军战术移动通信卫星 MUOS - 1、2、3、4、5（见图 1 - 7）。

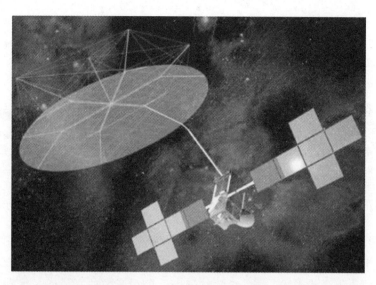

图 1-6　基于 LS-1300S 平台的 TerreStar-1 卫星

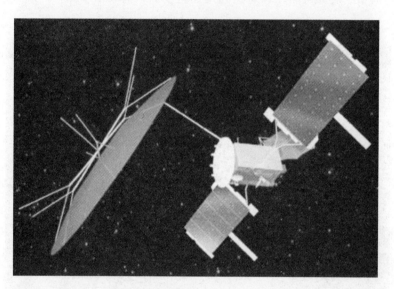

图 1-7　基于洛克希德·马丁 A2100M 平台的 MUOS

3）构架式天线（Deployable Truss Antenna）。构架式天线是由基本结构单元（如四面体单元）组成反射器支撑骨架的一类网状反射面天线，通常依赖于扭簧展开，具有较高收纳率、较高刚度和拼装灵活等优点，但结构重量较大。目前常用主要有俄罗斯的四面体单元构架式天线、日本的六边形模块构架式天线等。四面体单元构架式天线主要由九杆六簧驱动铰链、两杆两簧驱动铰链及杆件组成。该天线采用分布式驱动铰链，展开速度很快，从收拢到完全展开状态仅用数十秒，展开到位冲击大。1985 年苏联发射的资源 1 号卫星即采用四面体单元构架式天线，至今该型天线仍然被各类航天器广泛采用。图 1-8 为四面体构架式天线地面试验照片。

图 1-8 构架式天线地面试验照片

六边形模块天线为日本 NTT 研制的一种张力索网式天线，已用于 ETS-8 卫星，将用于 Astro-G 卫星，InSAR 卫星。天线采用可折叠桁架式结构，桁架机构各杆之间设有铰链，利用压缩弹簧和控制拉索实现天线的有序展开，其优点是可以单独对每个模块进行装配和调试，然后进行总装配，大大降低了装配和测试的难度。图 1-9 为 NTT 开发的安装 13m 口径构架式天线的 ETS-8 卫星，该型天线已经成功通过各项电性能测试。

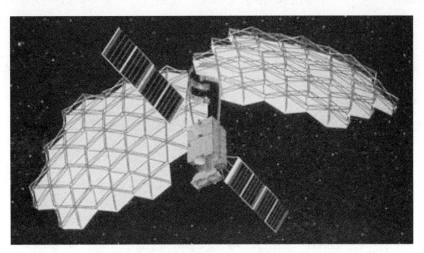

图 1-9 S 波段移动通信试验的 ETS-8 卫星

4）环形桁架式天线（Hoop Truss Antenna）。环形桁架式天线是由 Harris 公司研制的一种张力桁架式网状天线，具有收纳率高、结构形式简单、质量轻等优点，可满足 5～30 m 口径需求。使用该天线的 SkyTerra-1 移动通信卫星已经于 2010 年发射升空，接下来 SkyTerra-2、Mexsat-1，2（见图 1-10）等卫星都将采用这类天线。SkyTerra-1 卫星上的环形桁架式天线口径达 22m，是迄今为止商用通信卫星中口径最大的天线。

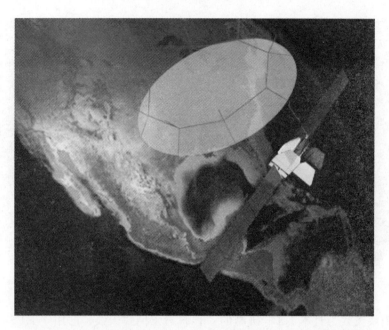

图 1 - 10　基于波音 702HP 平台的 Mexsat - 1，2 移动通信卫星

5）周边桁架式天线（Perimeter Truss Deployable Reflector）。周边桁架式可展反射器天线是由 TRW AstroMesh 公司研制的一种大型桁架式网状天线，具有收纳率高、质量轻、结构刚度好等优点，可适用从 6m 到上百米口径结构形式需要。该天线采用的周边桁架支撑和通过前后张力网形成反射面的技术理念已经多类新型天线中得到体现。目前，这型天线已经成功用于 Thuraya 系列 3 颗卫星，MBSAT 卫星，Inmarsat 4 - F1 系列 3 颗卫星（图 1 - 11）和欧洲 Alphasat 卫星（见图 1 - 12）、NASA 土壤湿度主被动卫星 SMAP 等 9 颗卫星。

图 1 - 11　基于 Eurostar - 3000GM 平台的 Inmarsat 4 卫星

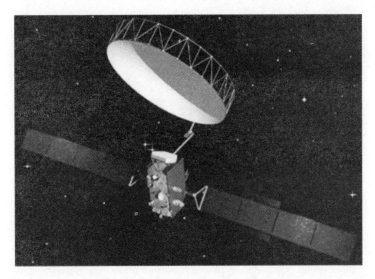

图 1 - 12　基于 Alphbus 平台的 Alphasat 卫星

随着卫星应用对高速、大容量通信及接收终端小型化等技术指标提出更高要求，未来空间大型天线将继续向更大口径、更高工作频率和高可靠性方向发展。当前民商用通信卫星采用的天线口径通常在 10 m 左右，最大已经达到 22 m，不久的将来天线口径将突破 30 m[16]；目前支持移动通信卫星频率主要集中在 L 及 S 频段，国际上 5 m 以下径向肋天线已经实现 Ka 频段应用，各大宇航公司正向支持 10 m 以上口径 Ka 频段天线努力。此外，提升天线在轨展开可靠性对于降低带这类天线的航天器任务风险具有重要价值。

1.2.2　展开过程试验

大型天线展开试验是识别产品设计薄弱环节、优化天线设计的重要手段。研制阶段充分的天线展开试验可使天线设计风险尽量暴露，提升天线在轨展开可靠性，同时可为天线展开动力学模型修正、模型重要参数辨识及天线展开期间控制系统设计提供重要输入。

按照试验环境不同，天线展开试验包括地面常温展开试验、热真空展开试验、空中微重力展开试验和在轨展开试验等。按照试验对象的不同，天线展开试验可以分为：伸展臂展开试验和天线反射器展开试验。由于空间大型天线尺寸及焦距大，一般通过伸展臂将其撑离航天器一定距离。下面分别对天线伸展臂和反射器展开试验进行介绍。

（1）伸展臂展开试验

伸展臂关节一般采用电机主动驱动方式展开，其地面展开试验主要验证伸展臂展开机构的运动功能、控制系统有效性和大臂根部到反射器界面的定点精度及重复精度。图 1 - 13 为 ETS - 8 卫星伸展臂地面展开试验照片。

图 1 - 14 为 MBSAT 卫星伸展臂地面展开试验示意图[17]，用于验证伸展臂展开过程动力学特性和大臂根部到反射器安装面的定位精度，其展开试验原理与太阳翼展开试验装置类似。

图 1-13　ETS-8 卫星伸展臂试验

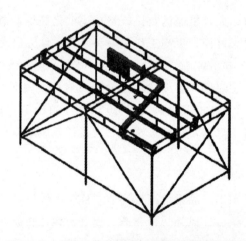

图 1-14　MBSAT 伸展臂展开地面试验示意图

（2）天线反射器展开试验

大型天线反射器展开试验是天线系统试验的重要组成部分，包括重力补偿条件下展开试验，抛物线飞行微重力展开试验和在轨展开试验等。由于经费、试验室硬件条件和研制周期等因素的限制，很多情况下只开展地面展开试验。

与太阳翼等常规可展机构不同，大型天线可展机构的复杂性使其地面试验难以充分验证其在轨展开的可靠性和展开到位铰链位置冲击特性。在太阳翼地面展开试验中，用吊挂法补偿太阳翼自身重力对展开过程的影响，通过充分的地面展开试验使太阳翼在轨展开可靠性得到保证。这种方法的成功来自于两个方面：1）太阳翼活动部件相对较少，且重心始终保持在同一水平面内；2）悬吊状态下太阳翼的铰链轴线与重力方向平行，重力不影响驱动卷簧的作用效果。与之不同的是，大型可展反射面天线相对运动部件数量较多，铰链轴向方向各异，这样无论采用纵向还是横向悬吊方法，均无法避免重力对展开驱动机构的影响。这两个特点使得地面展开试验过程中重力引起的干扰力矩比在轨正常驱动力矩大得多，进而严重影响天线展开可靠性的评估。Meguro 和 Ishikawa 提出采用地面展开困难指数以量化地面试验与在轨实际展开之间的差异，研究结果指出：对于大型可展反射面天线，地面展开试验还不足以评估其在轨展开可靠性。图 1-15 为 JAXA 模块构架式天线地面悬吊展开试验照片。

图 1-15　JAXA 构架式天线地面展开测试

日本 JAXA 大型可展网状天线（LDREX）在轨展开试验失败后，对天线进行了改进，并在飞机上进行了空中微重力展开验证性试验。图 1-16 为在轨试验失败后，JAXA 在大型飞机上进行改进型天线微重力展开验证试验照片。

图 1-16　构架式天线微重力展开验证试验

1.3　空间大型天线展开故障模式与处理对策

1.3.1　在轨展开故障综述

空间大型网状天线在轨能否可靠展开直接关系到航天项目的成败。由于天线展开机构的复杂性及难以实现冗余设计，其展开过程容易出现故障且难以实现在轨维修，一旦出现故障极易形成单点失效事件，直接影响预定航天任务的成功实现。开展空间大型网状天线在轨展开故障和处理对策调研，有助于从国外成败案例中汲取经验教训，为研制阶段天线防故障设计和在轨展开故障排除措施制定提供参考，增强大型天线展开机构可靠性。

表1-1为截至2010年12月根据公开有限资料统计得到的携带口径4.8 m以上网状天线的科学、商业和部分军用航天器统计数据，表中阴影覆盖的表格项为所携带大型网状天线在轨展开出现故障的航天器。由于各国大量电子情报侦察卫星的天线口径、在轨展开状况和故障信息等数据难以确切核实，因此本表未将这类航天器统计在内。

表1-1　载有大型网状天线的科学探索、商业和军用航天器（截至2010年12月）

卫星名字	口径/m	卫星数量/单星携带天线数量	日期	制造商/国别	天线类型
ATS-6	9.1	1/1	1974.5	Lockheed/USA	缠绕肋
FLTSATCOM	4.9	8/1	1978.2—1989.9	TRW/USA	径向肋
TDRS（A，C~G）	4.8	6/2	1983.4—1995.7	Harris/USA	径向肋
Galileo	4.8	1/1	1989.10	Harris/USA	径向肋
AMSC-1	5.25	1/2	1995.4	Spar/USA	自弹回天线
MSAT-1	5.25	1/2	1996.4	Boeing/USA	自弹回天线
HALCA	10	1/1	1997.2	ISAS/Japan	径向肋
TDRS H，I，J	4.8	3/2	2000.6—2002.12	Boeing/USA	自弹回天线
Garuda	12	1/2	2000.2	Harris/USA	折叠肋
Thuraya-1，2，3	12.25	3/1	2000.10—2008.2	AstroMesh/USA	周边桁架式
LDREX	6	1/1	2000.12	NTT/Japan	六边形模块
N-STAR c	5.1	1/1	2002.7	Harris/USA	径向肋
MBSAT	12	1/1	2004.3	AstroMesh/USA	周边桁架式
INMARSAT F4	9	3/1	2005.3—2008.8	AstroMesh/USA	周边桁架式
JCSat-9	5.1	1/1	2006.4	Harris/USA	径向肋
ETS-8	13	1/2	2006.12	NTT/Japan	网状模块
ICO G1	15.9	1/1	2008.4	Harris/USA	折叠肋
W2A	12	1/1	2009.4	Harris/USA	环形桁架
SIRIUS FM-5	9	1	2009.6	Harris/USA	伞状直肋
TerraStar-1	18	1	2009.7	Harris/USA	折叠肋
SIRIUS XM 5	9	1/2	2010.10	Harris/USA	伞状直肋
SkyTerra-1	22	1/1	2010.11	Harris/USA	环形桁架

根据表 1-1，截至 2010 年 12 月国际上共发射载有大型可展网状天线的科学探索、商业和军用航天器 40 颗，其中 5 颗航天器携带的大型天线在轨展开过程中遇到故障，经抢救，4 颗展开失败（见表 1-1 中深灰色部分），1 颗故障排除后正常工作（见表 1 中浅灰色部分）。由表 1-1 数据可知，天线展开过程遇到故障的航天器占发射总数的 12.5%。

根据天线展开故障原因可将表 1-1 列出的天线展开故障分为以下四种类型：发射过程意外引起的天线展开故障、压紧释放机构设计不合理导致天线展开故障，索网缠绕引起的天线展开故障及展开机构异常引起的展开故障。下面分别对各类展开故障进行详细介绍。

（1）发射过程意外引起的天线展开故障

1981 年 8 月发射的美国舰队通信卫星（FLTSATCOM）5 号（见图 1-17）4.9 m UHF 频段发射天线未能正常展开。对星上遥测数据分析后发现，大口径 UHF 发射天线发生了弯曲。对卫星进行动力学分析，并经地面试验验证后确定，卫星入轨期间玻璃纤维制成的整流罩内衬发生了爆炸性剥离，飞溅的整流罩碎片打弯了大口径 UHF 发射天线的天线杆，阻止了天线正常展开。同时，UHF 天线与星体连接部位也发生了断裂，当星体转速达到 45 r/min 时，天线与星体便分离了，最终整星失效。

（2）压紧释放机构设计不合理导致天线展开故障

1989 年 10 月 NASA 发射了木星探测器伽利略号，该探测器携带一副 Harris 公司制造的口径为 4.8 m 高增益 X 频段径向肋天线，用于将科学探测数据传回地球，如图 1-18 所示。然而，1991 年 4 月该天线在展开过程中出现故障，无法正常展开。经过多次努力，仍然未能使该天线成功展开，后来虽然采取补救措施减小了高增益天线展开失败带来的损失，但仍导致绝大部分科学探测数据无法传回地面。

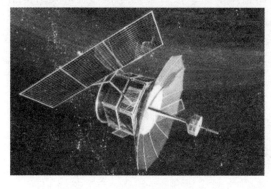

图 1-17　美国舰队通信卫星 5 号　　　　　　图 1-18　伽利略号探测器

伽利略探测器上的大型径向肋天线继承了此前 Harris 公司为跟踪与数据中继卫星（TDRS）建造的伞状径向肋天线的基本结构，并为保证其展开可靠性，增加了冗余电动机、中心释放机构和防缠绕系统。

经故障模式分析和地面故障复现，故障定位在中心压紧机构销槽配合位置处，如图 1-19 所示。原因是 V 型槽位置处过高的接触应力破坏销槽之间二硫化钼（MoS_2）润滑膜，而运输过程中发生的振动和发射前多次验证试验又使这层膜发生严重磨损，结果销与 V 型槽金属基体在空间高真空环境下直接接触，发生黏着效应，使锁紧机构发生卡滞，导致天线最终展开失败。

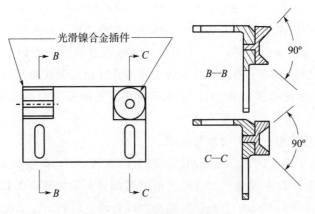

图 1-19　插销设计示意图

（3）索网缠绕引起的天线展开故障

2000 年 12 月日本六边形模块式试验天线 LDREX（Large Deployable Reflector Experiment）作为辅助载荷由 ARIANE 5 火箭发射升空，进行在轨展开功能验证。火箭进入转移轨道后，天线在轨展开试验开始。根据摄像机传回的画面，发现 LDREX 展开 120s 后停止展开，天线在轨展开试验失败。

LDREX 是日本 NASDA 的 ETS-8 工程试验卫星上携带的六边形模块式天线在轨验证产品，由 7 个结构相同的基本模块组成。图 1-20 为六边形模块式天线基本模块结构示意图。从该图可以看出，天线模块主要由镀金的钼丝网面、张力索网阵和可展桁架结构组成。可展桁架结构由一个中心轴和六个径向肋组成，展开过程中四杆对角单元的上杆和下杆通过同步单元保持平行。LDREX 采用线簧和扭簧作为天线展开动力源，为了确保每个模块展开速度受控和各个模块展开的同步性，采用步进电动机对拉索回收速度进行控制。

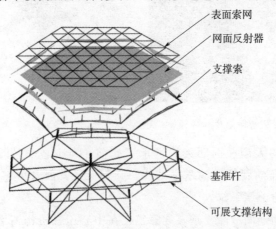

图 1-20　LDREX 天线单元基本组成

根据摄像机传回的天线在轨展开故障图像，判定 LDREX 的索网与支撑桁架发生了缠绕。NASDA 研究人员分析了各种失效模式后，得出如下结论：在天线展开初始阶段，特别是压紧释放机构（HRM）刚刚释放后，天线发生了意想不到的大幅振荡；振荡使天线索网与支撑桁架发生缠绕，导致展开过程终止。

此次天线在轨展开故障的教训是：天线地面展开验证试验中存在的风险需要小心评估。开展天线地面展开试验时重力减小了索网振荡的幅值，这样在地面试验期间反射器桁架没有出现在轨试验那样大的振荡，使设计时忽略了初始时刻压紧释放机构引起的振动，最终造成 LDREX 在轨展开失败。图 1-21 为 LDREX 天线在轨展开试验原理及展开故障传回照片。

 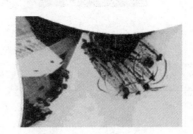

(a) 搭载天线展开原理　　　　　(b) 传回的在轨展开故障照片

图 1-21　LDREX 在轨展开试验

找到故障原因后，经过反复进行动力学仿真分析和设计修正，决定采取以下改进措施：

1）修改压紧释放机构释放次序，以减小压紧释放机构动作时引起的反射器振荡；

2）安装防护带和隔离杆，避免反射网与桁架结构缠绕；

3）安装附加弹簧，改善初始阶段展开运动力矩裕度。

采取以上改进措施后，为确保天线可靠展开，2004 年在 A300 失重飞机上进行了天线微重力展开试验。从失败中学到的最有价值教训是想当然地将地面试验条件等同于空间展开条件，进而得出了初始阶段天线振动不必考虑的错误判断。2006 年 10 月 13 日通过阿里安-5 火箭再次进行在轨展开试验。这次在轨试验获得了成功，大型天线按照预定程序展开，见图 1-22。2006 年 12 月 18 日，ETS-8 由 H-2A 火箭发射升空。ETS-8 卫星上的接收天线（RX-LDR）于 25 日顺利展开，但发射天线（TX-LDR）的展开却出现问题，地面控制人员尝试了近两个小时也未能如愿。26 日晚 6：56—8：10，在冲绳控制站的指令下，地面控制人员再次尝试，结果这次天线顺利展开，卫星传回的遥测数据证明天线一切正常。图 1-23 为 ETS-8 卫星在轨完全展开示意图。从图中可以看出，星上装有两个监控摄像机，用于监视天线是否正常展开。

（4）展开机构异常引起的故障

2009 年 5 月 Solaris 公司 Eutesat W2A 卫星上 12m 口径的 S 频段大型可展天线在轨展

图 1 - 22　LDREX - 2 在轨成功展开照片

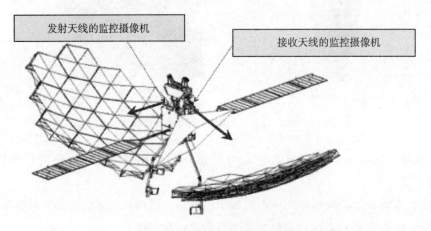

发射天线的监控摄像机

接收天线的监控摄像机

图 1 - 23　ETS - Ⅷ大型可展天线展开状态示意图

开遇到故障，至今仍无法正常工作。图 1 - 24 为 W2A 卫星上大型环形桁架式天线完全展开状态示意图。W2A 卫星的大口径 S 频段天线是美国 Harris 公司研制的环形桁架式网状天线，主要包含刚性环形桁架、向上和向下扩展的伸缩套管结构和张力索网阵。后来进行的卫星在轨测试表明，该卫星 S 频段天线覆盖区和辐射功率均未能达到设计要求。到目前为止，根据公开的文献资料，仅能确定其 S 频段天线故障最可能的原因是天线未能展开成设计形状。

2010 年 11 月发射的光平方公司 SkyTerra - 1 卫星采用了 Harris 公司制造的 22m 口径 L 频段环形桁架天线，11 月 30 日该天线开始展开，但很快就遇到故障。故障出现后，波音公司立即组织了故障应急处理专家组，结合遥测信号对天线展开过程故障原因进行分析，之后根据故障处理预案，制定了排除故障的处理对策。通过采取一系列故障排除措施，至 2010 年 12 月 14 日该天线终于完全展开，投入正常使用。图 1 - 25 为 SkyTerra - 1 卫星在轨完全展开状态示意图。

图 1-24　W2A 卫星示意图　　　　　　　图 1-25　SkyTerra-1 移动通信卫星示意图

1.3.2　展开可靠性保障措施

（1）设计研制阶段可靠性

鉴于大型天线在轨可靠展开对于航天任务的重要性，除了在发射前开展充分试验测试外，还必须根据影响天线展开可靠性的薄弱环节，提出相应的可靠性保证措施。

Space Systems/Loral 公司在设计 MBSAT 卫星时，采取的展开可靠性保证措施如下：1）伸展臂展开驱动机构采用两个电动机，以满足冗余要求；2）设置了天线展开过程监测传感器以实时监控天线展开状态。这些遥测传感器包括：绳索张力传感器、绳索位置传感器和温度传感器。绳索张力传感器用于监控伸展臂和天线反射器展开过程中驱动绳索上的张力，展开过程中如果索上的张力超出限制值，电动机驱动的展开动作就会停止；驱动索位置传感器监控驱动索的卷入速率和状态；温度传感器用于监控重要部件的温度。当天线在轨展开完成后，遥测装置就给地面控制中心提供确认天线完全展开的信号。通过判读绳索位置与张力传感器遥测数据，可以对天线展开过程的健康状态进行实时监测。

文献［27］在大型周边桁架式天线展开机理分析的基础上，应用故障树分析建立起周边桁架式天线展开系统失效树，并探讨了空间天线展开机构可靠性建模。研究认为：提高系统可靠性的关键环节在于阻止动力矩不足和避免卡滞失效问题，作者认为卡滞失效是周边桁架式天线同步齿轮副失效的一种重要方式，从齿轮啮合的极限位置出发，给出了避免同步齿轮副卡滞的条件。论文最后指出：1）温度荷载对于同步齿轮防卡滞可靠性的影响不容忽视；2）如果两齿轮以标准中心矩安装，太空环境中的热变形会明显降低齿轮的传动性能；3）适当采用正变位中心矩安装齿轮副，并避免空间天线的展开机构在高温下工作，可以提高防卡滞可靠度。

（2）展开故障处理方法

天线在轨展开遇到故障后，需要立即对天线展开故障模式进行判读，确定故障类型，并根据应急处理预案开展故障排除工作。之后还应根据在轨遥测数据、动力学仿真结果和地面验证试验，确定引起天线展开故障的薄弱环节，改进天线展开机构设计，提高天线展开可靠性。国际上主要采用以下几类方法排除天线在轨展开故障：1）收拢再展开法。仅适用于主动驱动天线展开机构，如伞状肋天线。这类天线驱动机构具备正逆双向驱动能力，但该方法会破坏原本已折叠好的天线柔性索网构型，增加索网缠绕风险，并降低天线反射面精度。在伽利略号木星探测器故障排除预案中，拟采用该方法排除天线机构展开故障，但评估后放弃了该方法。2）冷热循环法。利用空间热辐射环境，将天线背离太阳使铰链配合位置收缩，然后再将天线朝向太阳使卡滞铰链处产生热膨胀，反复进行这一过程直至故障排除。在伽利略号木星探测器天线展开故障排除措施中采用了该方法，但是未能帮助天线展开。3）惯性力辅助法。控制航天器使其绕某惯量主轴以一定角速度转动，以便在卡滞位置产生一定的惯性力，帮助天线从卡滞位置处解脱。采用该方法将使卫星失去原来姿态，之后又要保持稳定的指向，因此对姿态控制系统具有一定挑战性。该方法被用于排除 FLTSATCOM 5 号卫星、伽利略号木星探测器、Eutesat W2A 卫星和 SkyTerra - 1 卫星等航天器天线展开机构故障。

以上 3 种故障排除方法仅为排除天线故障的基本方法，实际执行中还需要根据具体故障模式采取相应的抢救方案，例如 Anik E2 卫星 C 波段天线展开故障排除措施就同时使用了第二、第三种方法。

故障原因确定后，应通过仿真分析、修正设计和试验验证等环节多次迭代，提升天线展开机构可靠性。根据展开机构故障类型，天线展开机构设计改进措施主要有以下 3 点：1）针对发射意外引起的天线展开故障，增强天线展开机构抗振动噪声能力设计及验证。2）针对压紧释放机构设计不合理引起的天线展开故障，应在压紧释放机构铰链与接插件设计中尽量避免高接触应力，防止其表面 MoS_2 润滑膜被破坏。空气中二硫化钼的磨损率要比真空中高得多，其形成的润滑膜很可能在地面测试中被消耗殆尽，以至于在真正需要时不能提供必需的润滑特性。3）针对索网缠绕引起的天线展开故障，目前国外主要采取以下措施予以避免：修改压紧释放机构释放次序，以减小压紧释放机构动作引起的反射器索网振荡；安装防护带和隔离组件，避免反射网与桁架结构缠绕。

（3）增强天线在轨展开可靠性措施

根据空间大型天线展开机构的复杂性，结合国内外已发射卫星的工程经验，应在以下几个方面增强天线在轨展开可靠性：

1）加强天线展开机构鲁棒性设计，提升天线展开机构抗冲击能力。加强展开机构鲁棒性设计，可降低运载火箭整流罩抛罩异常或其他意外冲击对天线展开可靠性的不利影响。

2）加强天线展开机构铰链位置处润滑特性理论分析与试验验证，有条件地开展天线空间环境展开试验。铰链位置处的可靠润滑是天线展开机构功能正常的重要保障，加强天线展开机构铰链位置处润滑特性理论分析与试验验证，有助于降低天线展开过程中铰链卡滞风险，避免铰链卡滞引起的天线展开故障。有条件地开展大型天线空间环境展开机构验证试验，可充分暴露地面试验难以预见的故障模式，保证大型空间天线在轨可靠展开。

3）开展索网防缠绕设计与分析验证工作，尽力避免索网自身缠绕及其与桁架之间的缠绕引起的天线展开故障。天线地面展开试验中重力抑制了天线索网本身的振荡，使现有索网管理方案能够在地面常规试验中有效避免索网缠绕,然而仍然需要仔细评估空间力学环境下索网自身及其与桁架发生缠绕的风险。

4) 开展天线展开动力学过程预测,加强基于多学科的天线展开故障应急处理预案研究。深入细致的天线展开过程动力学仿真与预测研究是合理布置展开机构传感器、监控天线展开过程健康状态的重要前提。地面展开试验成功并不代表在轨展开成功,发射前需要有完善的故障应急处理预案。加强天线展开故障模式处理对策多学科仿真与试验研究,确定各类故障模式下天线展开故障应急处理预案,可以为天线展开异常时采取正确故障排除措施做好准备。

1.3.3 多体动力学与展开故障处理对策

大型天线在轨展开故障处理对策的制定需要具备航天器结构动力学、航天器多体系统动力学、卫星控制推进系统设计、摩擦学和空间环境等多领域知识,综合性强、研究难度大。空间大型天线展开期间出现故障后,首先,需要根据遥测信号判断天线展开故障模式,并进一步分析出该故障模式的作用机理,最后根据故障应急处理预案排除故障,使天线成功展开。然而受遥测通道带宽限制,卫星遥测信号反馈信息往往不全面,这就给天线展开故障模式机理分析和处理对策的制定带来了相当大的挑战。开展多体动力学仿真对于天线展开遥测数据点布置、故障模式分析与演示及排除策略制定十分关键。

大型天线在轨展开故障模式及处理对策技术是国际各宇航公司核心技术,很少有文献详细披露其具体故障模式及处理对策,在国内这方面的研究经验和相关研究文献也十分缺乏。针对 MBSAT 卫星天线在轨展开可能出现的各种故障,空间系统劳拉(Space System Loral,简称 SSL)公司制定了相应的应急处理对策脚本,并进行了多次演练,以确保天线可靠展开。2010 年 SkyTerra-1 卫星天线展开故障发生后,根据故障原因的分析结果,波音公司和 Harris 公司采取了故障排除措施,两周后故障排除,星载大型天线在轨成功展开。到目前为止,尚未查到其具体故障原因及处理对策的研究文献。文献 [29] 用 AD-AMS 和 Simulink 联合仿真的方法研究了航天器一侧附件正常展开,一侧附件未展开情况下,绕航天器俯仰轴做姿态抖动使柔性附件展开的策略。该文对航天器附件展开故障的排除策略进行了探索,但在故障处理对策仿真研究中将附件作刚体假设,可能会使计算结果与实际之间产生一定的偏差。文献 [30] 应用 ADAMS 软件建立了太阳帆板展开和锁定动力学模型,研究了一侧太阳帆板展开故障和单个太阳帆板展开机构故障动力学仿真,并给出了故障排除建议。由于缺乏专用的空间大型桁架式网状天线动力学分析仿真软件,目前主要采用国外商业软件开展空间机构多体动力学分析仿真,由于空间大型桁架式网状天线的复杂性和强烈的工程背景,这些商业软件难以满足空间大型复杂含索网可展机构在轨展开故障处理对策仿真研究需要。

在研制天线展开健康状态监控软件时,需要首先建立起天线在轨展开多体动力学模型,根据天线展开多体动力学仿真结果预测出天线在轨正常展开过程中绳索位置与绳索张力之间的关系曲线。在反射器展开过程中,如果出现某种故障比如齿轮卡滞等,这时绳索张力将会急剧增加，超出天线正常展开时所需张力值，为避免绳索张力继续增大损坏机构，需要立即控制电动机停止展开动作，并根据故障应急处理预案，采取措施排除展开故障。

1.4 大型空间可展开天线多体动力学

1.4.1 周边桁架式网状天线组成和展开原理

本书以周边桁架式天线为主要研究对象，下面详细介绍其系统组成和展开原理。

（1）周边桁架式天线系统组成

图 1-26 为周边桁架式天线反射器展开状态及系统组成示意图。从图中可以看出，天线反射器主要由三部分组成：周边可展开支撑桁架、张力索网阵和金属反射网。周边支撑桁架是天线反射器展开机构的运动部件，也是整个反射器的支撑结构，由横杆、竖杆、可伸缩对角杆、各类铰链、穿过对角杆的拉索和电动机等部分组成。为了使天线展开过程保持同步，三节点铰链内部还装有同步齿轮。为保持天线展开过程平稳，桁架铰链内部还装有专门的阻尼器或者其他调速机构。

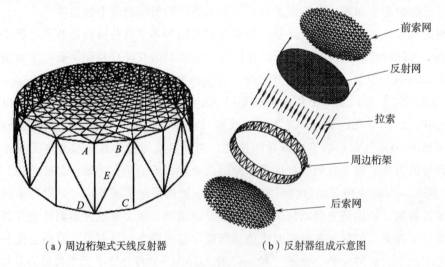

（a）周边桁架式天线反射器　　　　（b）反射器组成示意图

图 1-26 周边桁架式天线反射器示意图

张力索网阵由前后索网阵和中间拉索组成，用于形成金属反射网需要的精确抛物面形状。张力索网阵由延伸率低、热膨胀系数小的材料制成。前索网用于悬挂金属反射网，后索网对前索网起平衡作用，两层网面间由调节拉索相连，通过调整各项设计参数使前索网阵拟合出所需的抛物面形状。

金属反射网是天线反射电磁波的工作面。附着于前索网上的高频金属反射网由柔软的镀金钼丝或钨丝按照预定几何形状编织而成，如图 1-27 所示。天线展开到位后，金属反射网表面产生一定的预张力，使金属反射网表面均方根误差（RMS）不超过设计误差限。

根据国外资料，当前大型可展桁架式网状天线表面 RMS 可达 $10^{-4} \sim 10^{-5}$D，其中 D 为天线反射器口径。

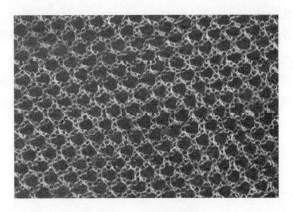

图 1-27　镀金钼丝网面

（2）周边桁架式天线展开原理

为说明周边桁架式天线展开原理，以其一个单元为例介绍其展开过程，如图 1-28 所示。

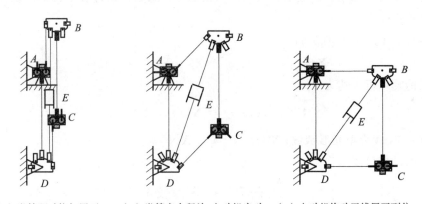

（a）卷簧驱动桁架展开　　（b）卷簧完全释放，电动机启动　　（c）电动机拖动天线展开到位

图 1-28　桁架单元展开示意图

可以看出，天线反射器桁架单元由横杆 AB、CD，竖杆 AD、BC，斜杆 DE、EB，T型五支杆铰链 B、D，斜杆滑移铰链 E 和同步齿轮铰链 A、C 组成。初始时刻在同步齿轮铰链 A、C 处卷簧作用下，单元桁架展开，如图 1-28（a）所示。天线展开到一定角度时，到达图 1-28（b）所示位置，此时电动机启动拖动伸缩套筒 BD 中拉索使天线桁架继续展开，直至天线单元完全展开到位并锁定，如图 1-28（c）所示。

1.4.2　空间大型天线展开多体动力学研究与软件开发现状

1.2.3.1　大型周边桁架式天线展开多体动力学研究现状

国内外众多学者针对大型周边桁架式网状天线展开多体动力学问题开展了大量研究。

这些方法可以分为四类：节点笛卡儿坐标方法、展开角独立坐标方法、自然坐标方法和借助于商业软件的仿真方法。

（1）节点笛卡儿坐标法

目前，节点笛卡儿坐标法（见图 1-29）是空间可展结构展开分析中最经常采用的方法。该方法选用两节点笛卡儿坐标描述物体的运动，并用两节点集中质量表示物体的质量惯量特性，难以建立复杂几何形状的物体质量惯量等效矩阵，且由于缺乏转角坐标作为系统广义坐标，在建立转动铰驱动力矩和阻力矩模型时会遇到较大困难。

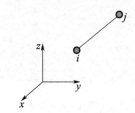

图 1-29　杆件和节点坐标

其基本假设：杆单元为理想刚体直杆，每个节点具有 3 个平移自由度；杆单元的长度保持不变；单元内部速度插值函数为线性插值函数；忽略运动过程中铰链摩擦阻力和系统各部件结构缺陷等。

任意杆 ij 的节点坐标矢量

$$\boldsymbol{X}_i = \begin{bmatrix} x_i & y_i & z_i \end{bmatrix}^{\mathrm{T}}, \boldsymbol{X}_j = \begin{bmatrix} x_j & y_j & z_j \end{bmatrix}^{\mathrm{T}} \qquad (1.4.2-1)$$

单元的速度可表达为

$$\dot{\boldsymbol{U}}^{(e)}(x,y,z,t) = \boldsymbol{N}(x,y,z)\,\dot{\boldsymbol{X}}^e(t) \qquad (1.4.2-2)$$

式中，$\boldsymbol{N}(x,y,z)$ 为单元形函数，$\dot{\boldsymbol{X}}^e(t) = \begin{bmatrix} \boldsymbol{X}_i^{\mathrm{T}} & \boldsymbol{X}_j^{\mathrm{T}} \end{bmatrix}^{\mathrm{T}}$。

单元的动能可表示为

$$T^{(e)} = \iiint_{V^e} \frac{1}{2}\rho\,\dot{\boldsymbol{U}}^{(e)\mathrm{T}}\dot{\boldsymbol{U}}^e \mathrm{d}V = \frac{1}{2}\dot{\boldsymbol{X}}^{(e)\mathrm{T}}\boldsymbol{M}^{(e)}\dot{\boldsymbol{X}}^e \qquad (1.4.2-3)$$

其中，$\boldsymbol{M}^{(e)} = \iiint_{V^e}\rho\boldsymbol{N}^{\mathrm{T}}\boldsymbol{N}\mathrm{d}V$。

假设杆件材料密度为 ρ，截面积为 A，则直杆单元的质量矩阵为

$$\boldsymbol{M}^{(e)} = \iiint_{V^e}\rho\boldsymbol{N}^{\mathrm{T}}\boldsymbol{N}\mathrm{d}V = \frac{\rho Al}{6}\begin{bmatrix} 2\boldsymbol{I}_3 & \boldsymbol{I}_3 \\ \boldsymbol{I}_3 & 2\boldsymbol{I}_3 \end{bmatrix} \qquad (1.4.2-4)$$

整个桁架的动能为

$$T = \frac{1}{2}\sum_{e=1}^{b}T^{(e)} = \frac{1}{2}\dot{\boldsymbol{X}}^{\mathrm{T}}\boldsymbol{M}\dot{\boldsymbol{X}} \qquad (1.4.2-5)$$

式中，l 为杆件数量，$\boldsymbol{M}$ 为桁架节点质量矩阵，$\dot{\boldsymbol{X}} = \begin{bmatrix} \dot{\boldsymbol{X}}_1^{\mathrm{T}} & \dot{\boldsymbol{X}}_2^{\mathrm{T}} & \cdots & \dot{\boldsymbol{X}}_{n_j}^{\mathrm{T}} \end{bmatrix}^{\mathrm{T}}$ 表示桁架所有节点的速度列阵，n_j 为桁架的节点数量。

根据应用于刚体的 D'Alembert 原理 Lagrange 形式

$$\sum_{j=1}^{1}\left[\frac{\mathrm{d}}{\mathrm{d}t}(\frac{\partial T}{\partial \dot{z}_j})-\frac{\partial T}{\partial z_j}-F_j\right]\delta z_j=\delta \boldsymbol{X}^{\mathrm{T}}\left[\frac{\mathrm{d}}{\mathrm{d}t}\frac{\partial T}{\partial \dot{\boldsymbol{X}}}-\frac{\partial T}{\partial \boldsymbol{X}}-\boldsymbol{F}(\boldsymbol{X},t)\right]=\{0\} \qquad (1.4.2-6)$$

式中，$m=3n_j-n_c$ 为系统自由度数，即独立的广义坐标数，n_j 为理想杆节点数，n_c 为体系独立完整几何约束数，δz_j 为独立坐标广义变分，$\delta \boldsymbol{X}$ 为节点位移矢量变分，F_j 为对应于广义坐标 z_j 的广义外力，$\boldsymbol{F}(\boldsymbol{X},t)$ 为作用于节点上的外力矢量。将式（1.4.2-5）代入到式（1.4.2-6）中，得到无约束桁架动力学方程

$$\delta \boldsymbol{X}^{\mathrm{T}}(\boldsymbol{M}\ddot{\boldsymbol{X}}-\boldsymbol{F})=0 \qquad (1.4.2-7)$$

式中，$\ddot{\boldsymbol{X}}=[\ddot{\boldsymbol{X}}_1^{\mathrm{T}}\quad \ddot{\boldsymbol{X}}_2^{\mathrm{T}}\quad \cdots \quad \ddot{\boldsymbol{X}}_n^{\mathrm{T}}]^{\mathrm{T}}$。然后考虑以上假设的前提下，建立桁架杆件的约束方程

$$\boldsymbol{\Phi}_k(\boldsymbol{X}_1,\boldsymbol{X}_2,\cdots,\boldsymbol{X}_n,t)=\{0\} \qquad (1.4.2-8)$$

对其求一阶导数和二阶导数可得到

$$\boldsymbol{B}\dot{\boldsymbol{X}}=\{0\},\boldsymbol{B}\ddot{\boldsymbol{X}}+\dot{\boldsymbol{B}}\dot{\boldsymbol{X}}=\{0\} \qquad (1.4.2-9)$$

式中，$\boldsymbol{B}=\partial \boldsymbol{\Phi}_k(\boldsymbol{X}_1,\boldsymbol{X}_2,\cdots,\boldsymbol{X}_n,t)/\partial \boldsymbol{X}_i$。通过联立式（1.4.2-7）～式（1.4.2-9），获得桁架展开动力学方程。

从以上公式推导可以看出，该方法优点是质量矩阵形式简单且始终保持为常数，便于提高计算速度，但同时这个特点也使该方法仅适用于几何形状标准的直杆动力学建模问题，且很难将桁架展开受到的阻力或阻力矩考虑在内，因此仅用于理想情况下的可展桁架展开动力学分析仿真工作。采用该方法对大型桁架式天线进行展开动力学仿真时，难以计及杆件弹性变形、铰链尺寸及关节摩擦阻力矩影响，将给天线展开动力学仿真带来较大误差。

（2）展开角独立坐标方法

展开角独立坐标方法常被用于天线反射器桁架展开动力学建模与控制理论研究，该方法选用反射器桁架展开角作为广义坐标，通过 Lagrange 方程建立不含约束的天线桁架展开动力学方程。然而桁架斜杆转角与展开角之间的复杂三角函数关系使斜杆的动能对广义坐标的偏导数难以准确获得，给系统动力学方程的推导带来了困难。为避免斜杆的动能对广义坐标求偏导数的困难，不得不将天线桁架各物体质量近似等效到桁架各节点上，导致该方法难以准确计及系统各物体质量惯量特性。

下面通过实例详细说明该方法在斜杆动能对广义坐标求偏导数方面遇到的困难。图1-30 为周边桁架式天线单元桁架示意图，这里忽略铰链的几何尺寸和质量。假设杆 B_1 和杆 B_2 长度均为 L_1，杆 B_3 长度为 L_2，杆 B_4 和杆 B_5 的长度均为 L_3。

拉格朗日方程可以写为

$$\frac{\mathrm{d}}{\mathrm{d}t}(\frac{\partial T}{\partial \dot{q}_j})-\frac{\partial T}{\partial q_j}=Q_j \qquad (1.4.2-10)$$

式中，T 为系统总动能，q_j 为第 j 个广义坐标。对于图 1-12 所示单个桁架单元，常选用物体 B_1 展开角 θ_1 作为广义坐标，则物体 B_1 和物体 B_2 的质心速度可表示为

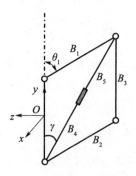

图 1 - 30　单个天线桁架单元示意图

$$\dot{r}_1 = \dot{r}_2 = \begin{bmatrix} 0 \\ -\dot{\theta}_1\sin(\theta_1)L_1/2 \\ -\dot{\theta}_1\cos(\theta_1)L_1/2 \end{bmatrix} \qquad (1.4.2-11)$$

物体 B_3 和 B_4 质心速度可表示为

$$\dot{r}_3 = \begin{bmatrix} 0 \\ -\dot{\theta}_1\sin(\theta_1)L_1 \\ -\dot{\theta}_1\cos(\theta_1)L_1 \end{bmatrix}, \dot{r}_4 = \begin{bmatrix} 0 \\ -\dot{\gamma}\sin(\gamma)L_3/2 \\ -\dot{\gamma}\cos(\gamma)L_3/2 \end{bmatrix} \qquad (1.4.2-12)$$

物体 B_4 展开角 γ 与独立坐标 θ_1 之间的关系为

$$\frac{L_1}{\sin\gamma} = \frac{L_2}{\sin(\theta_1 - \gamma)} \qquad (1.4.2-13)$$

可得

$$\gamma = \arctan(\frac{L_1\sin\theta_1}{L_2 + L_1\cos\theta_1}) \qquad (1.4.2-14)$$

可见，物体 B_4 和物体 B_5 展开角 γ 与独立广义坐标 θ_1 之间为高度非线性关系，进而物体 B_4 和物体 B_5 动能与广义速度间关系为高度非线性关系，这样利用 Lagrange 方程建立整个反射器桁架展开动力学方程时就会遇到动能偏导数难以求解的问题。为获得反射器桁架展开多体动力学方程，需要将天线杆、接头和同步齿轮质量均匀分布在桁架节点上，并假定每个节点的质量相等（见图 1-31），这样使得该方法在模化阶段即与工程实际存在一定差异。该方法研究不能准确计及铰链质量、惯量及铰链位置摩擦阻力，亦难以建立绳索拖动天线展开动力学模型。

（3）自然坐标方法

自然坐标方法是将刚体划分为刚体单元，通过刚体单元基本点的笛卡儿坐标和单元单位矢量来描述刚体的运动。每个单元需要足够多的点和单位矢量来描述单元的运动。为了降低动力学方程的维数，往往将物体划分为一个刚体单元。描述物体运动常用的刚体单元包括两节点两单位矢量单元和四节点四单位矢量单元。图 1-32 为两节点两非共面单位矢量刚体单元。

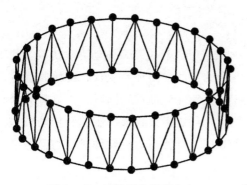
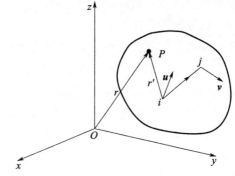

图 1-31　天线桁架质量分布　　　　图 1-32　由两节点两单位矢量自然坐标描述的刚体

物体上任一点 P 的位置可以表示为

$$r^p = Cq^e \tag{1.4.2-15}$$

式中，$r^p = [x, y, z]^T$ 为点 P 的绝对位置矢量，C 为插值矩阵，其具体表达式为

$$C = [(1-c_1)I_3 \quad c_1 I_3 \quad c_2 I_3 \quad c_3 I_3] \tag{1.4.2-16}$$

其中，$c_i (i = 1, 2, 3)$ 为 $(r^p - r^{'i})$ 在矢量 $(r^j - r^i)$、u 和 v 上投影；q^e 为维数为 12×1 节点坐标列阵，其表达式为

$$q^e = \begin{bmatrix} r^{iT} & r^{jT} & u^T & v^T \end{bmatrix}^T \tag{1.4.2-17}$$

这些广义坐标必须满足以下约束方程

$$r^{ij} \cdot r^{ij} - L_{ij}^2 = 0$$
$$r^{ij} \cdot u^m - L_{ij} \cos\phi = 0$$
$$r^{ij} \cdot u^m - L_{ij} \cos\psi = 0$$
$$u^n \cdot u^m - \cos\gamma = 0$$
$$u^m \cdot u^m - 1 = 0$$
$$u^n \cdot u^n - 1 = 0 \tag{1.4.2-18}$$

根据虚功率原理，可以获得物体的质量矩阵

$$M = \rho \int_V C^T C \, dV \tag{1.4.2-19}$$

将式 (1.4.2-16) 代入上式，可获得物体的质量矩阵

$$M = \int_V \rho \begin{bmatrix} (1-c_1)^2 I_3 & (1-c_1)c_1 I_3 & (1-c_1)c_2 I_3 & (1-c_1)c_3 I_3 \\ (1-c_1)c_1 I_3 & c_1^2 I_3 & c_1 c_2 I_3 & c_1 c_3 I_3 \\ (1-c_1)c_2 I_3 & c_1 c_2 I_3 & c_2^2 I_3 & c_2 c_3 I_3 \\ (1-c_1)c_2 I_3 & c_1 c_3 I_3 & c_2 c_3 I_3 & c_3^2 I_3 \end{bmatrix} dV \tag{1.4.2-20}$$

可以看出，在该方法中物体质量矩阵为常数，但其物理意义却不明确，难以由 CAD/CAE 等工程软件提供，也很难通过试验测量准确获得或验证；系统广义坐标不显含刚体姿态信息，不便于刚体姿态角输出及驱动力矩和阻力矩的施加；为描述与铰链和力元相连的复杂刚体，还需要另外推导具有更多节点的其他类型刚体单元；从以上公式推导可以看出，自然坐标方法坐标和约束方程数量较多，容易产生违约、计算效率低，不便于处理几

何形状和约束关系复杂多体系统建模。

(4) 商业软件仿真方法

部分学者采用商业软件如 ADAMS 对大型天线展开过程进行多体动力学仿真，便于进行动态演示，但由于天线展开机构为存在大量冗余约束的多闭环系统，且初始收拢状态天线反射器切断铰约束方程雅可比矩阵奇异，使得当前商业软件难以同时有效处理冗余约束和初始静止状态下约束雅可比矩阵奇异问题。同时，周边桁架式天线驱动和传动机构存在大量非线性环节，例如展开控制调速机构，使得难以直接使用商业软件对这类问题进行有效求解。

文献 [35] 提出了一种基于虚拟样机技术的可展开天线展开过程分析仿真方法。利用参数化建模技术建立各零部件的参数化模型，利用有限元分析软件通过模态分析来完成各个零部件的柔性体模型，利用 ADAMS 软件将各零部件的模型组装成系统模型，然后将自制的摩擦学行为仿真程序或其他学科行为仿真程序嵌入系统模型中，实现可展天线的虚拟样机建模和展开过程的性能分析与仿真。图 1 - 33 为采用 ADAMS 商业软件仿真获得的八单元天线反射器桁架各个时刻的构型。

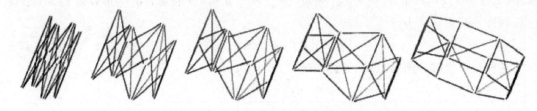

图 1 - 33　展开过程中天线各时刻构型

1.4.2.2　国内外大型天线展开多体动力学软件开发与应用现状

经过几十年的发展，美国、欧洲和日本先后开发了各类大型天线展开多体动力学专用分析仿真软件，这些软件在空间大型天线设计、优化、地面试验和在轨故障处理方面均发挥了重要作用。

为了快速满足客户个性化的需求，美国哈里斯公司开发了集天线设计、分析和试验方案评估于一体的多学科专家系统。该公司通过对天线展开过程进行多体动力学分析仿真，可有效预测天线在轨展开过程，同时通过动力学分析仿真技术与试验技术的结合，对展开过程索网管理方案进行了优化设计，以保证展开过程中索网与桁架不发生钩挂。为了研制 EQM 大型网状天线，欧洲开发了集非线性有限元、结构动力学和多体动力学等多个学科于一体的分析软件 Samcef - Mecano。图 1 - 34 为 Samcef - Mecano 分析 EQM 天线的情况。

为了研制 ETS - 8 上的 13 m 口径构架式天线，日本研制了基于共旋坐标方法的柔性多体动力学分析仿真程序 SPADE，用于预测大型天线的展开过程动力学响应、拉索控制力及展开到位表面精度，该软件已经成功用于口径 13 m 构架式天线的设计与分析。为了满足 30 m 口径模块化构架式天线反射器的研制需要，JAXA 已经开始着手研发新一代天线展开多体动力学软件 Origami/ETS。图 1 - 35 为 Origami/ETS 软件分析的 30 m 构架式天线展开过程示意图。根据目前可查阅到的公开资料，尚未见到国外软件开展天线反射器桁架与索网耦合动力学建模仿真的报道。

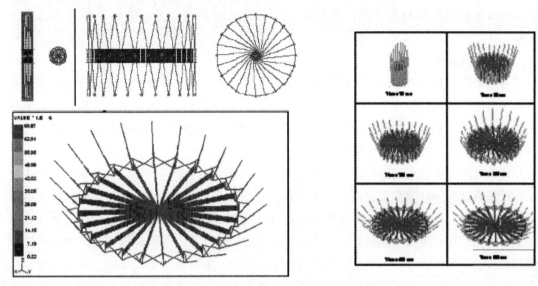

图 1 - 34　Samcef - Mecano 分析仿真软件

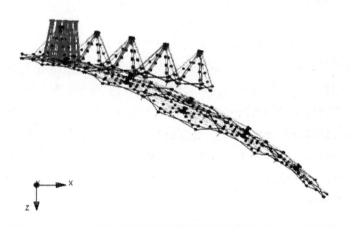

图 1 - 35　30 m 构架式天线反射器展开过程分析（Origami/ETS）

1.5　空间大型天线展开多体动力学与故障仿真软件设计原则

根据大型空间可展开桁架式网状抛物面天线设计、试验验证与故障处理预案工程需求，结合国内外大型天线展开动力学仿真软件现状，提出工程实用的大型桁架式空间天线展开多体动力学与故障对策仿真软件应具备以下技术特点：

（1）科学性

科学性是指动力学建模所作的基本假设必须与工程实际情况相符合，这是保证动力学仿真结果可以被接受的前提。例如，节点笛卡儿坐标方法在基本假设中忽略铰链位置摩擦阻力，将难以解释天线展开过程中铰链卡滞现象；展开角独立坐标方法在实际处理中将反射器桁架所有质量均匀分布在桁架铰链节点上，不仅与各个铰链质量惯量真实数据不符，还会导致大型天线在轨展开期间其惯量数据与真实参数的差异，给整星姿态控制带来风险。

（2）可观测性

可观测性是指动力学仿真软件的输入参数或输出结果应具有明确物理意义，便于试验观测和验证。这一特性对于工程应用具有明显价值，例如动力学仿真输出的星体姿态角变化历程将为整星总体与控制系统评估与优化提供便利，输出的铰链约束反力时间变化历程，可为天线各部件强度校核提供明确的输入条件。

此外，动力学仿真所需的输入参数便于通过 CAD/CAE 软件获得，最好这些参数还可以通过地面试验加以测量和验证；动力学仿真输出结果可作为其他 CAE 软件的输入以便进一步分析研究，并利于试验测量和观察。节点笛卡儿坐标法存在难以显式给出物体姿态信息的缺点；展开角独立坐标方法只能给出系统运动学信息，不能输出铰链位置约束反力信息；自然坐标方法中物体质量矩阵物理意义不明确，难以由商业 CAD/CAE 等工程软件直接提供，系统广义坐标也不显含物体姿态信息，不便于物体姿态角观测及驱动力矩和阻力矩的施加，因此难以满足可观测性要求。

（3）兼容性

兼容性是将刚体、小变形弹性体和大变形弹性体动力学建模与仿真整合在同一个软件框架下，同时软件与商业 CAD/CAE 软件接口友好。携带大型桁架式网状天线的卫星是由星本体、柔性太阳翼、大小伸展臂、反射器桁架和柔性大变形索网组成的复杂非线性多体系统，在开展其在轨展开期间索网防缠绕管理方案设计评估时，需要将作为刚体假设的星本体、作柔性小变形假设的太阳翼、反射器桁架和柔性大变形索网整合在同一软件框架内，开展刚柔耦合多体系统动力学分析仿真；软件与商业 CAD/CAE 软件接口兼容可保证软件可以读入这些商业软件输出的质量、刚度、阻尼、模态等参数，方便用户使用并确保仿真输入参数的合理性。

（4）参数化

参数化是指通过参数化方法对物体的质量、惯量、铰链摩擦参数、卷簧刚度、拉索牵引方式等进行建模，以便优化反射器设计参数。

（5）约束最少

约束最小原则是指在满足以上四个原则的基础上，减小系统约束方程组的数量，降低微分代数方程组的求解难度。降低系统广义坐标数量有助于达到降低系统约束方程数量的目的，系统广义坐标数目的减少，不仅可降低微分代数方程组反复违约修正带来的数值计算误差，而且还将有力地降低动力学方程的维数，提升计算效率。

由于空间大型天线铰链约束数量众多且索网连接关系极为复杂，降低系统约束方程数量对于改善方程组数值性态十分关键。

（6）可扩展性

　　可扩展性是指软件设计完成后，可根据需要对其进行功能扩展或升级维护。在空间大型桁架式网状天线研制过程中，设计、分析、试验和改进设计等循环反复进行，使得天线设计制造缺陷不断被暴露，天线各项功能和可靠性不断完善，这需要天线展开动力学软件具备可扩展性，以适应这种动态的工作机制。由于不掌握商业软件源代码，在采用商业软件开展工作时，很难满足可扩展性和仿真间歇机构的要求。

　　（7）故障建模与故障对策处理方便

　　故障建模与故障对策处理方便原则主要是指软件可以方便地对铰链卡滞、电动机力矩不足、齿轮啮合间隙和索网管理方案优劣进行仿真评估，以利通过数值仿真及早暴露天线设计缺陷，并对天线在轨展开故障对策进行有效评估。

参 考 文 献

［1］ 闵士权. 未来静止轨道通信卫星的需求和发展趋势［J］. 国际太空, 2010 (10)：26 - 34.

［2］ 郭庆, 王振永, 顾学迈. 卫星通信系统［M］. 北京：电子工业出版社, 2010.

［3］ 唐治华. 国外海洋盐度与土壤湿度探测卫星的发展［J］. 航天器工程, 2013, 22 (3)：83 - 89.

［4］ Meguro A, Harada S, Watanabe M. Key technologies for high - accuracy large mesh antenna reflectors［J］. Acta Astronautica, 2003, 53：899 - 908.

［5］ 韦绢芳, 赵人杰, 关富玲. 星载天线的发展趋势［J］. 空间电子技术, 2002, 1：49 - 54.

［6］ 罗鹰, 段宝岩. 星载可展开天线结构现状与发展［J］. 电子机械与工程, 2005, 21 (5)：30 - 34.

［7］ 董富祥, 周志成, 曲广吉. 国外大型空间网状天线在轨展开故障模式分析［J］. 航天器工程, 2012, 21 (6)：119 - 124.

［8］ 叶云裳. 航天器天线［M］. 北京：中国科学技术出版社, 2006.

［9］ Tibert Gunnar. Deployable Tensegrity Structures for Space Applications［D］. Stockholm：Royal Institute of Technology, 2002.

［10］ 陈务军, 张淑杰. 空间可展结构体系与分析导论［M］. 北京：中国宇航出版社, 2006.

［11］ FreeLand R. E., Bilyeu G. D., Veal G. R. Large inflatable deployable antenna flight experiment results［J］. Acta Astronautica. 1997, 41 (4)：267 - 277.

［12］ 董富祥. 星载大型天线展开过程多体动力学建模及典型故障模式处理对策仿真研究［R］. 北京：中国空间技术研究院博士后出站报告, 2013.

［13］ Yamato et al. Deployable truss structure［P］. USA, No. 5931420. 1999 - 08 - 03.

［14］ Kyoji S, Koji T, Motofuni U etc. Large deployable reflector (LDR)［J］. Journal of the National Institute of Information and Communications Technology, 2003, 50：33 - 39.

［15］ 袁家军, 于登云, 陈烈民. 卫星结构设计与分析（下）［M］. 北京：中国宇航出版社, 2004.

［16］ Ozawa S, Fujiwara Y, Tsujihata A. Development of corotational formulated FEM for application to 30m class large deployable reflector［C］. WCCM/APCOM IOP Conf. Series：Materials Science and Engineering, 2010.

［17］ Smith T M, Lee B, Semler D etc. A large S - band antenna for a mobile satellite［J］. AIAA, 2004, 1 - 8.

［18］ 周志成, 曲广吉. 通信卫星总体设计与动力学分析［M］. 北京：中国科学技术出版社, 2012.

［19］ 周志成. 通信卫星工程［M］. 北京：中国宇航出版社, 2014.

［20］ Thomson M W. TheAstroMesh deployable reflector［J］. IEEE, 1999, 1516 - 1519.

［21］ 赵孟良. 空间可展结构展开过程动力学理论分析、仿真及试验［D］. 杭州：浙江大学, 2007.

［22］ 李团结, 张琰, 李涛. 周边桁架可展天线展开过程动力学分析及控制［J］. 航空学报, 2009, 30 (3)：444 - 449.

［23］ 张逸群, 段宝岩, 李团结. 空间可展开天线展开过程轨迹与控制系统设计［J］. 机械工程学报, 2011, 47 (9)：21 - 28.

[24] 张逸群，杨东武，杜敬利. 周边桁架可展开天线小冲击展开过程设计 [J]. 宇航学报，2011，32 (5)：1205 - 1210.

[25] 张鑫伟. 欧洲通信卫星- W2A 的 S 频段天线出现故障 [J]. 国际太空，2009 (9)：30 - 31.

[26] 陈建军，张建国，段宝岩，等. 大型星载天线的展开系统失效树分析 [J]. 机械设计研究，2005，21 (3)：6 - 8.

[27] 陈建军，张建国，段宝岩，等. 大型星载天线展开机构中同步齿轮系防卡滞研究 [J]. 西安电子科技大学学报，2005，32 (3)：329 - 334.

[28] Freeman M T. Spacecraft On - Orbit Deploymentanomalies：what can be done? [J]. IEEE AES Systems Magazine，1993，1 - 13.

[29] 陈统，陈世杰. 航天器附件展开动力学仿真 [J]. 航天控制，2005，23 (1)：79 - 83.

[30] 白争锋，赵阳，田浩. 太阳帆板故障模式展开动力学仿真 [J]. 系统仿真学报，2009，19 (13)：3067 - 3072.

[31] García de Jalón J，Bayo，E. Kinematic and Dynamic Simulation of Multi - Body Systems：The Real - Time Challenge [M]. New York：Springer - Verlag Inc，1993.

[32] Garcia - vellejo D.，Escalona J. L.，Mayo J. Describing rigid - flexible multibody systems using absolute coordinates [J]. Nonlinear Dynamics，2003，34：75 - 94.

[33] Garcia - Vallejo D.，Mayo J.，Escalona J. L. Modelling three - dimensional rigid - flexible multibody systems by using absolute coordinates [C]. Besanc：12th IFToMM world congress，2007，1 - 6.

[34] 李洲洋，陈国定，王三民，等. 大型可展开卫星天线的展开过程仿真研究 [J]. 机械设计制造，2006，7：67 - 69.

[35] 李团结，张琰，段宝岩. 周边桁架可展开天线展开过程仿真方法 [J]. 系统仿真学报，2008，20 (4)：2081 - 2084.

[36] Narayana B L，Nagaraj B P，Nataraju B S. Simulation of deployable polyhedral truss [C]. 13th National Conference on Mechanisms and Machines，India，Bangalore，2007：203 - 207.

[37] Ando K，Mitsugi J，Senbokuya Y. Analyses of cable membrane structure combined with deployable truss [J]. Computers and Structures，2000，74：21 - 39.

[38] Meguro A，Ishikawa H，Tsujihata A. Study on ground verification for large deployable modular structures [J]. Jounal of Spacecraft and Rockets，2006，43 (4)：780 - 787.

[39] Wise M A，Saleh J H，Haga R A. Health scorecard of spacecraft platforms：Track record of on - orbit anomalies and failures and preliminary comparative analysis [J]. Acta Astronautica，2011，68：253 - 268.

[40] Harland D M，Lorenz R. Space system failures [M]. New York：Springer - Verlag Inc，2005.

[41] Isbell D，O' Donnell F，Hutchison A. NASA. Galileo Jupiter arrival [R]. NASA 818/354 - 5011. Washington：NASA，1995.

[42] Johnson M R，The Galileo high gain antenna deployment anomaly [C]. The 28th aerospace mechanisms symposium，NASA - CP - 3260. Washington：NASA，1994.

[43] G. C. Levanas and M. R. Johnson，High gain antenna deploy failure extended investigation：final report for the Galileo mission [R]. JPL D - 1534. Pasadena：JPL，1997.

[44] Miyoshi K. Aerospace mechanisms andtribology technology case study [J]. Tribology International，1999，32：673 - 685.

[45] Takano T，Michihiro N，Miyishi K etc. Characteristics verification of a deployable onboard antenna of 10m maximum diameter ［J］. Acta Astronautica，2002，51（11）：771 - 778.

[46] Homma M，Hama S，Hamamoto N，Tanaka M. Experiment plan of ETS - 8 in orbit：mobile communications and navigation ［J］. Acta Astronautica，2003，53：477 - 484.

[47] Meguro A，Tsujihata A. Technology status of the 13m aperture deployment antenna reflectors for engineering test satellite ［J］. Acta Astronautica，2000，47：147 - 152.

[48] Meguro A，Shintate K，Usui M，Tsujihata A. In - orbit deployment characteristics of large deployable antenna reflector onboard engineering test satellite VIII. Acta Astronautica，2009，65：1306 - 1316.

[49] Richard I. H. Lightweight，compactly deployable support structure with telescope members ［P］. USA，No. 6，618，025，2003 - 10 - 25.

第 2 章　多体系统动力学基础

2.1　引言

多体系统由一组相互连接的、可作大幅平动和转动的刚体构件和可变形构件组成，这些构件可能还与周围的环境接触或相互接触，构件间典型的连接方式包括转动铰、球铰、棱柱铰、螺杆、齿轮和凸轮等各类型铰链。多体系统动力学则主要研究经历大范围空间运动的多体系统物体间的相互耦合作用，以及这种耦合所导致的动力学效应，现在多体动力学研究范围已经拓展到大变形柔性索网阵、柔性织物和颗粒散体等对象。

多体系统动力学的研究可追溯到 20 世纪 60 年代初，当时航天器及相应空间机构、车辆及机械领域的学者率先开始了这方面的研究。到 1977 年在 ITUTAM（国际理论和应用力学学会）举办的研讨会上，多体系统动力学作为一般力学的一个独立学科分支得到承认和建立。在这个时期，一些多刚体系统动力学分析软件已实现商品化，这标志着该领域的研究无论在理论、数值计算方法以及软件开发上都已成熟。从 70 年代后期尤其是 80 年代以来，国内学者刘延柱、贾书惠、洪嘉振、刘又午、刘才山、刘锦阳、齐朝晖、章定国等相继开展了多体动力学研究，他们基于不同的建模方法在相关领域关于多体动力学问题的理论建模、数值算法和试验方面取得大量研究成果，对我国多体系统动力学的研究发展起到了推动作用。

20 世纪 80 年代初，针对我国资源卫星（ZY-1）和通信卫星（DFH-3）对地定向三轴稳定航天器的发展需求，中国空间技术研究院动力学组先后开展星载大型太阳阵多体展开动力学及其展开锁定撞击动力学研究。在调研分析和柔性耦合动力学研究基础上，1987—1990年正式开展了航天器多刚体动力学理论建模、算法攻关、软件开发和工程应用研究，并分别采用 Lagrange、Newton-Euler、Kane 三种方法成功开发航天器多体系统动力学分析软件 DASMUS 1.0（Dynamics Analysis of Spacecraft Multibody System），包括 L-DASMUS 1.0、NE-DAMUS 1.0、K-DASMUS 1.0，用于 DFH-3 卫星太阳阵多刚体展开动力学仿真，上述三种方法的计算结果同德国 MBB 公司为 DFH-3 卫星提供的计算结果进行比较，几乎完全一致，从而印证了自行开发软件 DASMUS 1.0 的工程实用性和有效性。1990 年采用有限元方法和冲击力学，开发成功多体系统展开锁定过程撞击动力学分析软件 FMIDASAD。NE-DASMUS 1.0 和 FMIDASAD 从 20 世纪 80 年代后期以来已广泛用于我国资源卫星、通信卫星等早期复杂航天器多体动力学分析仿真及其锁定过程撞击载荷计算。

从 20 世纪 90 年代中期以来，中国空间技术研究院动力学组在 NE-DASMUS 1.0 基础上，采用旋量矩阵形式牛顿-欧拉法建立了航天器柔性多体动力学低阶通用模型，开发成功具有足够通用性和工程实用有效的 NE - DASMUS 2.0 仿真软件，并用于各类复杂航天器柔性多体动力学分析。ADAMS 软件引进后，已广泛用于航天器各类复杂多体机构系统虚拟样机建模仿真，但对于有大量冗余约束和奇异构型并存的复杂闭环桁架式多体机构系统，采用 ADAMS 建模仿真也无能为力。进入 21 世纪，著者在 NE - DASMUS 2.0 基础上，针对这类复杂闭环机构多体系统动力学建模问题进行了攻关研究，2010 年以来采用虚功率原理开发成功新版 NE - DASMUS 多体机构系统动力学仿真软件，已成功用于移动通信卫星大型桁架式网状抛物面天线在轨展开全过程柔性多体动力学建模与故障对策仿真，并可用于天基 SAR 天线大型桁架支撑臂展收建模仿真、空间柔性机械臂动力学与控制正反动力学问题仿真，以及各类大型多体机构系统展开锁定过程撞击载荷计算等。

　　星载大型空间可展桁架式网状天线属于典型的多闭环桁架与索网耦合的多体系统。鉴于载有大型桁架式网状天线的航天器属于典型的无根系统，且其大小伸展臂相对星体的展开运动属于受控状态下的相对运动，采用基于铰相对坐标和柔性体离散坐标的递推方法不仅便于建立其在轨展开多体系统动力学与控制方程，而且可有效降低多闭环带来的动力学方程积分违约问题。星载大型空间天线在轨展开时大小臂及柔性太阳翼发生变形很小，通常可采用模态截断方法处理，而反射器支撑桁架往往由杆件组成，为便于设计和校核反射器桁架杆件强度，往往需要将反射器桁架杆件作为柔性梁，采用有限单元方法进行离散。为了预测微重力环境下反射器索网桁架缠绕动力学特性，还需要专门对松弛状态下柔性索网进行模化。为方便读者理解及保持本章的完整性，本章对多体系统基础知识也进行了概要介绍。

2.2　模化方法

2.2.1　物理模型的基本定义

　　多体系统是由两个以上物体通过一定相互作用连接在一起，并且彼此具有相对运动可能性的物体集合。多体系统中的运动构件称为物体，限制物体间相对运动的运动副定义为铰。例如，转动铰限制其他各个方向的运动，而仅仅允许一个方向的相对转动。力元与铰的相同点在于它们都连接着物体，并向连接物体施加一定的作用力。但与铰链不同的是，力元并不限制物体间的相对运动。

　　多体系统可以分为树状系统和非树系统。如果系统由不包含闭环分支的物体组成，那么就称该系统为树状系统，否则的话，称其为非树系统。例如双摆和机械手臂就是典型的开环系统，四连杆机构和曲柄滑块机构则为闭环系统。图 2-1 给出了一个由七个物体和连接物组成的树状多体系统。从约束和受力角度，铰链可有任何性质的运动学约束（定常、非定常、完整、非完整）和相应的约束反力。为叙述方便，可将系统中物体分为基体、中间体和端体三类。基体只能有一个，它可以是系统中任何一个物体；在航天器多体动力学研究中，一般取航天器主体或中心体为基体。端体是只有一个铰链与之相连的物体；中间体则是除基体和端体之外的其他物体。

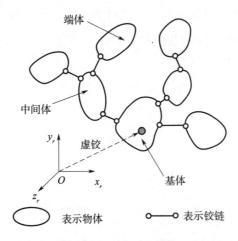

图 2-1　多体系统模型

根据多体系统中物体是否与系统外运动规律已知的物体有铰联系，可以将多体系统划分为有根系统和无根系统。与外界物体连接的系统称有根多体系统，如地面各类多体机构系统；没有与外界物体连接的系统称无根多体系统，如空间各类飞行器，航天器作为主体也是多体系统中一个物体，所以称为无根系统。为建立这类无根多体系统运动微分方程，需要定义公共参考系，矢量和张量能够相对这些参考系进行分解。这种参考系可以选为惯性参考系或某个相对于惯性空间以已知时间函数运动的参考系。图 2-1 中 O-$x_r y_r z_r$ 为惯性坐标系，如果系统中任意指定的物体在 O-$x_r y_r z_r$ 中的位置已知，则多体系统在惯性空间中的位置唯一地被确定。因此，可以在基体和参考系 O-$x_r y_r z_r$ 之间引入一个虚铰链，与真实铰链相比，虚铰链不存在内力，但有 6 个自由度。经过这样处理后，两类系统连接结构的数学描述是完全相同的。

2.2.2　多体系统拓扑结构

为方便采用递推方法建立航天器多体系统动力学方程，需要对多体系统拓扑结构进行描述。20 世纪 60 年代，Wittenburg 和 Roberson 用图论方法对多体系统拓扑结构进行模化，针对复杂多体系统，提出采用关联矩阵和通路矩阵描述复杂多体系统拓扑结构，而后来 Huston 提出低序体数组就可唯一地描述多体系统的拓扑结构，从而建立了通用的和面向计算机的描述多体系统拓扑结构的方法，以使各种不同结构的多体系统能用统一的数学模型来描述。图论方法是用图表示具体事物的点集合和表示事物之间联系线段的集合所构成。将多体系统中的每个物体用顶点表示，铰链用边表示，于是多体系统的结构关系可以用一个拓扑图描述。

2.2.2.1　关联矩阵和通路矩阵

将图 2-1 示出的由 7 个物体 B_i 和 7 个铰链 H_i 组成的树系统，采用规则编号方法给各个物体和铰链编号：基体的编号为 B_1，然后沿着远离基体的方向，按依次增长顺序标定每个物体的序号,这样从系统的一个分支到另一个分支,直到对全部物体标号完毕。图 2-2 是对图 2-1 进行规则编号的示意图。经过规则编号后,各物体的序号大于其内接物体序号,各物体与其内接铰链有相同的序号。

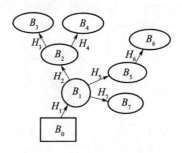

图 2-2　规则编号的多体系统

对于 N 个物体组成的树状拓扑多体系统,关联矩阵 S 的行号和列号分别与物体和铰链的序号相对应,其元素定义为

$$S_{ij} = \begin{cases} 1 & i \text{ 与 } j \text{ 关联,且背离 } i \\ -1 & i \text{ 与 } j \text{ 关联,且指向 } i \quad (i=0,1,2,\cdots,N; j=1,2,\cdots,N) \\ 0 & i \text{ 与 } j \text{ 无关联} \end{cases} \quad (2.2.2-1)$$

通路矩阵 T 的行号与列号分别与铰链序号和物体序号相对应,其元素定义为

$$T_{ij} = \begin{cases} 1 & H_j \text{ 在 } B_0 \text{ 到 } B_i \text{ 路上,且指向 } B \\ -1 & H_j \text{ 在 } B_0 \text{ 到 } B_i \text{ 路上,且背离 } B_0 \\ 0 & H_j \text{ 不在 } B_0 \text{ 到 } B_i \text{ 路上} \end{cases} \quad (2.2.2-2)$$

图 2-2 中多体系统的关联矩阵 S 和通路矩阵 T 分别为

$$S = \begin{bmatrix} -1 & 1 & 0 & 0 & 1 & 0 & 1 \\ 0 & -1 & 1 & 1 & 0 & 0 & 0 \\ 0 & 0 & -1 & 0 & 0 & 0 & 0 \\ 0 & 0 & 0 & -1 & 0 & 0 & 0 \\ 0 & 0 & 0 & 0 & -1 & 1 & 0 \\ 0 & 0 & 0 & 0 & 0 & -1 & 0 \\ 0 & 0 & 0 & 0 & 0 & 0 & -1 \end{bmatrix}; \quad T = \begin{bmatrix} -1 & -1 & -1 & -1 & -1 & -1 & -1 \\ 0 & -1 & -1 & -1 & 0 & 0 & 0 \\ 0 & 0 & -1 & 0 & 0 & 0 & 0 \\ 0 & 0 & 0 & -1 & 0 & 0 & 0 \\ 0 & 0 & 0 & 0 & -1 & -1 & 0 \\ 0 & 0 & 0 & 0 & 0 & -1 & 0 \\ 0 & 0 & 0 & 0 & 0 & 0 & -1 \end{bmatrix}$$

$$(2.2.2-3)$$

2.2.2.2　系统拓扑结构低序体数组

采用规则编号方法对多体系统编号,用低序体数组可以唯一地描述系统的拓扑结构。低序体数组 ITOP 是一个 $2 \times n$ 的数组,其第一行为按从小到大顺序排列的铰链编号,第二行为各铰链的内接物体编号。对于图 2-2 的树系统有

$$ITOP = \begin{bmatrix} 1 & 2 & 3 & 4 & 5 & 6 & 7 \\ 0 & 1 & 2 & 2 & 1 & 5 & 1 \end{bmatrix} \quad (2.2.2-4)$$

2.2.3　多体系统理想铰链约束处理方法

多体系统中各物体的运动是相互关联的，每个物体都要受到不同类型的约束，它们的运动是彼此制约的。因此，如何处理理想约束是航天器多体系统动力学建模的关键问题之一，不同处理方法将得到不同形式的动力学方程，这里将介绍多体系统常用的两类理想铰链约束处理方法：约束方程法和欧拉铰法。

2.2.3.1　约束方程法

约束方程法是处理铰链约束的一种常用模化方法，其特点是针对各类运动学约束构造基本约束库。利用基本约束可以组集出各种复杂铰链约束关系。因此，基本约束方法适合于计算机自动生成多体系统约束方程组而在建模中被广泛采用，但同时采用该方法也会给动力学方程组的求解带来很大计算量，例如要描述一个受棱柱铰约束的刚体运动，就要使用六个二阶微分方程和五个约束方程，实际上此刚体只有一个转动自由度，完全可以用一个二阶微分方程描述它的运动。

从运动学来看，铰链限制了相邻物体之间的相对自由运动。为了建立基本约束方程，可将铰链约束特性模化为如图 2-3 所示的铰链模型。图 2-3 表示一个广义铰链 pq，它由一对分别固结于相邻物体 B_i、B_j 上的刚性点 p、q 和两个分别以 p、q 为原点的坐标架 p_{IJK}、q_{ijk} 构成。$\{a^i\} = (a_1^i \quad a_2^i \quad a_3^i)^T$ 和 $\{a^j\} = (a_1^j \quad a_2^j \quad a_3^j)^T$ 分别为固结于物体 B_i、B_j 上的单位矢量阵，d_{ij} 为连接 p、q 的矢量。下面讨论基本约束如何表达成 a^i、a^j 和 d_{ij} 等三个矢量间的平行和垂直关系。

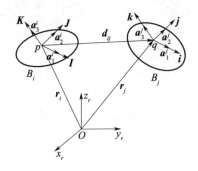

图 2-3　广义铰链 pq

1）垂直约束：物体 B_i 和 B_j 运动过程中，矢量 a_1^i 与矢量 a_1^j 垂直，就必须限定其点积为零，其约束方程可以表示为

$$C^c(a_1^i \perp a_1^j) = a_1^i \cdot a_1^j = 0 \qquad (2.2.3-1)$$

垂直基本约束限制两相邻物体的一个自由度。类似地，a_1^i 与 d_{ij} 保持垂直的约束方程为

$$C^c(a_1^i \perp d_{ij}) = a_1^i \cdot d_{ij} = 0 \qquad (2.2.3-2)$$

2）平行约束：两矢量 a_1^i 与 a_1^j 平行的约束方程可以表示为

$$C^c(a_1^i \ /\!/ \ a_1^j) = a_1^i \times a_1^j = 0 \qquad (2.2.3-3)$$

上式可以用两个垂直约束方程表示为

$$C^c(\boldsymbol{a}_1^i \,/\!/\, \boldsymbol{a}_1^j) = \begin{Bmatrix} C^c(\boldsymbol{a}_2^i \perp \boldsymbol{a}_1^j) \\ C^c(\boldsymbol{a}_3^i \perp \boldsymbol{a}_1^j) \end{Bmatrix} = 0 \qquad (2.2.3-4)$$

同样，矢量$\boldsymbol{a}_1^i$与矢量$\boldsymbol{d}_{ij}$始终保持平行的约束方程为

$$C^c(\boldsymbol{a}_1^i \,/\!/\, \boldsymbol{d}_{ij}) = \begin{Bmatrix} C^c(\boldsymbol{a}_2^i \perp \boldsymbol{d}_{ij}) \\ C^c(\boldsymbol{a}_3^i \perp \boldsymbol{d}_{ij}) \end{Bmatrix} = 0 \qquad (2.2.3-5)$$

3）距离约束：p、q两点保持一定距离的约束方程为

$$C^c(p,q) = d(t) \qquad (2.2.3-6)$$

如果$d(t)=0$，则p，q两点重合，称为球铰约束。

利用这些基本约束方程可以构造各种实际铰链的约束方程组，下面给出工程中常用的几种铰链的约束方程：

1）球铰：图2-4所示的球铰约束物体间三个方向平动自由度，其约束方程为

$$C^c(p,q) = 0 \qquad (2.2.3-7)$$

2）万向节：图2-5所示的万向节约束物体间三个方向平动自由度和一个方向转动自由度，在运动过程中p、q两点始终保持重合，并且$\boldsymbol{a}_1^i$、$\boldsymbol{a}_1^j$两矢量垂直，则万向节的约束方程为

$$C^c(p,q) = 0 ; C^c(\boldsymbol{a}_1^i \perp \boldsymbol{a}_1^j) = \boldsymbol{a}_1^i \cdot \boldsymbol{a}_1^j = 0 \qquad (2.2.3-8)$$

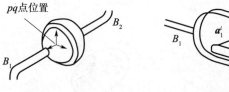

图2-4　球铰　　　　　图2-5　万向节

3）圆柱铰：图2-6所示圆柱铰允许相邻的两物体相对转动和平动，其约束方程可表示为

$$C^c(\boldsymbol{a}_1^i \,/\!/\, \boldsymbol{a}_1^j) = \begin{Bmatrix} C^c(\boldsymbol{a}_2^i \perp \boldsymbol{a}_1^j) \\ C^c(\boldsymbol{a}_3^i \perp \boldsymbol{a}_1^j) \end{Bmatrix} = 0 \\ C^c(\boldsymbol{a}_1^i \,/\!/\, \boldsymbol{d}_{ij}) = \begin{Bmatrix} C^c(\boldsymbol{a}_2^i \perp \boldsymbol{d}_{ij}) \\ C^c(\boldsymbol{a}_3^i \perp \boldsymbol{d}_{ij}) \end{Bmatrix} = 0 \end{aligned} \qquad (2.2.3-9)$$

4）滑移铰：图2-7所示滑移铰只允许两物体沿同一轴线相对平动，其约束方程为

$$C^c(\boldsymbol{a}_1^i \,/\!/\, \boldsymbol{a}_1^j) = \begin{Bmatrix} C^c(\boldsymbol{a}_2^i \perp \boldsymbol{a}_1^j) \\ C^c(\boldsymbol{a}_3^i \perp \boldsymbol{a}_1^j) \end{Bmatrix} = 0 \\ C^c(\boldsymbol{a}_1^i \,/\!/\, \boldsymbol{d}_{ij}) = \begin{Bmatrix} C^c(\boldsymbol{a}_2^i \perp \boldsymbol{d}_{ij}) \\ C^c(\boldsymbol{a}_3^i \perp \boldsymbol{d}_{ij}) \end{Bmatrix} = 0 \\ C^c(\boldsymbol{a}_2^i \perp \boldsymbol{a}_1^j) = \boldsymbol{a}_2^i \cdot \boldsymbol{a}_1^j = 0 \qquad (2.2.3-10)$$

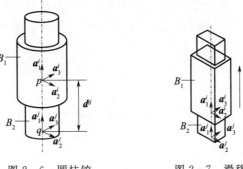

图 2-6　圆柱铰　　　　　　　　　图 2-7　滑移铰

5）螺旋铰：图 2-8 所示螺旋铰允许两物体有相对转动和平动，但转动和平动之间有确定的运动关系，因此螺旋铰只有一个自由度，其约束方程为

$$C^c(\boldsymbol{a}_1^i /\!/ \boldsymbol{a}_1^j) = \left\{\begin{array}{l} C^c(\boldsymbol{a}_2^i \perp \boldsymbol{a}_1^j) \\ C^c(\boldsymbol{a}_3^i \perp \boldsymbol{a}_1^j) \end{array}\right\} = 0$$

$$\left. \begin{array}{l} C^c(\boldsymbol{a}_1^i /\!/ \boldsymbol{d}_{ij}) = \left\{\begin{array}{l} C^c(\boldsymbol{a}_2^i \perp \boldsymbol{d}_{ij}) \\ C^c(\boldsymbol{a}_3^i \perp \boldsymbol{d}_{ij}) \end{array}\right\} = 0 \\[4mm] |\boldsymbol{d}_{ij}| = \dfrac{h\theta}{2\pi} \end{array} \right\} \qquad (2.2.3-11)$$

式中，h 为螺旋铰的螺距。

6）转动铰：图 2-9 所示转动铰允许两物体相对转动，有一个转动自由度，其约束方程为

$$\left. \begin{array}{l} C^c(p,q) = 0 \\ C^c(\boldsymbol{a}_3^i \perp \boldsymbol{a}_1^j) = \boldsymbol{a}_3^i \cdot \boldsymbol{a}_1^j = 0 \\ C^c(\boldsymbol{a}_3^i \perp \boldsymbol{a}_2^j) = \boldsymbol{a}_3^i \cdot \boldsymbol{a}_2^j = 0 \end{array} \right\} \qquad (2.2.3-12)$$

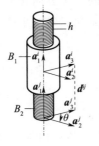 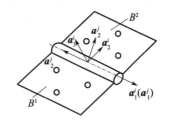

图 2-8　螺旋铰　　　　　　　　图 2-9　转动铰

2.2.3.2　广义欧拉铰法

约束方程法是在惯性系中以绝对坐标的形式描述铰链约束特性，在多体系统运动学和动力学建模中，还可以采用相对坐标描述铰链约束特性，这就是广义欧拉铰法。与绝对坐标方法相比，相对坐标方法可显著降低系统动力学方程的维数，提升多体系统动力学仿真计算效率。对于树状系统，采用广义欧拉铰方法时，可以获得用常微分方程组表示的系统动力学方程；对于闭环非树系统，采用广义欧拉铰方法进行建模时，为将闭环切断需要合

理选择切断铰，并同时引入该切断铰相应的约束方程，形成与原系统等价的微分代数方程组。与约束方程法类似，广义欧拉铰法也可以通过组合基本铰链单元的方法构建复杂铰链相对运动学方程。

（1）转动铰

在转动铰轴的中点分别建立坐标系 p_{IJK}、q_{ijk}，基矢量 $\boldsymbol{a}_1^i$ 与 $\boldsymbol{a}_3^j$ 重合，均为铰轴单位矢量，则动基 $\boldsymbol{a}^j$ 相对于铰本地坐标系 $\boldsymbol{a}^i$ 的方向余弦矩阵可表示为

$$\boldsymbol{A}^r = \begin{bmatrix} 1 & 0 & 0 \\ 0 & \cos q_1 & -\sin q_1 \\ 0 & \sin q_1 & \cos q_1 \end{bmatrix} \qquad (2.2.3-13)$$

转动铰相对角速度矢量和相对角加速度分别为

$$\boldsymbol{\omega}'_r = \boldsymbol{a}_3^j \dot{q}_1, \quad \dot{\boldsymbol{\omega}}'_r = \boldsymbol{a}_3^j \ddot{q}_1 \qquad (2.2.3-14)$$

由于铰本地坐标系与动坐标系原点重合，因此坐标系原点的相对位移、速度和加速度均等于零。

（2）万向节

两物体在铰点位置处重合，基点相对位移、相对速度和相对加速度均等于零。设万向节的广义坐标为 $q_i (i=1,2)$，铰点动基相对于本地基的方向余弦矩阵为

$$\boldsymbol{A}^r = \begin{bmatrix} \cos q_2 & 0 & \sin q_2 \\ \sin q_1 \sin q_2 & \cos q_1 & -\sin q_1 \cos q_2 \\ -\cos q_1 \sin q_2 & \sin q_1 & \cos q_1 \cos q_2 \end{bmatrix} \qquad (2.2.3-15)$$

相对角速度和相对角加速度矢量的本地坐标阵为

$$\boldsymbol{\omega}'_r = \boldsymbol{P}_r \dot{\boldsymbol{q}}, \quad \dot{\boldsymbol{\omega}}'_r = \boldsymbol{P}_r \dot{\boldsymbol{q}} + \tilde{\boldsymbol{a}}'_{j1} \boldsymbol{a}'_{j2} \dot{q}_1 \dot{q}_2 \qquad (2.2.3-16)$$

（3）球铰

球铰仅限制物体间三个方向平动自由度，允许物体间三个方向转动。取球铰中心点为铰点，采用卡尔丹角描述其相对运动学关系。铰动坐标系相对于铰本体坐标系的方向余弦矩阵为

$$\boldsymbol{A}^r = \begin{bmatrix} C_2 C_3 & -C_2 C_3 & S_2 \\ S_1 S_2 S_3 + C_1 C_3 & -S_1 S_2 S_3 + C_1 C_3 & -S_1 C_2 \\ -C_1 S_2 C_3 + S_1 S_3 & C_1 S_2 C_3 + S_1 C_3 & C_1 C_2 \end{bmatrix} \qquad (2.2.3-17)$$

式中，$S_i = \sin q_i$，$C_i = \cos q_i$，$i = 1, 2, 3$。相对角速度和相对角加速度矢量的本地坐标阵为

$$\boldsymbol{\omega}'_r = \boldsymbol{K} \dot{\boldsymbol{q}} \qquad (2.2.3-18)$$

$$\boldsymbol{\omega}'_r = \boldsymbol{K} \ddot{\boldsymbol{q}} + \tilde{\boldsymbol{p}}'_1 \boldsymbol{p}'_2 \dot{q}_1 \dot{q}_2 + \tilde{\boldsymbol{p}}'_1 \boldsymbol{p}'_3 \dot{q}_1 \dot{q}_3 + \tilde{\boldsymbol{p}}'_2 \tilde{\boldsymbol{p}}'_3 \dot{q}_2 \dot{q}_3 \qquad (2.2.3-19)$$

其中，$\boldsymbol{p}'_1 = (1 \quad 0 \quad 0)^T$，$\boldsymbol{p}'_2 = (0 \quad C_1 \quad S_1)^T$，$\boldsymbol{p}'_3 = (0 \quad -C_2 S_1 \quad C_2 C_1)^T$，$\boldsymbol{K} = (p'_1 \quad p'_2 \quad p'_3)$。

（4）滑移铰

两物体沿滑移铰运动过程中，本地基和动基方位不变，因此铰点动基相对于本地基的

方向余弦矩阵为均单位阵，相对角速度和角加速度均等于零，滑移铰位移、速度和加速度矢量在本地基下的坐标阵分别为

$$s' = k'q_1, \quad \dot{s}' = k'q_1, \quad \ddot{s}' = k'q_1 \qquad (2.2.3-20)$$

广义欧拉铰运动学公式的详细推导过程参见参考文献［4］。

2.2.4　多体系统中驱动机构力学模型和常用铰链摩擦模型

2.2.4.1　多体系统驱动机构力学模型

（1）卷簧力元

航天器大型太阳阵通常采用扭簧和协调机构进行展开，而大型桁架式网状抛物面天线多采用卷簧加钟表协调机构进行缓慢展开（并辅以电动机拖动拉索进行主动展开）。图 2-10 为邻接物体间卷簧力元示意图。作用在内接物体 B_i 上的力矩为

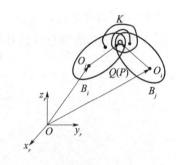

$$M_i^e = A^i C_Q^i p K_T (q_j - \theta_0) \qquad (2.2.4-1)$$

其中，A^i 为内接物体方向余弦矩阵，C_Q 为安装卷簧的转动铰方向余弦矩阵，p 为安装卷簧的转动铰特征矢量坐标阵，K_T 为卷簧刚度，q_j 为转动铰相对坐标，θ_0 卷簧初始压缩角。作用在外接物体 B_j 上的力矩与 M_i^e 大小相等，方向相反。

图 2-10　邻接物体间卷簧力元

（2）线簧力元

在一些空间机构中例如分离释放机构、舱门锁定机构、对接机构中常采用线性弹簧机构作为储能或吸能缓冲元件，邻接物体间线簧作用示意图如图 2-11 所示。作用在内接物体上的弹簧力为

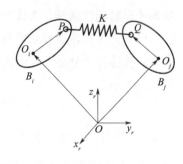

$$F_i^e = A^i C_Q^i p K_L (q_j - l_0) \qquad (2.2.4-2)$$

其中，A^i 为内接物体方向余弦矩阵，C_Q 为安装卷簧的转动铰方向余弦矩阵，p 为安装卷簧的转动铰特征矢量坐标阵，K_L 为线簧刚度，q_j 为滑移铰相对坐标，l_0 为线簧初始长度。作用在外接物体 B_j 上的弹簧力与 F_i^e 大小相等，方向相反。

图 2-11　邻接物体间线簧力元

2.2.4.2　典型铰链摩擦模型

摩擦是产生于相互运动界面间复杂的非线性物理现象。在真实物理空间内铰链相对运动位置处普遍存在着摩擦，在上一节介绍了理想状态下铰链的约束方程，本部分将介绍常用的几类摩擦模型及空间机构常用铰链摩擦力学模型。目前常用的摩擦模型主要有库伦摩擦模型、Stribeck 摩擦模型、Dahal 模型、鬃毛模型及 Lugre 模型。由于空间环境中铰链主要采用固体润滑膜进行润滑，传统的库伦摩擦模型仍然较常用。库伦摩擦定律基本假定如下：

1）滑移过程中，摩擦力 F_T 大小与法向压力 F_N 成比例，可表示为

$$| F_T | = \mu | F_N |　　　　　　　　　(2.2.4-3)$$

式中，μ 为摩擦系数，分为静摩擦系数 μ_s 和动摩擦系数 μ_k；

2）摩擦系数与接触面积无关；

3）静摩擦系数大于动摩擦系数，即 $\mu_s > \mu_k$；

4）当切向运动发生时，摩擦力作用方向与相对切向运动方向相反

$$\boldsymbol{F}_T = -\mu_k | \boldsymbol{F}_N | \frac{\dot{\boldsymbol{g}}_T}{| \dot{\boldsymbol{g}}_T |}　　　　　　　(2.2.4-4)$$

式中，$\dot{\boldsymbol{g}}_T$ 为相对运动速度。

图 2-12 为库仑摩擦力与物体之间切向相对速度之间的关系，F_{st} 表示静摩擦力。

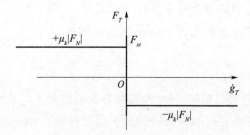

图 2-12　库仑摩擦力示意图

在空间可展天线机构中，最常见的铰链为转动铰和滑移铰，例如天线大小臂主动驱动机构通过转动铰展开，天线反射器被动和主动机构通过转动铰和滑移铰展开。

图 2-13 为转动铰和滑移铰摩擦模型。由于转动铰轴承与轴之间存在摩擦，当铰链转动时，铰链位置处会产生一定的摩擦阻尼力矩，如图 2-13（a）所示。作用在物体 B_j 上的摩擦力矩为

$$\boldsymbol{M}_f^j = -\mu \boldsymbol{A}^i \boldsymbol{C}_Q^i r \tilde{\boldsymbol{r}} \boldsymbol{F}_N^j \mathrm{sgn}(\dot{q}_j^r)　　　　　(2.2.4-5)$$

式中，μ 为转动铰摩擦系数，$\boldsymbol{A}^j$ 为内接物体 B_i 连体坐标系方向余弦矩阵，$\boldsymbol{C}_P$ 为铰 H_j 在物体 B_i 上安装方向余弦矩阵，r 为铰 H_j 转动轴半径，$\tilde{\boldsymbol{r}}$ 为矢径 $\boldsymbol{r}$ 坐标列阵的反对称阵，$\dot{q}_j^r$ 为铰 H_j 的相对转动角速度，$\boldsymbol{F}_N^j$ 为铰 H_j 约束反力的合力。

滑移铰的滑块与导轨之间存在摩擦，使滑块在导轨上运动时受到摩擦力阻碍。由于滑移铰约束两物体沿垂直方向的相对平移运动和两物体平面内相对转动，铰链位置处会产生约束反力 F_R^j 和约束反力矩 M_R^j，如图 2-13（b）所示。

将作用在滑移铰位置处的约束反力 F_R^j 和约束反力矩 M_R^j 等效模化为接触位置约束反力 F_{c1} 和 F_{c2}，则其等效约束反力 F_{c1} 和 F_{c2} 分别为

$$F_{c1} = -\frac{M_R^j}{h}; F_{c2} = F_R^j + \frac{M_R^j}{h}　　　　(2.2.4-6)$$

于是，作用在物体 B_j 上的摩擦力可表示为

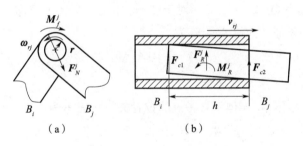

图 2 - 13　典型铰链摩擦模型

$$F_f^j = -\mu(F_R^i + 2\frac{M_R^i}{h})\mathrm{sgn}(\dot{q}_j) \qquad (2.2.4 - 7)$$

式中，μ 为滑移铰摩擦系数，h 为滑移铰中两物体重叠量，$\dot{q}_j$ 为相对滑移速度。

　　需要指出的是，天线反射器展开机构作为一个复杂的工程机构系统，除了以上铰链位置摩擦阻力，构成其阻力的来源还有很多，例如机构设计和制造公差引起的单元非共面阻力，装配时尺寸链不闭合引起的铰链预紧力，同步齿轮内调速机构阻力、齿面摩擦阻力以及各同步齿轮展开不同步引起的阻力，这些影响因素作用机理复杂，实际应用中需要根据试验结果，拟合出天线展开阻力或阻力矩模型。

2.3　航天器多刚体系统动力学方程

2.3.1　多刚体系统运动学方程

2.3.1.1　参考系和坐标变换矩阵

　　图 2 - 14 为邻接刚体 B_i 和 B_j 相对运动示意图，P 和 Q 分别为铰链 H_j 两个铰点。$O - x_r y_r z_r$ 为惯性参考系，$O_i - x_i y_i z_i$ 和 $O_j - x_j y_j z_j$ 分别为 B_i 和 B_j 连体坐标系，$P - x'_i y'_i z'_i$ 和 $Q - x'_j y'_j z'_j$ 分别为铰 H_j 本地坐标系和相对运动坐标系。$\boldsymbol{R}_i$ 和 $\boldsymbol{R}_j$ 分别为物体 B_i 和 B_j 连体系参考点到惯性系的位置矢量，$\boldsymbol{u}_i^P$ 和 $\boldsymbol{u}_j^Q$ 分别为铰点 P 和 Q 相对于物体 B_i 和 B_j 连体坐标系的位置矢量，$\boldsymbol{d}_{ij}$ 为铰点 P 和 Q 之间的位置矢量。

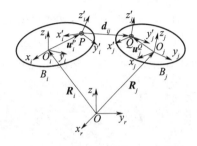

图 2 - 14　邻接物体相对运动示意图

　　将 $P - x'_i y'_i z'_i$ 和 $Q - x'_j y'_j z'_j$ 相对于各自连体坐标系的方向余弦矩阵分别记为 $\boldsymbol{A}_P^{\bar{n}}$ 和

A_Q^n，铰 H_j 的动坐标系 $Q-x'_j y'_j z'_j$ 相对于铰 H_j 本地坐标系的方向余弦矩阵记为 A_j^h，则刚体 B_j 相对于刚体 B_i 的方向余弦矩阵为

$$\boldsymbol{A}^{ij} = \boldsymbol{A}_P^n \boldsymbol{A}_j^h \boldsymbol{A}_Q^{n\mathrm{T}} \tag{2.3.1-1}$$

2.3.1.2　相邻物体之间运动学关系

根据图 2-14，刚体 B_j 连体系参考点的位置矢量可表示为

$$\boldsymbol{R}_j = \boldsymbol{R}_i + \boldsymbol{u}_i^P + \boldsymbol{d}_{ij} - \boldsymbol{u}_j^Q \tag{2.3.1-2}$$

将刚体 B_j 相对于其内接刚体 B_i 的角速度记为 $\boldsymbol{\omega}_{rj}$，则刚体 B_j 的角速度可表示为

$$\boldsymbol{\omega}_j = \boldsymbol{\omega}_i + \boldsymbol{\omega}_{rj} \tag{2.3.1-3}$$

将铰 H_j 相对移动速度 $\dot{\boldsymbol{d}}_{ij}$ 和相对角速度 $\boldsymbol{\omega}_{rj}$ 分别写成广义坐标导数的形式

$$\dot{\boldsymbol{d}}_{ij} = \boldsymbol{A}^i \boldsymbol{A}_P^n \boldsymbol{P}_t^j \dot{\boldsymbol{q}}_j \; ; \quad \boldsymbol{\omega}_{rj} = \boldsymbol{A}^i \boldsymbol{A}_P^n \boldsymbol{P}_r^j \dot{\boldsymbol{q}}_j \tag{2.3.1-4}$$

式中，$\boldsymbol{P}_t^j$，$\boldsymbol{P}_r^j$ 分别为铰 H_j 平动和转动变换矩阵，$\dot{\boldsymbol{q}}_j$ 为铰的广义坐标一阶导数。

式（2.3.1-2）对时间求一阶导数，可得 $\boldsymbol{R}_j$ 的矢量式和矩阵式分别为

$$\dot{\boldsymbol{R}}_j = \dot{\boldsymbol{R}}_i + \boldsymbol{\omega}_i \times (\boldsymbol{u}_i^P + \boldsymbol{d}_{ij} - \boldsymbol{u}_j^Q) + \dot{\boldsymbol{d}}_{ij} - \boldsymbol{\omega}_{rj} \times \boldsymbol{u}_j^Q \tag{2.3.1-5}$$

$$\dot{\boldsymbol{R}}_j = \dot{\boldsymbol{R}}_i - (\tilde{\boldsymbol{u}}_i^P + \tilde{\boldsymbol{d}}_{ij} - \tilde{\boldsymbol{u}}_j^Q)\boldsymbol{\omega}_i + \boldsymbol{A}^i \boldsymbol{A}_P^n \boldsymbol{P}_t^j \dot{\boldsymbol{q}}_j + \boldsymbol{A}^i \boldsymbol{A}_P^n \tilde{\boldsymbol{u}}_j^Q \boldsymbol{P}_r^j \dot{\boldsymbol{q}}_j \tag{2.3.1-6}$$

式（2.3.1-3）对时间求一阶导数，可获得其矢量式和矩阵式如下

$$\dot{\boldsymbol{\omega}}_j = \dot{\boldsymbol{\omega}}_i + \boldsymbol{\omega}_i \times \boldsymbol{\omega}_{rj} + \dot{\boldsymbol{\omega}}_{rj} \tag{2.3.1-7}$$

$$\dot{\boldsymbol{\omega}}_j = \dot{\boldsymbol{\omega}}_i + \tilde{\boldsymbol{\omega}}_i \boldsymbol{\omega}_{rj} + \boldsymbol{A}^i \boldsymbol{A}_P^n \boldsymbol{P}_r^j \ddot{\boldsymbol{q}}_j \tag{2.3.1-8}$$

再对式（2.3.1-5）求一阶导数，可分别获得 $\ddot{\boldsymbol{R}}_j$ 的矢量式和矩阵式分别为

$$\ddot{\boldsymbol{R}}_j = \ddot{\boldsymbol{R}}_i + \dot{\boldsymbol{\omega}}_i \times (\boldsymbol{u}_i^P + \boldsymbol{d}_{ij} - \boldsymbol{u}_j^Q) - \dot{\boldsymbol{\omega}}_{rj} \times \boldsymbol{u}_j^Q + \ddot{\boldsymbol{d}}_{ij} + \boldsymbol{\omega}_i \times$$

$$(\boldsymbol{\omega}_i \boldsymbol{u}_i^P + \boldsymbol{\omega}_i \boldsymbol{d}_{ij} - \boldsymbol{\omega}_j \boldsymbol{u}_j^Q) + \boldsymbol{\omega}_i \dot{\boldsymbol{d}}_{ij} - \boldsymbol{\omega}_{rj} \boldsymbol{\omega}_j \boldsymbol{u}_j^Q \tag{2.3.1-9}$$

$$\ddot{\boldsymbol{R}}_j = \ddot{\boldsymbol{R}}_i - (\tilde{\boldsymbol{u}}_i^P + \tilde{\boldsymbol{d}}_{ij} - \tilde{\boldsymbol{u}}_j^Q)\dot{\boldsymbol{\omega}}_i + \tilde{\boldsymbol{u}}_j^Q \boldsymbol{\omega}_{rj} + \ddot{\boldsymbol{d}}_{ij} + \tilde{\boldsymbol{\omega}}_i (\tilde{\boldsymbol{\omega}}_i \boldsymbol{u}_i^P + \tilde{\boldsymbol{\omega}}_i \boldsymbol{d}_{ij} - \tilde{\boldsymbol{\omega}}_j \boldsymbol{u}_j^Q) + \tilde{\boldsymbol{\omega}}_i \dot{\boldsymbol{d}}_{ij} - \tilde{\boldsymbol{\omega}}_{rj} \tilde{\boldsymbol{\omega}}_j \boldsymbol{u}_j^Q \tag{2.3.1-10}$$

将刚体 B_i 和 B_j 的速度列阵分别记为 $v_i = [\dot{\boldsymbol{R}}_i^{\mathrm{T}} \quad \boldsymbol{\omega}_i^{\mathrm{T}}]^{\mathrm{T}}$，$v_j = [\dot{\boldsymbol{R}}_j^{\mathrm{T}} \quad \boldsymbol{\omega}_j^{\mathrm{T}}]^{\mathrm{T}}$，则根据式（2.3.1-3）和式（2.3.1-6），物体 B_j 的速度可表示为

$$v_j = \begin{bmatrix} \dot{\boldsymbol{R}}_j \\ \boldsymbol{\omega}_j \end{bmatrix} = \begin{bmatrix} \boldsymbol{I}_3 & -(\tilde{\boldsymbol{u}}_i^P + \tilde{\boldsymbol{d}}_{ij} - \tilde{\boldsymbol{u}}_j^Q) \\ 0 & \boldsymbol{I}_3 \end{bmatrix} \begin{bmatrix} \dot{\boldsymbol{R}}_i \\ \boldsymbol{\omega}_i \end{bmatrix} + \begin{bmatrix} \boldsymbol{P}_t^j + \tilde{\boldsymbol{u}}_j^Q \boldsymbol{P}_r^j \\ \boldsymbol{P}_r^j \end{bmatrix} \dot{\boldsymbol{q}}_j \tag{2.3.1-11}$$

根据式（2.3.1-8）和式（2.3.1-10），物体 B_j 的加速度可表示为

$$\dot{v}_j = \begin{bmatrix} \ddot{\boldsymbol{R}}_j \\ \dot{\boldsymbol{\omega}}_j \end{bmatrix} = \begin{bmatrix} \boldsymbol{I}_3 & -(\tilde{\boldsymbol{u}}_i^P + \tilde{\boldsymbol{d}}_{ij} - \tilde{\boldsymbol{u}}_j^Q) \\ 0 & \boldsymbol{I}_3 \end{bmatrix} \begin{bmatrix} \ddot{\boldsymbol{R}}_i \\ \dot{\boldsymbol{\omega}}_i \end{bmatrix} + \begin{bmatrix} \boldsymbol{P}_t^j + \tilde{\boldsymbol{u}}_j^Q \boldsymbol{P}_r^j \\ \boldsymbol{P}_r^j \end{bmatrix} \ddot{\boldsymbol{q}}_j + \boldsymbol{\delta}_j$$

$$\boldsymbol{\delta}_j = \begin{bmatrix} \tilde{\boldsymbol{\omega}}_i (\tilde{\boldsymbol{\omega}}_i \boldsymbol{u}_i^P + \tilde{\boldsymbol{\omega}}_i \boldsymbol{d}_{ij} - \tilde{\boldsymbol{\omega}}_j \boldsymbol{u}_j^Q) + \boldsymbol{\omega}_i \times \dot{\boldsymbol{d}}_{ij} - \tilde{\boldsymbol{\omega}}_{ij} \tilde{\boldsymbol{\omega}}_j \boldsymbol{u}_j^Q \\ \tilde{\boldsymbol{\omega}}_i \boldsymbol{P}_r^j \dot{\boldsymbol{q}}_j + \boldsymbol{\sigma}_j \end{bmatrix}$$

$$\tag{2.3.1-12}$$

式中，$\boldsymbol{\sigma}_j$ 为铰 H_j 广义角加速度的二次项。若记

$$\boldsymbol{K}_{ij} = \begin{bmatrix} \boldsymbol{I}_3 & -(\tilde{\boldsymbol{u}}_i^P + \tilde{\boldsymbol{d}}_{ij} - \tilde{\boldsymbol{u}}_i^Q) \\ 0 & \boldsymbol{I}_3 \end{bmatrix}; \boldsymbol{L}_j = \begin{bmatrix} \boldsymbol{P}_t^j + \tilde{\boldsymbol{u}}_j^Q \boldsymbol{P}_r^j \\ \boldsymbol{P}_r^j \end{bmatrix} \qquad (2.3.1-13)$$

则物体 B_j 速度和加速度可分别表达为

$$\boldsymbol{v}_j = \boldsymbol{K}_{ij}\boldsymbol{v}_i + \boldsymbol{L}_j\,\dot{\boldsymbol{q}}_j\,; \quad \dot{\boldsymbol{v}}_j = \boldsymbol{K}_{ij}\,\dot{\boldsymbol{v}}_i + \boldsymbol{L}_j\,\ddot{\boldsymbol{q}}_i + \boldsymbol{\delta}_j \qquad (2.3.1-14)$$

根据运动学递推关系，物体 B_j 的速度和加速度可分别写为

$$\boldsymbol{v}_j = \boldsymbol{a}_j^0 \boldsymbol{v}^0 + \sum_{l=1; B_l \leqslant B_j} \boldsymbol{a}_j^l\,\dot{\boldsymbol{q}}_l\,; \quad \dot{\boldsymbol{v}}_j = \boldsymbol{a}_j^0\,\dot{\boldsymbol{v}}^0 + \sum_{l=1; B_l \leqslant B_j} (\boldsymbol{a}_j^l\,\ddot{\boldsymbol{q}}_l + \boldsymbol{b}_j^k) \qquad (2.3.1-15)$$

式中　　$\boldsymbol{a}_j^0 = \boldsymbol{K}_{ji}\boldsymbol{a}_i^0$

$$\boldsymbol{a}_{jk} = \begin{cases} \boldsymbol{K}_{ji}\boldsymbol{a}_{ik} & \text{当 } k \neq j \\ \boldsymbol{L}_j & \text{当 } k = j \end{cases} (i = \text{ITOR}(2, j), B_k \text{ 在 } B_j \text{ 路上}, i = 1, \cdots, N)$$

$$\boldsymbol{b}_j^k = \begin{cases} \boldsymbol{K}_{ji}\boldsymbol{b}_i^k & \text{当 } k \neq j \\ \boldsymbol{\delta}_j & \text{当 } k = j \end{cases}$$

$$(2.3.1-16)$$

令 $\boldsymbol{q} = [\boldsymbol{q}_1, \cdots, \boldsymbol{q}_N]$ 表示多体系统铰链的广义坐标，则系统中各物体的速度和加速度最终均可分别表达为

$$\boldsymbol{v} = \boldsymbol{a}_0 \boldsymbol{v}_0 + \boldsymbol{a}\,\dot{\boldsymbol{q}}\,; \quad \dot{\boldsymbol{v}} = \boldsymbol{a}_0\,\dot{\boldsymbol{v}}_0 + \boldsymbol{a}\,\ddot{\boldsymbol{q}} + \boldsymbol{b} \qquad (2.3.1-17)$$

2.3.2　单刚体动力学方程

2.3.2.1　单刚体运动学描述

图 2-15 为刚体 B_i 示意图。物体 B_j 上任一点 P 的位置矢量 $\boldsymbol{r}_i^P = \boldsymbol{R}_i + \boldsymbol{u}_i^P$，对时间求一阶导数得到 $\dot{\boldsymbol{r}}_j^P$ 的矢量式和坐标列阵式分别为

$$\dot{\boldsymbol{r}}_i^P = \dot{\boldsymbol{R}}_i + \boldsymbol{\omega}_i \times \boldsymbol{u}_i^P \qquad (2.3.2-1)$$

$$\dot{\boldsymbol{r}}_i^P = \dot{\boldsymbol{R}}_i - \tilde{\boldsymbol{u}}_i^P \boldsymbol{\omega}_i \qquad (2.3.2-2)$$

记 $\boldsymbol{B}_i^P = [\boldsymbol{I}_3 \quad -\tilde{\boldsymbol{u}}_i^P]$，则上式可写为

$$\dot{\boldsymbol{r}}_i^P = \boldsymbol{B}_i^P \boldsymbol{v}_i \qquad (2.3.2-3)$$

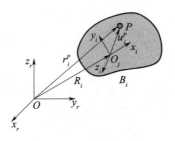

图 2-15　刚体 B_i 示意图

式（2.3.2－1）对时间求一阶导数，获得$\ddot{r}_i^P$的矢量和坐标列阵表达式分别为

$$\ddot{r}_i^P = \ddot{R}_i + \dot{\omega}_i \times u_i^P + \omega_i \times \omega_i \times u_i^P \qquad (2.3.2-4)$$

$$\ddot{r}_i^P = \ddot{R}_i - \tilde{u}_i^P \dot{\omega}_i + \tilde{\omega}_i \tilde{\omega}_i u_i^P = B_i^P \dot{v}_i + w_i^P \qquad (2.3.2-5)$$

2.3.2.2　单刚体动力学方程

根据虚功率原理，物体B_i的变分形式动力学方程可写为

$$\int_V \Delta \dot{r}_i^{PT}(-\ddot{r}_i^P \rho_i + F_i^P)dV = 0 \qquad (2.3.2-6)$$

式中，F_i^P为作用在点P微元处的外力。将式（2.3.2－3）和式（2.3.2－5）代入上式经整理可获得

$$\Delta v_i^T(-M_i \dot{v}_i - g_i + F_i) = 0 \qquad (2.3.2-7)$$

由于$\delta v_i \neq 0$，刚体B_i的动力学方程为

$$M_i \dot{v}_i = -g_i + F_i$$

$$M_i = \int_V \rho B_i^{PT} B_i^P dV = \begin{bmatrix} M_{11} & M_{12} \\ M_{21} & M_{22} \end{bmatrix}; \qquad (2.3.2-8)$$

$$g_i = \int_V \rho B_i^{PT} w_i^P dV; \quad F_i = \int_V B_i^{PT} F_i^P dV;$$

$$M_{11} = \int_V \rho I_3 dV = m_i I_3; \quad M_{22} = A^i J'_i A^{iT}; \quad M_{12} = M_{21} = A^i \int_V \rho \tilde{u}_i'^P dV A^{iT} \quad (2.3.2-9)$$

式中，J'_i为物体B_i相对于其连体坐标系的转动惯量；$\int_V \rho \tilde{u}_i'^P dV$表示物体$B_i$对其连体坐标系$O-x_i y_i z_i$原点的静矩，当连体坐标系原点与物体$B_i$质心重合时，该项为零坐标列阵。为研究方便，往往将刚体连体基选在刚体的质心位置处，这样可使M_{12}和M_{21}为零矩阵，得到平动与转动解耦的单刚体牛顿-欧拉动力学方程。

2.3.3　树状多刚体系统

对于由N个刚体组成的多刚体系统，根据式（2.3.2－8）单体动力学模型，该系统变分形式的动力学方程为

$$\sum_{i=1}^N \Delta v_i^T(-M_i v_i - g_i + F_i^O) + \Delta P = 0 \qquad (2.3.3-1)$$

式中，ΔP为非理想铰链约束力或力元所做虚功率，将其写成矩阵形式

$$\Delta v^T(-M\dot{v} - g + F^O) + \Delta P = 0 \qquad (2.3.3-2)$$

式中，$M=\text{diag}(M_1, \cdots, M_N)$，$g=[g_1^T, \cdots, g_i^T]^T$，$\Delta P=\Delta \dot{q}^T \cdot f^{ey}$。

将式（2.3.1－17）代入到上式经整理可得到

$$\Delta \dot{q}(-D\ddot{q} + E) = 0 \qquad (2.3.3-3)$$

于是，树状多体系统的动力学方程可写为

$$D\ddot{q} = E \qquad (2.3.3-4)$$

$$D = a^{\mathrm{T}} M a \;;\; E = a^{\mathrm{T}} (F^O - g - M b_{1N} - M a_0 \, \dot{v}_0) + f^{ey} \qquad (2.3.3-5)$$

2.3.4　非树状多刚体系统动力学方程

对于由 m 个刚体和 $m+k$ 个铰链组成的闭环多体系统，可以通过选择切割 k 个铰链形成树状系统的方法来处理。为使切割后系统与原系统等价，在切割铰位置处需要引入相应的约束方程组。切割后形成的树状多体系统的建模方法与上一节树状系统建模方法相同，这里主要介绍切割铰约束方程建模方法。

切割铰建模方法是将绝对坐标表示的约束方程组转为铰链广义坐标表示的约束方程组。如图 2-16 所示为多体系统闭环切割铰示意图。以物体 B_i 与 B_j 之间的切割铰为例，建立多刚体系统切割铰约束方程。物体 B_i 与 B_j 之间的切割铰约束方程组为

$$C(r_i, A^i, r_j, A^j, t) = 0 \qquad (2.3.4-1)$$

式（2.3.4-1）对时间求一阶导数和二阶导数，则有

$$Z_i v_i + Z_j v_j = Z_t \qquad (2.3.4-2)$$

$$Z_i \dot{v}_i + Z_j \dot{v}_j = Z_w \qquad (2.3.4-3)$$

根据式（2.3.1-17）和式（2.3.4-2）可以得到

$$C_q \dot{q} = -C_t \qquad (2.3.4-4)$$

$$C_q = Z_i a_i + Z_j a_j \;,\; C_t = -Z_i + (Z_i a_{i0} + Z_j a_{j0}) v_0 \qquad (2.3.4-5)$$

根据式（2.3.1-17）和式（2.3.4-3），可以得到

$$C_q \dot{q} = \gamma \qquad (2.3.4-6)$$

$$\gamma = Z_w - (Z_i a_i^0 + Z_j a_j^0) \dot{v}_0 - Z_i \sum_{l=1; B_l \leqslant B_i} a_i^l - Z_j \sum_{l=1; B_l \leqslant B_i} a_j^l \qquad (2.3.4-7)$$

如果系统包括 n 个切割铰，则系统的切割铰约束方程组可以表达为

$$C(q,t) = 0 \;; C_q \dot{q} = -C_t \;; C_q \ddot{q} = \gamma \qquad (2.3.4-8)$$

式中，$C(q, t) = [C^1(q, t), \cdots, C^n(q, t)]^{\mathrm{T}}$，$C_q = [C_{q1}^{\mathrm{T}}, \cdots, C_{q2}^{\mathrm{T}}]^{\mathrm{T}}$，$C_t = [C_t^{1\mathrm{T}}, \cdots, C_t^{n\mathrm{T}}]^{\mathrm{T}}$，$\gamma = [\gamma^{1\mathrm{T}}, \cdots, \gamma^{n\mathrm{T}}]^{\mathrm{T}}$。这样，闭环多刚体系统的动力学方程可以写为

$$\begin{bmatrix} D & C_q^{\mathrm{T}} \\ C_q & 0 \end{bmatrix} \begin{bmatrix} \ddot{q} \\ \lambda \end{bmatrix} = \begin{bmatrix} E \\ \gamma \end{bmatrix} \qquad (2.3.4-9)$$

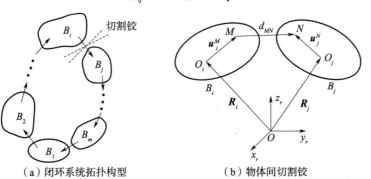

（a）闭环系统拓扑构型　　　　　　（b）物体间切割铰

图 2-16　闭环多体系统切割铰示意图

2.4　基于有限元离散的柔性多体动力学方程

　　大型桁架式网状天线展开过程中桁架受力较大，易于发生弹性变形，为分析展开过程中部件受力及变形，需要将其作为弹性体进行处理。有限元方法是目前工程中获得广泛应用并被证明有效的弹性体离散方法，本节主要介绍基于有限元离散的柔性体离散方法，并给出其相应柔性体动力学方程。

2.4.1　作大范围运动的单柔性体动力学方程

2.4.1.1　基于协调质量矩阵的单柔性体动力学方程

　　作大范围运动的一般柔性体如图 2-17 所示，柔性体 B_i 变形前在 B_{i0}，变形后移动到 B_i。$O\text{-}x_r y_r z_r$ 为惯性参考系，用于描述柔性体 B_i 的大范围运动，$O_i\text{-}x_i y_i z_i$ 为物体 B_i 连体坐标系，固结在未变形的柔性体上，用于描述物体的刚体平移和转动。

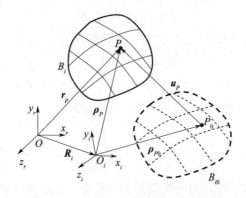

图 2-17　作大范围运动柔性体离散

　　物体 B_i 上任意点 P 关于惯性坐标系的矢量式和矩阵式可分别表示为

$$\boldsymbol{r}_P = \boldsymbol{R}_i + \boldsymbol{\rho}_P = \boldsymbol{R}_i + (\boldsymbol{\rho}_{P0} + \boldsymbol{u}_P) \tag{2.4.1-1a}$$

$$\boldsymbol{r}_P = \boldsymbol{R}_i + \boldsymbol{A}^i \boldsymbol{\rho}'_P = \boldsymbol{R}_i + \boldsymbol{A}^i (\boldsymbol{\rho}'_{P0} + \boldsymbol{u}'_P) \tag{2.4.1-1b}$$

式中，$\boldsymbol{R}_i$ 是连体坐标系原点关于惯性坐标系的矢量，$\boldsymbol{\rho}_P$ 表示变形后点 P 相对于连体坐标系矢量，$\boldsymbol{\rho}_{P0}$ 表示未变形时柔性体 B_i 上任意点 P 相对于连体坐标系的矢径，$\boldsymbol{u}_P$ 为其变形位移矢量，$\boldsymbol{A}^i$ 为物体 B_i 连体坐标系相对于参考坐标系方向余弦矩阵。如果采用有限元方法对柔性体进行离散，假设离散后点 P 位于物体 B_i 的第 j 个单元内，则

$$\boldsymbol{\rho}'_{P0} = \boldsymbol{N}^{ij} \boldsymbol{p}_0'^{ij} \tag{2.4.1-2}$$

$$\boldsymbol{u}'_P = \boldsymbol{N}^{ij} \boldsymbol{p}^{ij} \tag{2.4.1-3}$$

式中，$\boldsymbol{N}^{ij}$ 为单元 j 的形函数，$\boldsymbol{p}_0'^{ij}$ 为单元 j 的各个节点坐标，$\boldsymbol{p}^{ij}$ 为单元 j 各节点变形量。对于等参单元实体单元，$\boldsymbol{N}^{ij}$ 即为有限元中给出的形函数。对于结构单元，$\boldsymbol{N}^{ij}$ 的表达式还需考虑单元坐标系与物体 B_i 连体坐标系间的转换关系。单元 j 节点变形阵可表示为

$$\boldsymbol{p}^{ij} = \boldsymbol{C}^{ij} \boldsymbol{p}^i \tag{2.4.1-4}$$

式中，C^{ij} 为单元 j 节点变形阵与物体 B_i 全部节点变形阵 p^i 间的布尔关系矩阵。点 P 相对于惯性坐标系的速度矢量式和坐标阵分别为

$$\dot{r}_P = \dot{R}_i + \omega_i \times \rho_P + \dot{u}_P \qquad (2.4.1-5a)$$

$$\dot{r}_P = \dot{R}_i - \tilde{\rho}_P \omega_i + A^i \dot{u}'_P \qquad (2.4.1-5b)$$

式中，ω_i 是连体坐标系相对于惯性坐标系的角速度，考虑到式 (2.4.1-3)，得到

$$\dot{r}_P = B_i^P v_i \qquad (2.4.1-6)$$

式中，$B_i^P = \begin{bmatrix} I_3 & -\tilde{\rho}_P & A^i N^{ij} C^{ij} \end{bmatrix}$，$v_i = \begin{bmatrix} \dot{R}_i^T & \omega_i^T & \dot{p}^i \end{bmatrix}$。

点 P 关于惯性坐标系的加速度的矢量式和坐标阵式分别为

$$\ddot{r}_P = \ddot{R}_i + \dot{\omega}_i \times \rho_P + \ddot{u}_P + 2\omega_i \times \dot{u}_P + \omega_i \times \omega_i \times \rho_P \qquad (2.4.1-7a)$$

$$\ddot{r}_P = \ddot{R}_i - \tilde{\rho}_P \dot{\omega}_i + \ddot{u}_P + 2\tilde{\omega}_i \dot{u}_P + \tilde{\omega}_i \tilde{\omega}_i \rho_P \qquad (2.4.1-7b)$$

可进一步写成

$$\ddot{r}_P = B_i^P \dot{v}_i + w^P$$

其中，$w^P = 2\tilde{\omega}_i \dot{u}_P + \tilde{\omega}_i \tilde{\omega}_i \rho_P$。根据虚功率原理，获得物体 B_i 的变分形式动力学方程可写为

$$\int_{V^i} \Delta r_P^T (-\rho \ddot{r}_P + F^P) dV - \int_{V^i} \Delta \dot{\varepsilon}^T \sigma dV = 0 \qquad (2.4.1-8)$$

在虚功率原理中，与动能相关的变分项为

$$-\int_V \Delta \dot{r}_P^T \rho \ddot{r}_P dV = -\delta v_i^T \int_V \rho B_i^{PT} (B_i^P \dot{v}_i + w^P) dV$$

$$\qquad (2.4.1-9)$$

$$= -\delta v_i^T \sum_{j=1}^{n_e} \int_{V_e} \rho B_i^{PT} B_i^P dV_e \dot{v}_i - \delta v_i^T \int_V \rho B_i^{PT} w^P dV$$

式中，n_e 表示物体 B_i 离散后单元的数量，V_e 表示单元 j 的体积。这样物体 B_i 的广义质量矩阵为

$$M_i = \sum_{j=1}^{n_e} \int_V \rho B_i^{PT} B_i^P dV_e \qquad (2.4.1-10)$$

式中，ρ_i 为物体 B_i 的密度，n_e 为物体 B_i 的单元个数，V_e 为单元体积。根据克拉皮隆定理

$$\delta U = \int_{V^i} \delta \varepsilon^T \sigma dV \qquad (2.4.1-11)$$

式中，σ 和 ε 分别为应力和应变列阵。在小位移理论中，其应力应变关系可以写为

$$\sigma = D\varepsilon \qquad (2.4.1-12)$$

式中，D 为弹性系数矩阵，假设柔性体由各向同性线弹性材料组成，其形式如下

$$D = \begin{bmatrix} \lambda + 2G & \lambda & \lambda & 0 & 0 & 0 \\ \lambda & \lambda + 2G & \lambda & 0 & 0 & 0 \\ \lambda & \lambda & \lambda + 2G & 0 & 0 & 0 \\ 0 & 0 & 0 & G & 0 & 0 \\ 0 & 0 & 0 & 0 & G & 0 \\ 0 & 0 & 0 & 0 & 0 & G \end{bmatrix} \qquad (2.4.1-13)$$

式（2.4.1-11）可以写为

$$\delta U = \sum_{j=1} \delta U^i = \sum_{j=1}^{n_e} \int_{V^i} \delta \boldsymbol{\varepsilon}^{i\mathrm{T}} \boldsymbol{D} \boldsymbol{\varepsilon}^i \, \mathrm{d}V \qquad (2.4.1-14)$$

第 j 个单元的应变与位移的关系可以表示为

$$\boldsymbol{\varepsilon}^j = \boldsymbol{L}\boldsymbol{u}^j = \boldsymbol{L}\boldsymbol{N}^{ij}\boldsymbol{C}^{ij}\boldsymbol{p}^i = \boldsymbol{Q}^{ij}\boldsymbol{p}^i \qquad (2.4.1-15)$$

式中，L 为一个由几何方程得到的线性算子。在三维问题中，L 的表达式

$$L = \begin{bmatrix} \dfrac{\partial}{\partial x} & 0 & 0 \\[2mm] 0 & \dfrac{\partial}{\partial y} & 0 \\[2mm] 0 & 0 & \dfrac{\partial}{\partial z} \\[2mm] \dfrac{\partial}{\partial y} & \dfrac{\partial}{\partial x} & 0 \\[2mm] 0 & \dfrac{\partial}{\partial z} & \dfrac{\partial}{\partial y} \\[2mm] \dfrac{\partial}{\partial z} & 0 & \dfrac{\partial}{\partial x} \end{bmatrix} \qquad (2.4.1-16)$$

则势能变分

$$\delta U = \sum_{j=1}^{n_e} \int_{V^i} \delta \boldsymbol{\varepsilon}^{j\mathrm{T}} \boldsymbol{D} \boldsymbol{\varepsilon}^j \, \mathrm{d}V = \sum_{j=1}^{n_e} \delta \boldsymbol{p}^{i\mathrm{T}} \int_{V^i} \boldsymbol{Q}^{ij\mathrm{T}} \boldsymbol{D} \boldsymbol{Q}^{ij} \, \mathrm{d}V \boldsymbol{p}^i \qquad (2.4.1-17)$$

上式对时间求一阶导数，得到

$$\int_{V^i} \Delta \dot{\boldsymbol{\varepsilon}}^{\mathrm{T}} \boldsymbol{\sigma} \mathrm{d}V = \sum_{j=1}^{n_e} \delta \, \dot{\boldsymbol{p}}^{i\mathrm{T}} \int_{V^i} \boldsymbol{Q}^{ij\mathrm{T}} \boldsymbol{D} \boldsymbol{Q}^{ij} \, \mathrm{d}V \boldsymbol{p}^i \qquad (2.4.1-18)$$

物体 B_i 刚度矩阵可以写为

$$\boldsymbol{K}^{'i} = \sum_{j=1}^{n_e} \int_{V^i} \boldsymbol{Q}^{ij\mathrm{T}} \boldsymbol{D} \boldsymbol{Q}^{ij} \, \mathrm{d}V \qquad (2.4.1-19)$$

进一步式（2.4.1-17）可以写为

$$\int_{V^i} \Delta \, \dot{\boldsymbol{\varepsilon}}^{\mathrm{T}} \boldsymbol{\sigma} \mathrm{d}V = \sum_{j=1}^{n_e} \Delta \, \dot{\boldsymbol{p}}^{i\mathrm{T}} \int_{V^i} \boldsymbol{Q}^{ij\mathrm{T}} \boldsymbol{D} \boldsymbol{Q}^{ij} \, \mathrm{d}V \boldsymbol{p}^i = \delta \boldsymbol{v}^i \boldsymbol{K}^i \begin{bmatrix} 0 \\ 0 \\ p_i \end{bmatrix} \qquad (2.4.1-20)$$

其中

$$\boldsymbol{K}^i = \begin{bmatrix} 0 & 0 & 0 \\ 0 & 0 & 0 \\ 0 & 0 & \boldsymbol{K}'^i \end{bmatrix}$$

假设作用在柔性体上的体力为 $\boldsymbol{F}^P$，其在连体坐标系下的坐标阵为 $\boldsymbol{F}'^P$，那么 $\boldsymbol{F}^P$ 在惯性坐标系下的坐标阵为 $\boldsymbol{F}^P = \boldsymbol{A}^i \boldsymbol{F}'^P$。外力所做的虚功率为

$$\delta P = \int_V \delta \dot{\boldsymbol{r}}_P^{\mathrm{T}} \boldsymbol{F}^P \mathrm{d}V = \delta \boldsymbol{v} \int_V \boldsymbol{B}_i^{P\mathrm{T}} \boldsymbol{F}^P \mathrm{d}V \qquad (2.4.1-21)$$

将式（2.4.1-9）、式（2.4.1-18）和式（2.4.1-19）代入到式（2.4.1-8）中得到

$$\delta \boldsymbol{v}^{i\mathrm{T}} (-\boldsymbol{M} \dot{\boldsymbol{v}}^i + \boldsymbol{f}^o - \boldsymbol{w} - \boldsymbol{f}^u) = 0 \qquad (2.4.1-22)$$

式中，$\boldsymbol{M}_i = \sum_{j=1}^{n_e} \int_{V_e} \boldsymbol{\rho} \boldsymbol{B}_i^{P\mathrm{T}} \boldsymbol{B}_i^P \mathrm{d}V_e, \boldsymbol{w} = \int_V \boldsymbol{\rho} \boldsymbol{B}_i^{P\mathrm{T}} \boldsymbol{w}^P \mathrm{d}V, \boldsymbol{f}^o = \int_V \boldsymbol{B}_i^{P\mathrm{T}} \boldsymbol{F}^P \mathrm{d}V, \boldsymbol{f}^u = \begin{bmatrix} 0 & 0 & (\boldsymbol{K}'^i \boldsymbol{p}_i)^{\mathrm{T}} \end{bmatrix}^{\mathrm{T}}$。

2.4.1.2　基于集中质量方法的柔性体动力学方程

集中质量法形式简单，用于柔性体前处理时可避免高斯积分或符号积分带来大计算量，且在计算系统结构动力学特性时往往能获得比协调质量矩阵更精确的结果，因此有必要给出基于集中质量有限元的柔性体动力学方程。基于集中质量离散的柔性体动力学方程处理步骤是首先建立物体 B_i 有限元模型，然后通过自主设计或商业软件生成的集中质量矩阵获得该物体上每个节点的集中质量，之后再根据每个节点的集中质量获得整个柔性体混合坐标形式的动力学方程。

图 2-18 为基于集中质量有限元离散的节点 P 变形示意图。物体 B_i 上任一节点 P 的位置矢量式和矩阵式可分别表示为

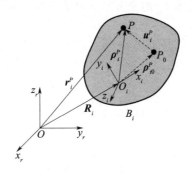

图 2-18　柔性体 B_i 变形示意图

$$\boldsymbol{r}_P = \boldsymbol{R}_i + \boldsymbol{u}_i^P = \boldsymbol{R}_i + (\boldsymbol{u}_{i0}^P + \boldsymbol{u}_{if}^P) \qquad (2.4.1-23a)$$

$$\boldsymbol{r}_P = \boldsymbol{R}_i + \boldsymbol{A}^i \boldsymbol{u}'^P_i = \boldsymbol{R}_i + \boldsymbol{A}^i (\boldsymbol{u}'^P_{i0} + \boldsymbol{u}'^P_{if}) \qquad (2.4.1-23b)$$

式中，$\boldsymbol{R}_i$ 是物体 B_i 连体坐标系原点关于惯性坐标系的矢量，$\boldsymbol{u}_i^P$ 和 $\boldsymbol{u}'^P_i$ 分别表示变形后点 P 相对于连体坐标系的矢量及该矢量相对于连体坐标系坐标阵，$\boldsymbol{u}_{i0}^P$ 和 $\boldsymbol{u}'^P_{i0}$ 分别为物体 $\boldsymbol{u}_{if}^P$ 变形前点 $\boldsymbol{u}'^P_{if}$ 相对于其连体坐标系的矢量及该矢量相对于其连体坐标系的坐标阵，$\boldsymbol{u}_{if}^P$ 和 $\boldsymbol{u}'^P_{if}$ 分别为点 P 的变形位移矢量及该矢量相对于其连体坐标系坐标阵，$\boldsymbol{A}^i$ 为物体 B_i 连体坐标系相对于参考坐标系方向余弦矩阵。由于 P 为单元节点，因此

$$\boldsymbol{\rho}_{i0}^{P} = \boldsymbol{p'}_{0}^{iP} \qquad (2.4.1-24\text{a})$$

$$\boldsymbol{u'}_{i}^{P} = \boldsymbol{p}^{iP} \qquad (2.4.1-24\text{b})$$

节点 P 变形阵可表示为

$$\boldsymbol{p}^{iP} = \boldsymbol{C}^{iP} \boldsymbol{p}^{i} \qquad (2.4.1-25)$$

式中，$\boldsymbol{C}^{iP}$ 为节点 P 变形阵与物体 B_i 全部节点变形阵 $\boldsymbol{p}^i$ 间的布尔关系矩阵。点 P 关于惯性坐标系的速度矢量式和坐标阵分别为

$$\dot{\boldsymbol{r}}_{P} = \dot{\boldsymbol{R}}_{i} + \boldsymbol{\omega}_{i} \times \boldsymbol{u}_{i}^{P} + \dot{\boldsymbol{u}}_{if}^{P} \qquad (2.4.1-26\text{a})$$

$$\dot{\boldsymbol{r}}_{P} = \dot{\boldsymbol{R}}_{i} - \tilde{\boldsymbol{u}}_{i}^{P} \boldsymbol{\omega}_{i} + \boldsymbol{A}^{i} \dot{\boldsymbol{u}}'_{if}^{P} \qquad (2.4.1-26\text{b})$$

式中，$\boldsymbol{\omega}_i$ 是物体 B_i 的角速度，考虑到式（2.4.1-25），式（2.4.1-26b）可以写为

$$\dot{\boldsymbol{r}}_{P} = \boldsymbol{B}_{i}^{P} \dot{\boldsymbol{v}}_{i} \qquad (2.4.1-27)$$

式中，$\boldsymbol{B}_{i}^{P} = \begin{bmatrix} \boldsymbol{I}_{3} & -\tilde{\boldsymbol{u}}_{i}^{P} & \boldsymbol{A}^{i} \boldsymbol{C}^{iP} \end{bmatrix}$，$\boldsymbol{v}_{i} = \begin{bmatrix} \dot{\boldsymbol{R}}_{i}^{\mathrm{T}} & \boldsymbol{\omega}_{i}^{\mathrm{T}} & \dot{\boldsymbol{p}}^{i\mathrm{T}} \end{bmatrix}^{\mathrm{T}}$。

点 P 关于惯性坐标系的加速度的矢量式和坐标阵式分别为

$$\ddot{\boldsymbol{r}}_{P} = \ddot{\boldsymbol{R}}_{i} + \dot{\boldsymbol{\omega}}_{i} \times \boldsymbol{u}_{i}^{P} + \ddot{\boldsymbol{u}}_{if}^{P} + 2\,\boldsymbol{\omega}_{i} \times \dot{\boldsymbol{u}}_{if}^{P} + \boldsymbol{\omega}_{i} \times \boldsymbol{\omega}_{i} \times \boldsymbol{u}_{i}^{P} \qquad (2.4.1-28\text{a})$$

$$\ddot{\boldsymbol{r}}_{P} = \ddot{\boldsymbol{R}}_{i} - \tilde{\boldsymbol{u}}_{i}^{P} \dot{\boldsymbol{\omega}}_{i} + \ddot{\boldsymbol{u}}_{if}^{P} + 2\,\tilde{\boldsymbol{\omega}}_{i} \dot{\boldsymbol{u}}_{if}^{P} + \tilde{\boldsymbol{\omega}}_{i} \tilde{\boldsymbol{\omega}}_{i} \boldsymbol{u}_{i}^{P} \qquad (2.4.1-28\text{b})$$

可进一步写成

$$\ddot{\boldsymbol{r}}_{P} = \boldsymbol{B}_{i}^{P} \dot{\boldsymbol{v}}_{i} + \boldsymbol{w}^{P} \qquad (2.4.1-28\text{c})$$

其中，$\boldsymbol{w}^{P} = 2\,\tilde{\boldsymbol{\omega}}_{i} \dot{\boldsymbol{u}}_{P} + \tilde{\boldsymbol{\omega}}_{i} \tilde{\boldsymbol{\omega}}_{i} \boldsymbol{u}_{i}^{P}$。

根据虚功率原理，获得物体 B_i 的变分形式动力学方程可写为

$$\Delta \dot{\boldsymbol{r}}_{j}^{\mathrm{T}} \sum_{j=1}^{m} (-m_{j} \ddot{\boldsymbol{r}}_{j} + \boldsymbol{F}^{j}) - \int_{V^{i}} \Delta \dot{\boldsymbol{\varepsilon}}^{\mathrm{T}} \boldsymbol{\sigma} \mathrm{d}V = 0 \qquad (2.4.1-29)$$

式中，$\boldsymbol{F}^{j}$ 为作用在节点 j 上的外力。将式（2.4.1-26）、式（2.4.1-28）代入到上式可以获得

$$\delta \boldsymbol{v}^{i\mathrm{T}} (-\boldsymbol{M}\dot{\boldsymbol{v}}^{i} + \boldsymbol{f}^{o} - \boldsymbol{w} - \boldsymbol{f}^{u}) = 0 \qquad (2.4.1-30)$$

其中

$$\boldsymbol{M} = \sum_{j=1}^{m} m^{j} \boldsymbol{B}^{j\mathrm{T}} \boldsymbol{B}^{j}, \boldsymbol{w} = \sum_{j=1}^{l} m^{j\mathrm{T}} \boldsymbol{w}^{j}, \boldsymbol{f}^{o} = \sum_{j=1}^{m} \boldsymbol{B}^{j\mathrm{T}} \boldsymbol{F}^{j}, \boldsymbol{f}^{u} = \begin{bmatrix} 0 & 0 & (\boldsymbol{K}^{i} \boldsymbol{p}_{i})^{\mathrm{T}} \end{bmatrix}^{\mathrm{T}}.$$

为避免软件反复计算上述矩阵中常数矩阵带来的计算效率下降，往往事先将以上矩阵中的常数项提前计算出来，以备软件调用。

2.4.2　基于等参单元描述的平面柔性体动力学方程

上一节推导了做空间大范围运动的任意柔性体的动力学方程，本节将以典型四节点等参平面四边形单元为例，建立由各向同性可压缩材料构成的做平面大范围运动的柔性体动力学方程。其他等参单元离散的做大范围运动柔性体动力学方程推导过程与该过程类似，读者可以自己尝试推导。

如图 2 - 19 所示，为平面柔性体 B^i 在 t_0 和 t 时刻的运动学描述。假定 t_0 时刻，物体没有任何变形，此时点 P_0 以 "○" 表示，在 t 时刻柔性体运动到新的位置，点 P_0 亦运动到点 P 位置，此时其位置以 "●" 表示。在 t 时刻点 P 关于惯性坐标系的矢径可表示为

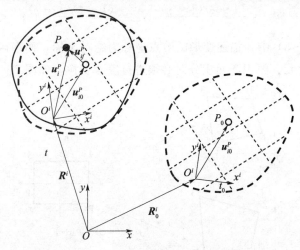

图 2 - 19　平面柔性体的运动学描述

$$r_P = R_i + u_i^P \tag{2.4.2-1}$$

式中

$$u_i^P = u_{i0}^P + u_{if}^P \tag{2.4.2-2}$$

上式中，u_{if}^P 在物体 B^i 连体坐标系中的坐标阵可以表示为

$$u'^P_{if} = N^{ij} C^{ij} p^i \tag{2.4.2-3}$$

点 P 在惯性坐标系下的坐标阵：

$$r_P = R_i + A^i u_i^P = R_i + A^i(u'^P_{i0} + N^{ij} C^{ij} p^i) \tag{2.4.2-4}$$

式中，$A^i = \begin{bmatrix} \cos\theta & -\sin\theta \\ \sin\theta & \cos\theta \end{bmatrix}$。其变分为

$$\delta r_P = \delta R_i + \tilde{I}_2 A^i(u'^P_{i0} + N^{ij} C^{ij} p^i)\delta\theta + A^i N^{ij} C^{ij} \delta p^i \tag{2.4.2-5}$$

式中，$\tilde{I}_2$ 为 2 阶反对称阵。式（2.4.2 - 4）对时间求一阶导数，

$$\dot{r}_P = R_i + \tilde{I}_2 A^i u'^P_i\dot{\theta} + A^i \dot{u}_{if}^P \tag{2.4.2-6}$$

式（2.4.2 - 6）再对时间求一阶导数

$$\ddot{r}_P = \ddot{R}_i + \tilde{I}_2 A^i u'^P_i\ddot{\theta} + A^i N^{ij} C^{ij} \ddot{p}^i - A^i u'^P_i\dot{\theta}^2 + 2 \tilde{I}_2 A^i N^{ij} C^{ij} \dot{p}^i\dot{\theta} \tag{2.4.2-7}$$

（1）柔性体变形的有限元描述

柔性体有限元离散后，单元 j 的变形场可以描述为

$$u'^P_{if} = N^P p^i \tag{2.4.2-8}$$

式中，$N^P = N^{ij} C^{ij}$。当单元为平面四节点四边形单元时，形函数为

$$N^{ij} = \begin{bmatrix} N_1 & 0 & N_2 & 0 & N_3 & 0 & N_4 & 0 \\ 0 & N_1 & 0 & N_2 & 0 & N_3 & 0 & N_4 \end{bmatrix} \tag{2.4.2-9}$$

场位移的插值函数可以用自然坐标表示

$$N_1 = \frac{(1-\xi)(1-\eta)}{4}, N_2 = \frac{(1+\xi)(1-\eta)}{4};$$

$$N_3 = \frac{(1+\xi)(1+\eta)}{4}, N_4 = \frac{(1-\xi)(1+\eta)}{4}; \tag{2.4.2-10}$$

而在式（2.4.2-3）中，描述变形的节点坐标为绝对坐标，而形函数采用的是自然坐标，因此求解体积微元、面积微元积分时必须进行等参变换，如图 2-20 所示。

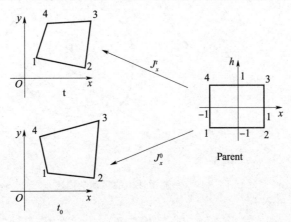

图 2-20　t_0 与 t 时刻初始构形和当前构形以及它们与母单元之间的映射关系

（2）作大范围运动的平面柔性体动力学方程

为了说明不同力学原理获得动力学方程的一致性，这里采用 Hamilton 变分原理来建立作大范围平面运动的柔性体动力学方程。Hamilton 变分原理可表示为

$$\int_{t_1}^{t_2} (-\delta T + \delta \Pi - \delta W) = 0 \tag{2.4.2-11}$$

柔性体的动能

$$T = \frac{1}{2} \sum_{j=1}^{n_e} \int_{V_e^j} \rho \, \dot{\boldsymbol{r}}_P^T \dot{\boldsymbol{r}}_P \mathrm{d}V = \frac{1}{2} \sum_{i=1}^{n_e} \int_{V_e^j} \rho \, \dot{\boldsymbol{r}}_P^T \dot{\boldsymbol{r}}_P \mathrm{d}V \tag{2.4.2-12}$$

动能的变分

$$\delta T = \int_{t_1}^{t_2} \sum_{j=1}^{n_e} \int_{V^i} \rho \, \ddot{\boldsymbol{r}}_P^T \delta \, \boldsymbol{r}_P \mathrm{d}V \mathrm{d}t$$

$$= \int_{t_1}^{t_2} \sum_{j=1}^{n_e} \int_{V^i} \rho_i (\ddot{\boldsymbol{R}}_i + \widetilde{\boldsymbol{I}}_2 \boldsymbol{A}^i \boldsymbol{u}'^P_i \ddot{\theta}_i + \boldsymbol{A}^i \boldsymbol{N}^P \ddot{\boldsymbol{p}}^i - \boldsymbol{A}^i \boldsymbol{u}'^P_i \dot{\theta}_i \dot{\theta}_i^2 + 2 \widetilde{\boldsymbol{I}}_2 \boldsymbol{A}^i \boldsymbol{N}^P \dot{\boldsymbol{p}}'^i \dot{\theta}_i)^T$$

$$(\delta \boldsymbol{R}_i + \widetilde{\boldsymbol{I}}_2 \boldsymbol{A}^i \boldsymbol{u}'^P_i \delta \theta + \boldsymbol{A}^i \boldsymbol{N}^P \delta \boldsymbol{p}^i) \mathrm{d}V \mathrm{d}t \tag{2.4.2-13}$$

应变能

$$\Pi = \sum_{j=1}^{n_e} \Pi_i = \sum_{j=1}^{n_e} \int_{V^i} \int_0^{\varepsilon} \boldsymbol{\sigma}_i \mathrm{d}\boldsymbol{\varepsilon} \mathrm{d}V \tag{2.4.2-14}$$

对于各向同性材料的平面应力问题而言，应力应变关系可表示为

$$\sigma = D\varepsilon = \frac{E}{1-v^2}\begin{bmatrix} 1 & v & 0 \\ v & 1 & 0 \\ 0 & 0 & (1-v)/2 \end{bmatrix}\varepsilon \tag{2.4.2-15}$$

第 j 个单元应变与单元节点位移之间的关系

$$\varepsilon^{ij} = Q^{ij}p^{ij} \tag{2.4.2-16}$$

式中

$$B^i = \begin{bmatrix} B_1^i & B_2^i & B_3^i & B_4^i \end{bmatrix} \tag{2.4.2-17}$$

$$Q_1^{ij} = \begin{bmatrix} \dfrac{\partial N_1}{\partial x} & 0 \\ 0 & \dfrac{\partial N_1}{\partial y} \\ \dfrac{\partial N_1}{\partial y} & \dfrac{\partial N_1}{\partial x} \end{bmatrix} \tag{2.4.2-18}$$

主动力所做的虚功

$$\delta W = \sum_{j=1}^{n_e}\int_{V_e} f^{\circ\mathrm{T}}\delta r_P \,\mathrm{d}V \tag{2.4.2-19}$$

将式（2.4.2-12）、式（2.4.2-14）和式（2.4.2-19）代入到式（2.4.2-11）可以得到系统的动力学方程

$$M\ddot{q} = f^o - w - f^u \tag{2.4.2-20}$$

质量矩阵

$$M = \sum_{j=1}^{n_e}\begin{bmatrix} M_{11}^j & M_{12}^j & M_{13}^j \\ M_{21}^j & M_{22}^j & M_{23}^j \\ M_{31}^j & M_{32}^j & M_{33}^j \end{bmatrix} \tag{2.4.2-21}$$

$$M_{11}^j = \int_{v^j}\rho I_2 \,\mathrm{d}V \tag{2.4.2-22}$$

假设组成柔性体的材料为弹性可压缩材料，因此在运动过程中柔性体的密度、体积等物理量将不可避免地发生变化。为了便于将柔性体的积分域由现有位形转换到初始位形进行积分，根据变形前体元与变形后体元之间的关系

$$M_{11}^j = \int_{V^j}\rho\, I_2 \,\mathrm{d}V = \int_{V^{j0}}\rho\, I_2 \,\mathrm{d}V^0 \tag{2.4.2-23}$$

由质量守恒式 $\rho^J = \rho_0$，单元 i 的分块质量矩阵 M_{11}^i 可以写为

$$M_{11}^i = \int_{V^i}\rho\, I_2 \,\mathrm{d}V = \int_{V^{j0}}\rho\, I_2 \,\mathrm{d}V^0 = \int_{V^{j0}}\rho_0\, I_2 \,\mathrm{d}V^0 = I_2 m \tag{2.4.2-24}$$

式中，J 为单元物理坐标与自然坐标间的雅可比矩阵，$m = \rho_0 V_0$，表示物体的总质量。为了便于积分运算，引入 Gauss 数值积分。上式也可写为

$$M_{11}^j = \int_{V^{j0}}\rho_0\, I_2 \,\mathrm{d}V^0 = \iint_{S^{j0}}\rho_0 I_2 J_\xi^0 t \,\mathrm{d}\xi\mathrm{d}\eta = \int_{-1}^{1}\int_{-1}^{1}\rho_0 I_2 J_\xi^0 t \,\mathrm{d}\xi\mathrm{d}\eta = \sum_{m,n=1}^{2}\rho_0 H_{mn} I_2 J_\xi^0 t$$

$$\tag{2.4.2-25}$$

其中，J_ξ^0 为 t_0 时刻单元位形和母单元之间的雅可比行列式，H_{mn} 为高斯积分权系数，t 表示单元的厚度。同理，质量矩阵的其他分块矩阵可以表示为

$$\boldsymbol{M}_{12}^i = \boldsymbol{M}_{21}^{i\mathrm{T}} = \sum_{m,n}^2 H_{mn}\rho_0 \widetilde{\boldsymbol{IA\rho}}'{}_P J_\xi^0 t \qquad (2.4.2-26\mathrm{a})$$

$$\boldsymbol{M}_{13}^i = \boldsymbol{M}_{31}^{i\mathrm{T}} = \sum_{m,n}^2 H_{mn}\rho_0 \boldsymbol{AN} J_\xi^0 t \qquad (2.4.2-26\mathrm{b})$$

$$\boldsymbol{M}_{22} = \sum_{m,n}^2 H_{mn}\rho_0 \boldsymbol{\rho}'{}_P^{\mathrm{T}}\boldsymbol{\rho}'{}_P J_\xi^0 t \qquad (2.4.2-26\mathrm{c})$$

$$\boldsymbol{M}_{23} = \boldsymbol{M}_{32}^{\mathrm{T}} = \sum_{m,n}^2 H_{mn}\rho_0 \boldsymbol{\rho}'{}_P^{\mathrm{T}}\widetilde{\boldsymbol{I}}^{\mathrm{T}}\boldsymbol{N} J_\xi^0 t \qquad (2.4.2-26\mathrm{d})$$

$$\boldsymbol{M}_{33} = \sum_{m,n}^2 H_{mn}\rho_0 \boldsymbol{N}^{\mathrm{T}}\boldsymbol{N} J_\xi^0 t \qquad (2.4.2-26\mathrm{e})$$

广义变形力阵为

$$\boldsymbol{f}^u = - \begin{bmatrix} 0 & 0 & 0 \\ 0 & 0 & 0 \\ 0 & 0 & \boldsymbol{K} \end{bmatrix} \begin{bmatrix} \boldsymbol{r} \\ \theta \\ \boldsymbol{p} \end{bmatrix} \qquad (2.4.2-27)$$

其中

$$\boldsymbol{K}^{ij} = \int_{V^{ij}} \boldsymbol{Q}^{ij\mathrm{T}}\boldsymbol{DQ}^{ij}\mathrm{d}V = \sum_{m,n}^2 H_{mn}\boldsymbol{Q}^{ij\mathrm{T}}\boldsymbol{DQ}^{ij}t J_\xi^0 \qquad (2.4.2-28)$$

如果计及几何和材料非线性，广义变形力阵可以表示为

$$\boldsymbol{f}^u = \int_V \boldsymbol{B}_I^{\mathrm{T}}\boldsymbol{\sigma}\mathrm{d}V = \sum_{i,j=1}^2 \boldsymbol{B}_I^{\mathrm{T}}\boldsymbol{\sigma} J_\xi H_{ij} \qquad (2.4.2-29)$$

其中，$\boldsymbol{\sigma}$ 由 t 时刻应变和相应的材料本构关系确定，J_ξ 为柔性体现时构形和母单元之间的雅可比矩阵的行列式。广义惯性力阵可以写成如下形式

$$\boldsymbol{w} = \begin{bmatrix} \boldsymbol{w}_1^{\mathrm{T}} & \boldsymbol{w}_2^{\mathrm{T}} & \boldsymbol{w}_3^{\mathrm{T}} \end{bmatrix}^{\mathrm{T}} \qquad (2.4.2-30)$$

式 (2.4.2-30) 中各项可以表示为

$$\boldsymbol{w}_1 = \int_{V^{i}} \rho(-\boldsymbol{A\rho}'{}_P\dot{\theta}^2 + 2\widetilde{\boldsymbol{I}}\boldsymbol{AN}^P\dot{\boldsymbol{p}}'{}^i\dot{\theta})\mathrm{d}V = \sum_{i,j=1}^2 \rho_0(-\boldsymbol{A\rho}'{}_P\dot{\theta}^2 + 2\widetilde{\boldsymbol{I}}\boldsymbol{AN}^P\dot{\boldsymbol{p}}'{}^i\dot{\theta})H_{ij}J_\xi^0 t$$

$$(2.4.2-31\mathrm{a})$$

$$\boldsymbol{w}_2 = \int_V \rho\boldsymbol{\rho}'{}_P^{\mathrm{T}}(\widetilde{\boldsymbol{I}}\boldsymbol{\rho}'{}_P\dot{\theta}^2 + 2\boldsymbol{N}^P\dot{\boldsymbol{p}}'{}^i\dot{\theta})\mathrm{d}V = \sum_{i,j=1}^2 \rho_0\boldsymbol{\rho}'{}_P^{\mathrm{T}}(\widetilde{\boldsymbol{I}}\boldsymbol{\rho}'{}_P\dot{\theta}^2 + 2\boldsymbol{N}^P\dot{\boldsymbol{p}}'{}^i\dot{\theta})H_{ij}J_\xi^0 t$$

$$(2.4.2-31\mathrm{b})$$

$$\boldsymbol{w}_3 = \int_V \rho\boldsymbol{N}^{\mathrm{T}}(-\boldsymbol{\rho}'{}_P\dot{\theta}^2 + 2\widetilde{\boldsymbol{I}}\boldsymbol{N}^P\dot{\boldsymbol{p}}'{}^i\dot{\theta})\mathrm{d}V = \sum_{i,j}^2 \rho_0\boldsymbol{N}^{\mathrm{T}}(-\boldsymbol{\rho}'{}_P\dot{\theta}^2 + 2\widetilde{\boldsymbol{I}}\boldsymbol{N}^P\dot{\boldsymbol{p}}'{}^i\dot{\theta})H_{ij}J_\xi^0 t$$

$$(2.4.2-31\mathrm{c})$$

　　如果柔性体受到重力的影响，那么广义重力的计算需要首先进行有限元分析，然后进行集中质量化处理获得各节点上的集中质量。假设单元 i 上的节点 j 的质量为 m_{ij}，则节点所受的广义重力为

$$f^o = \sum_{i=1}^n \boldsymbol{C}^{ij\mathrm{T}} \boldsymbol{f}^{ij} = \sum_{i=1}^n \boldsymbol{C}^{ij\mathrm{T}} \begin{bmatrix} \boldsymbol{I}_2 \\ (\widetilde{\boldsymbol{IA}\boldsymbol{\rho}'}_P)^{\mathrm{T}} \\ (\boldsymbol{AN})^{\mathrm{T}} \end{bmatrix} m^{ij} \boldsymbol{g} \qquad (2.4.2-32)$$

式中，$\boldsymbol{C}^{ij}$ 表示单元 j 坐标阵与系统坐标阵之间的布尔关系矩阵。在柔性体离散的基础上，通过组集可以建立整个系统动力学方程。

2.4.3　基于结构单元离散的柔性多体动力学方程

在大型空间可展结构中，为了减轻重量经常采用可展结构件。在对这类结构件进行求解时，往往将其离散为梁、板、壳等结构单元。与等参单元混合坐标建模方法相比，这类单元在建模处理上有两点不同：1）建模时需要引入中间单元坐标系，以适应这些单元局部坐标系与连体坐标系间方位的差异，为了进行单元体积积分，需要通过中间单元坐标系将物体坐标与单元坐标系联系在一起；2）这类结构单元在单元内部积分时需要采用符号积分。结构单元的形函数在实际计算中可以直接通过符号积分给出其体积分的显示形式，便于提高计算效率。注意对于结构单元离散的柔性体而言，以上方法的适应范围是梁、板和壳等结构单元仿真中不发生大转角运动。如果物体运动期间这类单元转角较大时，需要局部细化单元以便将其转角控制在小转角范围内或用其他方法将几何非线性因素考虑在内。

图 2-21 为基于结构单元离散的柔性体示意图，图中 $O_i - x_i y_i z_i$ 为物体 B_i 体坐标系，$O_{ij} - x_i^{ij} y_i^{ij} z_i^{ij}$ 为物体 B_i 上单元 j 的中间转换坐标系，$O_{ij} - x^{ij} y^{ij} z^{ij}$ 为物体 B_i 的单元坐标系。物体 B_i 第 j 个单元上点 P 的位置矢量式和矩阵式分别为

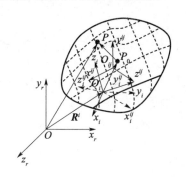

图 2-21　结构有限元离散的柔性体

$$\boldsymbol{r}_P = \boldsymbol{R}_i + \boldsymbol{u}_{i0}^P + \boldsymbol{u}_{if}^P \qquad (2.4.3-1a)$$

$$\boldsymbol{r}_P = \boldsymbol{R}^i + \boldsymbol{A}^i (\boldsymbol{u}_{i0}^{'P} + \boldsymbol{u}_{if}^{'P}) \qquad (2.4.3-1b)$$

式中，$\boldsymbol{u}_{i0}^P = \overline{\boldsymbol{N}}^{ij} \boldsymbol{p}_0^{ij}$，$\boldsymbol{u}_{if}^{'P} = \overline{\boldsymbol{N}}^{ij} \boldsymbol{p}^{ij}$，$\overline{\boldsymbol{N}}^{ij} = \boldsymbol{A}^{ij} \boldsymbol{S}^{ij} \overline{\boldsymbol{T}}^{ij}$，$\boldsymbol{A}^{ij}$ 为单元坐标系相对于物体 B_i 体坐标系的方向余弦矩阵，$\boldsymbol{S}^{ij}$ 为物体 B_i 上第 j 个单元的形函数，$\overline{\boldsymbol{T}}^{ij}$ 为物体 B_i 上第 j 个单元坐标系与其体坐标系之间的转换矩阵，注意这一点和等参单元有所不同，$\boldsymbol{p}_0^{ij}$ 和 $\boldsymbol{p}^{ij}$ 分别为单元 j 上节点未变形位置和变形位置在物体 B_i 体坐标系内的坐标。单元坐标阵 $\boldsymbol{p}^{ij}$ 与物体所有节点坐标之间的关系为

$$p^{ij} = C^{ij} p^i \qquad (2.4.3-2)$$

式中，C^{ij} 为单元 j 节点坐标与物体 B_i 全部柔性体变形坐标之间的布尔矩阵，则物体 B_i 上第 j 个单元的形函数为

$$N^{ij} = A^{ij} S^{ij} \overline{T}^{ij} p^{ij} \qquad (2.4.3-3)$$

对于平面梁单元而言

$$\overline{T}^{ij} = \begin{bmatrix} \overline{T}_1^{ij} & 0 \\ 0 & \overline{T}_1^{ij} \end{bmatrix} \qquad (2.4.3-4)$$

其中

$$\overline{T}^{ij} = \begin{bmatrix} T_A^{ij\,\mathrm{T}} & 0_{2\times1} \\ 0_{1\times2} & 1 \end{bmatrix}, \quad T_A^{ij} = \begin{bmatrix} \cos\beta & -\sin\beta \\ \sin\beta & \cos\beta \end{bmatrix} \qquad (2.4.3-5)$$

式中，T_A^{ij} 表示梁单元坐标系相对于梁连体坐标系的方向余弦矩阵。式（2.4.3-1）对时间求一阶导数，得到物体 B_i 上点 P 的速度矢量式和矩阵式分别为

$$\dot{r}_P = \dot{R}_i - u_i^P \times \omega_i + \dot{u}_{if}^P \qquad (2.4.3-6a)$$

$$\dot{r}_P = B_i^P v_i \qquad (2.4.3-6b)$$

式中，$B_i^P = \begin{bmatrix} I_3 & -\tilde{u}_i^P & A^i N^{ij} \end{bmatrix}$，$v_i = \begin{bmatrix} \dot{R}_i^{\mathrm{T}} & \omega_i^{\mathrm{T}} & \dot{q}_f^{i\mathrm{T}} \end{bmatrix}^{\mathrm{T}}$。上式对时间求一阶导数，得到 B_i 上点 P 的加速度矢量式和矩阵式分别为

$$\ddot{r}_P = \ddot{R}_i + \omega_i \times u_i^P + \ddot{u}_{if}^P + \omega_i \times \omega_i \times u_i^P + 2\omega_i \times \dot{u}_{if}^P \qquad (2.4.3-7a)$$

$$\ddot{r}_P = B_i^P \dot{v}_i + w_i^P \qquad (2.4.3-7b)$$

式中，$w_i^P = \tilde{\omega}^i \tilde{\omega}^i u_i^P + 2\tilde{\omega}^i \dot{u}_{if}^P$。根据虚功率原理，基于有限元离散的柔性体 B_i 的动力学方程可写为

$$\sum_{j=1}^{n_e} \delta \dot{r}_i^{P\mathrm{T}} \int_{V_e} (-\rho \ddot{r}_j^P + F^P) \mathrm{d}V_e - \sum_{j=1}^{n_e} \int_{V_e} \delta \dot{\varepsilon}^{ij\mathrm{T}} \sigma^{ij} \mathrm{d}V_e = 0 \qquad (2.4.3-8)$$

式中，n_e 为物体 B_i 的单元的数量，V_e 为第 j 个单元的体积。将式（2.4.3-6b）和式（2.4.3-7b）代入到上式，经整理后可获得

$$\delta v_i^{\mathrm{T}} (-M_i \dot{v}_i - w_i + f_i^o - f_i^u) = 0 \qquad (2.4.3-9)$$

式中，$M = \sum\limits_{j=1}^{n_e} M_e^{ij} = \sum\limits_{j=1}^{n_e} \int_{V_e} \rho_i B_i^{P\mathrm{T}} B_i^P \mathrm{d}V$，$w_i = \sum\limits_{j=1}^{n_e} w_e^{ij} = \sum\limits_{j=1}^{n_e} \int_{V_e} \rho B^{P\mathrm{T}} w^P \mathrm{d}V$，$f^o = \sum\limits_{j=1}^{n_e} f_e^{oij} = $

$\sum\limits_{j=1}^{n_e} \int_{V_e} B^{P\mathrm{T}} F^P \mathrm{d}V$，$f_i^u = \begin{bmatrix} 0^{\mathrm{T}} & 0^{\mathrm{T}} & \sum\limits_{j=1}^{n_e} (Kq_f)^{\mathrm{T}} \end{bmatrix}^{\mathrm{T}}$。

物体 B_i 的单元 j 的质量矩阵

$$M_e^{ij} = \int_{V_e} \rho_i B_i^{P\mathrm{T}} B_i^P \mathrm{d}V = \begin{bmatrix} M_{e11}^{ij} & M_{e12}^{ij} & M_{e13}^{ij} \\ M_{e21}^{ij} & M_{e22}^{ij} & M_{e23}^{ij} \\ M_{e31}^{ij} & M_{e32}^{ij} & M_{e33}^{ij} \end{bmatrix} \qquad (2.4.3-10)$$

式中，$M_{e11}^{ij} = \int_{V_e} \rho_i I_3 \mathrm{d}V = m_e^{ij} I_3$，$M_{e12}^{ij} = M_{e21}^{ij\mathrm{T}} = \int_{V_e} \rho_i (-\tilde{u}_i^P) \mathrm{d}V$，$M_{e13}^{ij} = \int_{V_e} \rho_i (A^i N^{ij}) \mathrm{d}V$，$M_{e22}^{ij} = $

$$\int_{V_e}\rho_i(-\tilde{\boldsymbol{u}}_i^P)^{\mathrm{T}}(-\tilde{\boldsymbol{u}}_i^P)\mathrm{d}V, \boldsymbol{M}_{e23}^{ij}=\boldsymbol{M}_{e32}^{ij\mathrm{T}}=\int_{V_e}\rho_i(-\tilde{\boldsymbol{u}}_i^P)^{\mathrm{T}}(\boldsymbol{A}^i\boldsymbol{N}^{ij})\mathrm{d}V, \boldsymbol{M}_{e33}^{ij}=\int_{V_e}\rho_i(\boldsymbol{A}^i\boldsymbol{N}^{ij})^{\mathrm{T}}(\boldsymbol{A}^i\boldsymbol{N}^{ij})\mathrm{d}V.$$

单元 j 的广义惯性力阵

$$\boldsymbol{w}_e^{ij}=\int_{V_e}\rho_i\boldsymbol{B}^{P\mathrm{T}}\boldsymbol{w}^P\mathrm{d}V=\begin{bmatrix}\displaystyle\int_{V_e}\rho_i\boldsymbol{I}_3\boldsymbol{w}^P\mathrm{d}V\\[2mm]\displaystyle\int_{V_e}\rho_i(-\tilde{\boldsymbol{u}}_i^P)^{\mathrm{T}}\boldsymbol{w}^P\mathrm{d}V\\[2mm]\displaystyle\int_{V_e}\rho_i\boldsymbol{A}^i\boldsymbol{N}^{ij}\boldsymbol{w}^P\mathrm{d}V\end{bmatrix} \tag{2.4.3-11}$$

单元广义外力阵

$$\boldsymbol{f}_e^{oij}=\int_{V_e}\boldsymbol{B}_k^T\boldsymbol{F}^k\mathrm{d}V=\begin{bmatrix}\displaystyle\int_{V_e}\boldsymbol{F}^P\mathrm{d}V\\[2mm]\displaystyle\int_{V_e}(-\tilde{\boldsymbol{u}}_i^P)^{\mathrm{T}}\boldsymbol{F}^P\mathrm{d}V\\[2mm]\displaystyle\int_{V_e}(\boldsymbol{A}^i\boldsymbol{N}^{ij})^{\mathrm{T}}\boldsymbol{F}^P\mathrm{d}V\end{bmatrix} \tag{2.4.3-12}$$

以上单元的质量矩阵是基于一致质量有限元离散获得单元广义质量矩阵,还可以采用集中质量有限元方法建立单元广义质量矩阵。将单元广义质量矩阵、广义惯性力阵、广义外力阵、广义变形力阵等组集形成物体 B_i 的广义质量矩阵、广义惯性力阵、广义外力阵、广义变形力阵等后,需要引入柔性体边界条件,删除以上矩阵中与柔性体变界条件有关的行和列,即可形成考虑边界条件的基于有限元离散的柔性体动力学方程。由于梁、板、壳等结构单元的形函数,均通过解析函数形式给出,因此 $\boldsymbol{M}_e^{ij}$、$\boldsymbol{w}_e^{ij}$、$\boldsymbol{f}_e^{oij}$ 和 $\boldsymbol{K}$ 矩阵中元素对单元的积分可通过符号积分的形式获得,获得其符号积分后一般将其固化在程序中,计算时直接调用这些基本单元数据矩阵。

为节省内存空间和提升计算速度,在程序中一般不引入单元节点坐标与物体节点坐标间关系的布尔矩阵 $\boldsymbol{P}_i^j$,而更倾向采用直接组集的方法生成物体的质量、刚度、广义惯性力阵、广义外力和广义变形力矩阵。获得物体的这些矩阵后,再根据边界条件删除对应的行和列得到消除刚体模态后的物体基本矩阵。以两节点平面梁单元质量矩阵组集为例,对这一过程进行说明。

图 2-22 为物体 B_i 上第 I 个梁单元离散示意图。图 2-22 中 e^0 为惯性坐标系,e^i 为梁物体 B_i 的连体坐标系,e_i^{ij} 为梁单元中间参考坐标系,e^{ij} 为物体 B_i 上第 j 个两单元的单元坐标系。从该图可以清楚地看到,梁单元坐标系与物体 B_i 连体坐标系有一个转动角度,这时需要用梁单元中间参考坐标系 e_i^{ij} 做一个转换,将物体质量和刚度矩阵转换到物体的连体坐标系 e^i 上。假设单元两个节点 I 和 J 编号相连在一起,采用集中质量有限元方法对梁单元质量特性进行模化。经过计算,可以获得节点 I 和节点 J 质量矩阵,将其写入总的质量矩阵中,如图 2-23 所示。假设柔性体采用悬臂边界条件,且固结位置与节点 I 重合,则需要将质量矩阵

中与节点 I 对应的行和列删除。

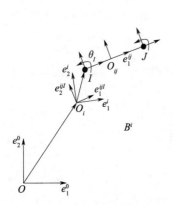

	R	θ	$\cdots$	I	J	$\cdots$
R	M_{11}^I+ M_{11}^J+	M_{12}^I+ M_{12}^J+		M_{13}^I	M_{13}^J	
θ	M_{21}^I+ M_{21}^J	M_{22}^I+ M_{22}^J		M_{23}^I	M_{23}^J	
$\vdots$						
I	M_{31}^I	M_{32}^I		M_{33}^I		
J	M_{31}^J	M_{32}^J			M_{33}^J	
$\vdots$						

图 2-22　平面柔性体的梁单元离散　　　　　图 2-23　梁单元质量矩阵的组集

为了描述大范围运动的大变形和大转动柔性梁、板和壳单元，很多学者针对这类单元有限转动带来的几何非线性问题提出了各类解决方案，其解决方案主要可以分为两类：以斜率代替转角的绝对节点坐标方法和有限转动参数化方法。尽管绝对节点坐标方法带来了广义坐标数量和约束方程的剧增，但由于其便于程式化计算，现在已经在工程中得到推广应用。

2.5　基于模态离散的柔性多体系统动力学方程

2.5.1　柔性体模化方法

采用模态叠加方法对柔性体变形进行描述，其前提是柔性体弹性变形为线性小变形，可以通过模态线性叠加法近似。为了表达方便，下面规定矩阵的下标表示矩阵的维数。柔性体的动力学方程可以用以下式子表示

$$M_{nn}\ddot{x}_n + K_{nn}x_n = f_n \qquad\qquad (2.5.1-1)$$

其中，x_n，f_n 表示位移和力矢量，M_{nn} 和 K_{nn} 为物体质量和刚度矩阵。假定除了作用在子结构（见图 2-24）上的作用力 f_i 外，没有其他任何力，即 $f_i=0$，如果驱动器在物体内部点上施加一定作用力，则需要将该内部点转移到界面节点集内，则部件 1 的有限元模型可以按照如下方式分割

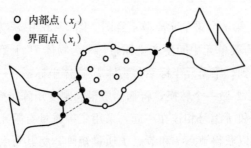

　　○　内部点 (x_j)
　　●　界面点 (x_i)

图 2-24　多体系统中的柔性体

$$\begin{bmatrix} M_{ii} & M_{ij} \\ M_{ji} & M_{jj} \end{bmatrix} \begin{bmatrix} \ddot{x}_i \\ \ddot{x}_j \end{bmatrix} + \begin{bmatrix} K_{ii} & K_{ij} \\ K_{ji} & K_{jj} \end{bmatrix} \begin{bmatrix} x_i \\ x_j \end{bmatrix} = \begin{bmatrix} f_i \\ 0 \end{bmatrix} \quad (2.5.1-2)$$

其中 x_i、x_j 分别为物体界面和内部节点集列阵。对于简谐激振力 $f_m = f_{0m} e^{i\omega t}$，有位移响应 $x = X e^{i\omega t}$，X 为位移响应的幅值。这样上式可以化为

$$\begin{bmatrix} \begin{bmatrix} K_{ii} & K_{ij} \\ K_{ji} & K_{jj} \end{bmatrix} - \omega^2 \begin{bmatrix} M_{ii} & M_{ij} \\ M_{ji} & M_{jj} \end{bmatrix} \end{bmatrix} \begin{bmatrix} x_i \\ x_j \end{bmatrix} = \begin{bmatrix} f_i \\ 0 \end{bmatrix} \quad (2.5.1-3)$$

当交界面受约束时，有 $X_m = 0$，带入上式的第二式，得到约束界面特征方程

$$(K_{jj} - \omega^2 M_{jj}) X_j = 0 \quad (2.5.1-4)$$

相应的约束界面特征向量为 $\overline{\varphi}_{jj}$ 和特征值矩阵为 Λ_j。保留其前 k 阶模态，则约束界面主模态矩阵 φ 为

$$\varphi = \begin{Bmatrix} 0 \\ \overline{\varphi}_{jk} \end{Bmatrix} (k < j) \quad (2.5.1-5)$$

忽略式（2.5.1-2）惯性力项，得到其静力方程

$$\begin{bmatrix} K_{ii} & K_{ij} \\ K_{ji} & K_{jj} \end{bmatrix} \begin{bmatrix} x_i \\ x_j \end{bmatrix} = \begin{bmatrix} f_i \\ 0 \end{bmatrix} \quad (2.5.1-6)$$

根据上式第二式，可获得子结构静力约束模态矩阵

$$t_{ji} = - K_{jj}^{-1} K_{ji} \quad (2.5.1-7)$$

则柔性体上任一点的位置可表示为

$$\begin{bmatrix} x_i \\ x_j \end{bmatrix} = \begin{bmatrix} I_{ii} & 0 \\ t_{ji} & \varphi_{jk} \end{bmatrix} \begin{bmatrix} x_i \\ \xi_k \end{bmatrix} \quad (2.5.1-8)$$

将上式写成更紧凑的形式

$$x_n = H_{ns} \xi_s \quad (2.5.1-9)$$

式中，$s = i + k$。为了方便表示，下面将矩阵的下标去掉，这样式（2.5.1-1）可表示为

$$M \ddot{x} + K x = P u \quad (2.5.1-10)$$

式中，u 为作用在界面点上的外力，P 为转换矩阵。将式（2.5.1-9）代入上式，并在式（2.5.1-10）的左端乘以 H^T，得到

$$H^T M H \ddot{\xi} + H^T K H \xi = H^T P f \quad (2.5.1-11)$$

上式对应的特征值方程为

$$\hat{K} - \lambda \hat{M} = 0 \quad (2.5.1-12)$$

式中，$\hat{M} = H^T M H$，$\hat{K} = H^T K H$。通过求解上式特征值和特征矢量矩阵，可以将 ξ 表示为

$$\xi = L a \quad (2.5.1-13)$$

Ψ 满足以下关系

$$[HL]^T M [HL] = I, [HL]^T K [HL] = \Omega^2 \quad (2.5.1-14)$$

这样，物体 B_i 上任一点的坐标可以表示为

$$u = H q = H L q = H' a \quad (2.5.1-15)$$

式中，H' 为正交化后 Craig-Bampton 模态。假设物体由 n 个节点组成，则正则化后物体模态阵 H' 可以表示为

$$H' = [\boldsymbol{\Phi}'^{\mathrm{T}}_1 \ \boldsymbol{\Psi}'^{\mathrm{T}}_1 \ \boldsymbol{\Phi}'^{\mathrm{T}}_2 \ \boldsymbol{\Psi}'^{\mathrm{T}}_2 \ \cdots \ \boldsymbol{\Phi}'^{\mathrm{T}}_n \ \boldsymbol{\Psi}'^{\mathrm{T}}_n]^{\mathrm{T}} \qquad (2.5.1-16)$$

式中，$\boldsymbol{\Phi}'_i \ (i=1, \cdots, n)$ 为 $3 \times s$ 矩阵，表示节点 i 在物体连体坐标系下平移模态矩阵，$\boldsymbol{\Psi}'_i \ (i=1, \cdots, n)$ 亦为 $3 \times s$ 矩阵，表示节点 i 在物体连体坐标系下转动模态矩阵。

图 2-25 为柔性体有限元模型数据进入多体动力学程序前数据处理流程图。首先，根据物体有限元模型获得物体 Craig-Bampton 模态，然后结合平衡降阶原理，对柔性体模型做进一步降阶，将降阶后的柔性体数据作为柔性多体动力学基本输入数据。

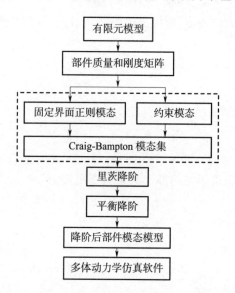

图 2-25　柔性体模型降阶方法

2.5.2　基于模态离散的单柔性体动力学方程

鉴于《计算多体系统动力学》已经对基于模态离散的单柔性体运动学描述、单柔性体动力学方程和铰链运动学递推关系进行了深入全面的阐述，这里将直接引用这些结果，并对一些公式的物理意义做进一步的解释。

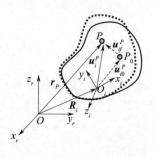

图 2-26　柔性体 B_i 上任意点 P

如图 2-26 所示，柔性体上任意点 P 的位置矢量和矩阵式可表达为

$$\boldsymbol{r}_P = \boldsymbol{R}_i + \boldsymbol{u}^P_i = \boldsymbol{R}_i + \boldsymbol{u}^P_{i0} + \boldsymbol{u}^P_{if}$$

$$(2.5.2-1a)$$

$$\boldsymbol{r}_P = \boldsymbol{R}_i + \boldsymbol{A}^i(\boldsymbol{u}'^P_{i0} + \boldsymbol{u}'^P_{if}) \qquad (2.5.2-1b)$$

式中，$\boldsymbol{u}'^P_{i0}$ 为点 P 初始未变形时刻在其浮动坐标系上的位置矢量阵，$\boldsymbol{u}'^P_{if}$ 为点 P 相对于浮动坐标系的变形。点 P 的柔性体变形可表示为

$$\boldsymbol{u}'^{P}_{if} = \sum_{l=1}^{s} \boldsymbol{\Phi}'^{P}_{i} \boldsymbol{a}_{l} \qquad (2.5.2-2)$$

式中，$\boldsymbol{\Phi}'^{P}_{i}$ 为点 P 的平移模态阵在物体 B_i 浮动坐标系上的投影，m 为所取模态矩阵的阶数。点 P 的速度可以表示为

$$\dot{\boldsymbol{r}}^{P}_{i} = \boldsymbol{B}^{P}_{i} \boldsymbol{v}_{i} \qquad (2.5.2-3)$$

其中 $\boldsymbol{B}^{P}_{i} = \begin{bmatrix} \boldsymbol{I}_{3} & -\tilde{\boldsymbol{\rho}}^{P}_{i} & \boldsymbol{\Phi}^{P}_{i} \end{bmatrix}$，$\boldsymbol{v}_{i} = \begin{bmatrix} \dot{\boldsymbol{r}}^{\mathrm{T}} & \boldsymbol{\omega}^{\mathrm{T}} & \dot{\boldsymbol{a}}^{\mathrm{T}} \end{bmatrix}^{\mathrm{T}}$。点 P 的加速度可以表示为

$$\ddot{\boldsymbol{r}}^{P}_{i} = \boldsymbol{B}^{P}_{i} \dot{\boldsymbol{v}}_{i} + \boldsymbol{w}^{P}_{i} \qquad (2.5.2-4)$$

式中，$\boldsymbol{w}^{P}_{i} = \tilde{\boldsymbol{\omega}}_{i}\tilde{\boldsymbol{\omega}}_{i}\boldsymbol{\rho}^{P}_{i} + 2\tilde{\boldsymbol{\omega}}_{i}\boldsymbol{\Phi}^{k}_{i}\dot{\boldsymbol{a}}$。

　　根据虚功率原理，物体 B_i 的动力学方程为

$$\sum_{k=1}^{l} \delta \dot{\boldsymbol{r}}^{k\mathrm{T}}(-m^{k}\ddot{\boldsymbol{r}}^{k} + \boldsymbol{F}^{k}) - \delta\dot{\boldsymbol{\varepsilon}}^{k\mathrm{T}}\boldsymbol{\sigma}^{\mathrm{T}} = 0 \qquad (2.5.2-5)$$

　　将式（2.5.2-3）和式（2.5.2-4）代入上式，柔性体 B_i 动力学方程可写为

$$\delta \boldsymbol{v}^{\mathrm{T}}(-\boldsymbol{M}\dot{\boldsymbol{v}} - \boldsymbol{w} + \boldsymbol{f}^{o} - \boldsymbol{f}^{u}) = 0 \qquad (2.5.2-6)$$

式中，$\boldsymbol{M}^{i} = \displaystyle\sum_{k=1}^{l} \boldsymbol{M}^{k} = \sum_{k=1}^{l} \boldsymbol{B}^{k\mathrm{T}}_{i}m^{k}\boldsymbol{B}^{k}_{i}$；$\boldsymbol{w} = \displaystyle\sum_{k=1}^{l} m^{k}\boldsymbol{B}^{k\mathrm{T}}_{i}\boldsymbol{w}^{k}_{i}$；$\boldsymbol{f}^{o} = \displaystyle\sum_{k=1}^{l} \boldsymbol{B}^{k\mathrm{T}}_{i}\boldsymbol{F}^{k}$；$\boldsymbol{f}^{u} = \begin{bmatrix} \boldsymbol{0}^{\mathrm{T}} & \boldsymbol{0}^{\mathrm{T}} & (\boldsymbol{C}_{a}\dot{\boldsymbol{a}} + \boldsymbol{K}_{a}\boldsymbol{a})^{\mathrm{T}} \end{bmatrix}$。

其中，$\boldsymbol{M}^{i}$，$\boldsymbol{w}$，$\boldsymbol{f}^{o}$ 和 $\boldsymbol{f}^{u}$ 分别称为物体 B_i 的广义质量阵、广义惯性力阵、广义外力阵和广义变形力阵，$\boldsymbol{C}_{a}$ 和 $\boldsymbol{K}_{a}$ 分别为对应于模态坐标的阻尼和刚度矩阵。

2.5.2.1　物体 B_i 广义质量矩阵

$$\boldsymbol{M}^{i} = \sum_{k=1}^{l} \boldsymbol{B}^{k\mathrm{T}}_{i}m^{k}\boldsymbol{B}^{k}_{i} = \begin{bmatrix} \boldsymbol{M}_{11} & \boldsymbol{M}_{12} & \boldsymbol{M}_{13} \\ \boldsymbol{M}_{21} & \boldsymbol{M}_{22} & \boldsymbol{M}_{23} \\ \boldsymbol{M}_{31} & \boldsymbol{M}_{32} & \boldsymbol{M}_{33} \end{bmatrix} \qquad (2.5.2-7)$$

广义质量矩阵的各分块矩阵分别为

$$\begin{cases} \boldsymbol{M}_{11} = \displaystyle\sum_{k=1}^{l} m^{k}\boldsymbol{I}_{3} = m\boldsymbol{I}_{3} \\[2mm] \boldsymbol{M}_{12} = \boldsymbol{M}^{\mathrm{T}}_{21} = \displaystyle\sum_{k=1}^{l} m^{k}\tilde{\boldsymbol{u}}^{k}_{i} = -\boldsymbol{A}^{i}\sum_{k=1}^{l} m^{k}\tilde{\boldsymbol{u}}'^{k}_{i}\boldsymbol{A}^{i\mathrm{T}} \\[2mm] \boldsymbol{M}_{13} = \boldsymbol{M}^{\mathrm{T}}_{31} = \displaystyle\sum_{k=1}^{l} m^{k}\boldsymbol{\Phi}^{k}_{i} = \boldsymbol{A}^{i}\sum_{k=1}^{l} m^{k}\boldsymbol{\Phi}'^{k}_{i} \\[2mm] \boldsymbol{M}_{22} = \displaystyle\sum_{k=1}^{l} m^{k}\tilde{\boldsymbol{u}}^{k\mathrm{T}}_{i}\tilde{\boldsymbol{u}}^{k}_{i} = \boldsymbol{A}^{i\mathrm{T}}\sum_{k=1}^{l} m^{k}\tilde{\boldsymbol{u}}'^{k\mathrm{T}}_{i}\tilde{\boldsymbol{u}}'^{k}_{i}\boldsymbol{A}^{i} \\[2mm] \boldsymbol{M}_{23} = -\displaystyle\sum_{k=1}^{l} m^{k}\tilde{\boldsymbol{u}}^{k\mathrm{T}}_{i}\boldsymbol{\Phi}^{k}_{i} = \sum_{k=1}^{l} m^{k}\tilde{\boldsymbol{u}}^{k}_{i}\boldsymbol{\Phi}^{k}_{i} = \boldsymbol{A}^{i}\sum_{k=1}^{l} m^{k}\tilde{\boldsymbol{u}}'^{k}_{i}\boldsymbol{\Phi}'^{k}_{i} \\[2mm] \boldsymbol{M}_{33} = \displaystyle\sum_{k=1}^{l} m^{k}\boldsymbol{\Phi}^{k\mathrm{T}}_{i}\boldsymbol{\Phi}^{k}_{i} = \sum_{k=1}^{l} m^{k}\boldsymbol{\Phi}'^{k\mathrm{T}}_{i}\boldsymbol{\Phi}'^{k}_{i} \end{cases} \qquad (2.5.2-8)$$

式中，$\boldsymbol{M}_{11}$ 表示与物体 B_i 平移运动有关的质量矩阵，m 为物体质量；$\boldsymbol{M}_{12}$ 为物体 B_i 平动与

转动耦合质量矩阵，$\sum\limits_{k=1}^{l} m^k \boldsymbol{I}_3 \boldsymbol{u}_i'^k$ 为物体 B_i 相对于质心的静矩，当浮动坐标系与物体质心重合时，该项等于零；$\boldsymbol{M}_{13}$ 为物体 B_i 平移运动与柔性体变形耦合矩阵，当物体 B_i 为刚体时，该项为零矩阵；$\boldsymbol{M}_{22}$ 为与物体 B_i 转动有关的质量矩阵。当物体 B_i 为刚体时，$\sum\limits_{k=1}^{l} m^k \widetilde{\boldsymbol{u}}_0'^{kT} \widetilde{\boldsymbol{u}}_0'^k$ 为物体 B_i 关于质心连体坐标系的惯量矩阵；$\boldsymbol{M}_{23}$ 为物体转动和柔性变形耦合矩阵，$\boldsymbol{M}_{33}$ 为与物体柔性变形有关的质量矩阵，当 $\boldsymbol{\Phi}_i'$ 为正则模态矩阵时，$\boldsymbol{M}_{33}$ 为 m 阶单位矩阵。

2.5.2.2 广义惯性力阵

$$
\boldsymbol{w} = \sum_{k=1}^{l} m^k \boldsymbol{B}_i^{kT} \boldsymbol{w}_i^k =
\begin{bmatrix}
\sum\limits_{k=1}^{l} m^k \boldsymbol{I}_3 (\widetilde{\boldsymbol{\omega}}_i \widetilde{\boldsymbol{\omega}}_i \boldsymbol{u}_i^k + 2\widetilde{\boldsymbol{\omega}}_i \boldsymbol{\Phi}_i^k \dot{\boldsymbol{a}}) \\
-\sum\limits_{k=1}^{l} m^k \widetilde{\boldsymbol{u}}_i^{kT} (\widetilde{\boldsymbol{\omega}}_i \widetilde{\boldsymbol{\omega}}_i \boldsymbol{u}_i^k + 2\widetilde{\boldsymbol{\omega}}_i \boldsymbol{\Phi}_i^k \dot{\boldsymbol{a}}) \\
-2\sum\limits_{k=1}^{l} m^k \boldsymbol{\Phi}_i^{kT} \boldsymbol{\Phi}_i^k \dot{\boldsymbol{a}}\, \omega_i + \sum\limits_{k=1}^{l} m^k \boldsymbol{\Phi}_i^{kT} \widetilde{\boldsymbol{\omega}}_i \widetilde{\boldsymbol{\omega}}_i \boldsymbol{u}_i^k
\end{bmatrix}
\qquad (2.5.2-9)
$$

2.5.2.3 广义外力矩阵

（1）重力对应的广义外力矩阵

设重力加速度的 $\boldsymbol{g}$，$\boldsymbol{g}$ 为一个 3×1 的矢量阵，则物体 B_i 所受重力对应的广义外力阵为

$$
\boldsymbol{F}^O = \sum_{k=1}^{l}
\begin{bmatrix}
\boldsymbol{I}_3 \\
-\widetilde{\boldsymbol{u}}_i^{kT} \\
\boldsymbol{\Phi}^{kT}
\end{bmatrix} m^k \boldsymbol{g} =
\begin{bmatrix}
\sum\limits_{k=1}^{l} m^k \boldsymbol{g} \\
\boldsymbol{A} \sum\limits_{k=1}^{l} m^k \widetilde{\boldsymbol{u}}_i'^k \boldsymbol{A}^T \boldsymbol{g} \\
\sum\limits_{k=1}^{l} m^k \boldsymbol{\Phi}'^{kT} \boldsymbol{A}^T \boldsymbol{g}
\end{bmatrix}
\qquad (2.5.2-10)
$$

（2）一般外力和外力矩

作用在物体 B_i 上点 P 位置处外力和外力矩 $\boldsymbol{F}^P$ 为 6×1 矩阵，其对应的广义外力矩阵为

$$
\boldsymbol{f}^o =
\begin{bmatrix}
\boldsymbol{I}_3 & -\widetilde{\boldsymbol{u}}_P & \boldsymbol{\Phi}_P \\
0 & \boldsymbol{I}_3 & \boldsymbol{\Psi}_P
\end{bmatrix}^T \boldsymbol{F}^P
\qquad (2.5.2-11)
$$

式中，$\boldsymbol{\Psi}_P$ 为物体 B_i 上点 P 位置处的转动模态矩阵在绝对坐标系中的投影。

为了提高柔性多体动力学仿真计算速度，在进行柔性多体动力学仿真时需要提前计算以下 13 个常数矩阵，其中 $\boldsymbol{\Gamma}^{(5)}$ 和 $\boldsymbol{\gamma}^{(5)}(\boldsymbol{a})$ 可由其他矩阵导出，因此独立的常数矩阵个数为 11 个。11 个独立常数矩阵加上物体的平移模态矩阵、转动模态矩阵和节点未变形时刻位置矩阵共计 14 个常数矩阵，需要在多体动力学仿真前将这些矩阵形成预处理文件。

1）$\sum\limits_{k=1}^{l} m^k \boldsymbol{I}_3 = m \boldsymbol{I}_3$；

2) $\boldsymbol{\gamma}^{(1)} = \sum\limits_{k=1}^{l} m^k \widetilde{\boldsymbol{u}}_{i0}^{'k}$;

3) $\boldsymbol{\gamma}^{(2)} = \begin{bmatrix} \boldsymbol{\gamma}_1^{(2)} & \cdots & \boldsymbol{\gamma}_s^{(2)} \end{bmatrix}, \boldsymbol{\gamma}_j^{(2)} = \sum\limits_{k=1}^{l} m^k \boldsymbol{\varphi}_j^{'k}$;

4) $\boldsymbol{\Gamma}^{(1)} = \sum\limits_{k=1}^{l} m^k \widetilde{\boldsymbol{u}}_0^{'k} \widetilde{\boldsymbol{u}}_0^{'k} = -\boldsymbol{J}'$;

5) $\boldsymbol{\Gamma}^{(2)} = \begin{pmatrix} \boldsymbol{\Gamma}_1^{(2)} & \boldsymbol{\Gamma}_2^{(2)} & \cdots & \boldsymbol{\Gamma}_s^{(2)} \end{pmatrix}, \boldsymbol{\Gamma}_j^{(2)} = \sum\limits_{k=1}^{l} m^k \widetilde{\boldsymbol{u}}_0^{'k} \widetilde{\boldsymbol{\varphi}}_j^k$;

6) $\boldsymbol{\Gamma}^{(3)} = \begin{bmatrix} \boldsymbol{\Gamma}_{11}^{(3)} & \boldsymbol{\Gamma}_{12}^{(3)} & \cdots & \boldsymbol{\Gamma}_{1s}^{(3)} \\ \boldsymbol{\Gamma}_{21}^{(3)} & \boldsymbol{\Gamma}_{22}^{(3)} & \cdots & \boldsymbol{\Gamma}_{2s}^{(3)} \\ \vdots & \vdots & \vdots & \vdots \\ \boldsymbol{\Gamma}_{s1}^{(3)} & \boldsymbol{\Gamma}_{s2}^{(3)} & \cdots & \boldsymbol{\Gamma}_{ss}^{(3)} \end{bmatrix}, \boldsymbol{\Gamma}_{ij}^{(3)} = \sum\limits_{k=1}^{l} m^k \widetilde{\boldsymbol{\varphi}}_i^{'k} \widetilde{\boldsymbol{\varphi}}_j^k$;

7) $\boldsymbol{\gamma}^3 = \begin{pmatrix} \boldsymbol{\gamma}_1^3 & \boldsymbol{\gamma}_2^3 & \cdots & \boldsymbol{\gamma}_s^3 \end{pmatrix}, \boldsymbol{\gamma}_j^3 = \sum\limits_{k=1}^{l} m^k \widetilde{\boldsymbol{u}}_0^{'k} \boldsymbol{\varphi}_j^{'k}$;

8) $\boldsymbol{\Gamma}^{(4)}(\boldsymbol{a}) = \begin{bmatrix} \boldsymbol{\gamma}_{11}^{(4)} & \boldsymbol{\gamma}_{12}^{(4)} & \cdots & \boldsymbol{\gamma}_{1s}^{(4)} \\ \boldsymbol{\gamma}_{21}^{(4)} & \boldsymbol{\gamma}_{22}^{(4)} & \cdots & \boldsymbol{\gamma}_{2s}^{(4)} \\ \vdots & \vdots & \vdots & \vdots \\ \boldsymbol{\gamma}_{s1}^{(4)} & \boldsymbol{\gamma}_{11}^{(4)} & \cdots & \boldsymbol{\gamma}_{ss}^{(4)} \end{bmatrix}, \boldsymbol{\gamma}_{ij}^{(4)} = \sum\limits_{k=1}^{l} m^k \widetilde{\boldsymbol{\varphi}}_i^{'k} \boldsymbol{\varphi}_j^{'k} a_k$;

9) $\boldsymbol{\Gamma}^{(5)} = \begin{pmatrix} \boldsymbol{\Gamma}_1^{(5)} & \cdots & \boldsymbol{\Gamma}_s^{(5)} \end{pmatrix}, \boldsymbol{\Gamma}_j^{(5)} = \boldsymbol{\Gamma}_j^{(2)\mathrm{T}} + \boldsymbol{\Gamma}_j^{(4)}(\boldsymbol{a})$;

10) $\boldsymbol{\gamma}^{(5)}(\boldsymbol{a}) = \begin{pmatrix} \boldsymbol{\gamma}_1^{(5)} & \boldsymbol{\gamma}_2^{(5)} & \cdots & \boldsymbol{\gamma}_s^{(5)} \end{pmatrix}, \boldsymbol{\gamma}_j^{(5)} = \boldsymbol{\gamma}_j^{(3)} + \sum\limits_{i=1}^{s} \boldsymbol{\gamma}_{ij}^{(4)} a_i$;

11) $\boldsymbol{M}_a = \sum\limits_{k=1}^{l} m^k \boldsymbol{\Phi}^{'\mathrm{T}} \boldsymbol{M}_{FEM} \boldsymbol{\Phi}'$;

12) $\boldsymbol{K}_a = \boldsymbol{\Phi}^{'\mathrm{T}} \boldsymbol{K}_{FEM} \boldsymbol{\Phi}'$;

13) $\boldsymbol{C}_a = \boldsymbol{\Phi}^{'\mathrm{T}} \boldsymbol{C}_{FEM} \boldsymbol{\Phi}'$ $\hfill (2.5.2-12)$

式中, $\boldsymbol{\varphi}_j^{'k}$ 为第 k 个节点的平移模态矩阵, $\boldsymbol{J}'$ 为物体 B_i 未变形时刻相对于浮动坐标系惯量矩阵, $\boldsymbol{\Phi}'$ 为物体 B_i 平移模态矩阵, $\boldsymbol{M}_{FEM}$、$\boldsymbol{K}_{FEM}$ 和 $\boldsymbol{C}_{FEM}$ 分别为物体有限元模型输出的集中质量矩阵、刚度矩阵和阻尼矩阵, 注意 $\boldsymbol{\Phi}'$ 和 $\boldsymbol{\Psi}'$ 已经将柔性体边界条件考虑在内, 因此这里 $\boldsymbol{M}_{FEM}$ 和 $\boldsymbol{K}_{FEM}$ 不必再考虑边界的影响。由于工程结构有限元模性的复杂性, $\boldsymbol{K}_a$ 往往与预测结果差别较大, 甚至出现对角项为负值, 导致动力学仿真结果发散。这时可根据结构模态分析或实验结果, 对 $\boldsymbol{K}_a$ 进行合理修正。

物体广义质量阵、广义惯性力阵和广义外力阵与这些常数矩阵之间的关系分别为

$$\boldsymbol{M}_{11} = \sum\limits_{k=1}^{l} m^k \boldsymbol{I}_3 = m\boldsymbol{I}_3 ; \quad \boldsymbol{M}_{12} = -\boldsymbol{A}^i (\widetilde{\boldsymbol{\gamma}}^{(1)} + \widetilde{\boldsymbol{\gamma}}^{(2)} \boldsymbol{a}) \boldsymbol{A}^{i\mathrm{T}} ; \quad \boldsymbol{M}_{13} = \boldsymbol{\gamma}^{(2)} ;$$

$$\boldsymbol{M}_{22} = -\boldsymbol{A}^i (\boldsymbol{\Gamma}^{(1)} + \boldsymbol{\Gamma}^{(5)} \boldsymbol{a}) \boldsymbol{A}^{i\mathrm{T}} ; \quad \boldsymbol{M}_{23} = \boldsymbol{A}^i \boldsymbol{\gamma}^{(5)} ; \quad \boldsymbol{M}_{33} = \boldsymbol{M}_a \qquad (2.5.2-13)$$

广义惯性力阵

$$\boldsymbol{w} = \begin{bmatrix} 2\widetilde{\boldsymbol{\omega}} \boldsymbol{A} \boldsymbol{\gamma}^{(2)} \dot{\boldsymbol{a}} + \widetilde{\boldsymbol{\omega}} \widetilde{\boldsymbol{\omega}} \boldsymbol{A} (\widetilde{\boldsymbol{\gamma}}^{(1)} + \widetilde{\boldsymbol{\gamma}}^{(2)} \boldsymbol{a}) \\ -2\boldsymbol{A} \boldsymbol{\Gamma}^{(4)} \boldsymbol{a} \boldsymbol{A}^{\mathrm{T}} \boldsymbol{\omega} + \widetilde{\boldsymbol{\omega}} \boldsymbol{M}_{22} \boldsymbol{\omega} \\ \boldsymbol{\omega}_3 \end{bmatrix}$$

$$\boldsymbol{\omega}_3 = 2 \begin{bmatrix} \sum_{i=1}^{s} \boldsymbol{\gamma}_{i1}^{(4)\mathrm{T}} \boldsymbol{a}_i \\ \vdots \\ \sum_{i=1}^{s} \boldsymbol{\gamma}_{is}^{(4)\mathrm{T}} \boldsymbol{a}_i \end{bmatrix} \boldsymbol{A}^{\mathrm{T}} \boldsymbol{\omega} + \boldsymbol{\omega}^{\mathrm{T}} \boldsymbol{A} \begin{bmatrix} \boldsymbol{\Gamma}_1^{(4)} \\ \vdots \\ \boldsymbol{\Gamma}_s^{(4)} \end{bmatrix} \boldsymbol{A}^{\mathrm{T}} \boldsymbol{\omega} \qquad (2.5.2-14)$$

重力对应的广义外力阵

$$\boldsymbol{F}_g^o = \begin{bmatrix} m\boldsymbol{g} \\ \boldsymbol{A}(\tilde{\boldsymbol{\gamma}}^{(1)} + \tilde{\boldsymbol{\gamma}}^{(2)} \boldsymbol{a}) \boldsymbol{A}^{\mathrm{T}} \boldsymbol{g} \\ \boldsymbol{\gamma}^{(2)\mathrm{T}} \boldsymbol{A}^{\mathrm{T}} \boldsymbol{g} \end{bmatrix} \qquad (2.5.2-15)$$

2.5.3　铰链的运动学递推关系

图 2 - 27 为一对邻接柔性体运动学关系示意图。点 Q 和点 P 分别为铰 H_i 的铰点。

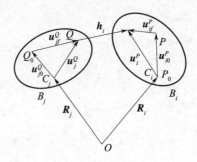

图 2 - 27　邻接物体的运动学关系

物体 B_i 相对于物体 B_j 方向余弦矩阵为

$$\boldsymbol{A}^{ji} = \boldsymbol{B}_j^Q \boldsymbol{C}_j^Q \boldsymbol{D}_i^h \boldsymbol{C}_i^{P\mathrm{T}} \boldsymbol{B}_i^{P\mathrm{T}} \qquad (2.5.3-1)$$

式中，$\boldsymbol{B}_j^Q$，$\boldsymbol{B}_i^P$ 分别为铰点单元变形引起的方向变换矩阵，$\boldsymbol{C}_j^Q$，$\boldsymbol{C}_i^P$ 分别为铰 H_i 在物体 B_j 和 B_i 上的安装方向余弦矩阵，$\boldsymbol{D}_i^h$ 为铰 H_i 动坐标系相对于本地坐标系的方向余弦矩阵。

根据图 2 - 27，柔性体 B_i 浮动坐标系原点的位置矢量可表示为

$$\boldsymbol{r}_i = \boldsymbol{r}_j + \boldsymbol{u}_j^Q + \boldsymbol{h}_i - \boldsymbol{u}_i^P \qquad (2.5.3-2)$$

柔性体 B_i 广义速度可以表示为

$$\boldsymbol{v}_i = \boldsymbol{T}_{ij} \boldsymbol{v}_j + \boldsymbol{U}_i \dot{\boldsymbol{y}}_i \ (j = L(i); i = 1, \cdots, N) \qquad (2.5.3-3)$$

式中，$\boldsymbol{v}_a = (\dot{\boldsymbol{r}}^{\mathrm{T}} \quad \boldsymbol{\omega}^{\mathrm{T}} \quad \dot{\boldsymbol{a}}^{\mathrm{T}})_a^{\mathrm{T}} (\alpha = i, j)$，$\boldsymbol{y}_i = (\boldsymbol{q}^{\mathrm{T}} \quad \boldsymbol{a}^{\mathrm{T}})_i^{\mathrm{T}}$，

$$\boldsymbol{T}_{ij} = \begin{bmatrix} \boldsymbol{I}_3 & -\tilde{\boldsymbol{u}}_j^Q - \tilde{\boldsymbol{h}}_i + \tilde{\boldsymbol{u}}_i^P & \boldsymbol{\Phi}_i^P - \tilde{\boldsymbol{h}}_i \boldsymbol{\Psi}_j^Q + \tilde{\boldsymbol{u}}_i^P \boldsymbol{\Psi}_j^Q \\ 0 & \boldsymbol{I}_3 & \boldsymbol{\Psi}_j^Q \\ 0 & 0 & 0 \end{bmatrix},$$

$$\boldsymbol{U}_i = \begin{bmatrix} \boldsymbol{H}_i^{h\mathrm{T}} + \boldsymbol{u}_i^P \boldsymbol{H}_i^{\Omega\mathrm{T}} & -\boldsymbol{\Phi}_i^P - \tilde{\boldsymbol{u}}_i^P \boldsymbol{\Psi}_i^P \\ \boldsymbol{H}_i^{\Omega\mathrm{T}} & -\boldsymbol{\Psi}_i^P \\ 0 & \boldsymbol{I}_s \end{bmatrix} \qquad (2.5.3-4)$$

柔性体 B_i 广义加速度可以表示为

$$\dot{\boldsymbol{v}}_i = \boldsymbol{T}_{ij}\,\dot{\boldsymbol{v}}_j + \boldsymbol{U}_i\,\ddot{\boldsymbol{y}}_i + \boldsymbol{\beta}_i \qquad (2.5.3-5)$$

其速度和加速度递推关系式可表示为

$$\boldsymbol{v}_i = \boldsymbol{G}_{i0}\boldsymbol{v}_0 + \sum_{\substack{k\,;\,B_k\leqslant B_i \\ k\neq 0}} \boldsymbol{G}_{ik}\,\dot{\boldsymbol{y}}_k\,(i=1,\cdots,N) \qquad (2.5.3-6)$$

$$\dot{\boldsymbol{v}}_i = \boldsymbol{G}_{i0}\boldsymbol{v}_0 + \sum_{\substack{k\,;\,B_k\leqslant B_i \\ k\neq 0}} (\boldsymbol{G}_{ik}\,\ddot{\boldsymbol{y}}_k + \boldsymbol{g}_{ik}) \qquad (i=1,\cdots,N) \qquad (2.5.3-7)$$

式中

$$\boldsymbol{G}_{i0} = \boldsymbol{T}_{ij}\boldsymbol{G}_{j0}\,(j=L(i)\,;\quad i=1,\cdots,N)$$

$$\boldsymbol{G}_{ik} = \begin{cases} \boldsymbol{T}_{ij}\boldsymbol{G}_{jk} & \text{当 } k\neq i \\ \boldsymbol{U}_i & \text{当 } k=i \end{cases} \qquad (j=L(i)\,;B_k\in B_i) \qquad (2.5.3-8)$$

$$\boldsymbol{g}_{ik} = \begin{cases} \boldsymbol{T}_{ij}\boldsymbol{g}_{jk} & \text{当 } k\neq i \\ \boldsymbol{\beta}_i & \text{当 } k=i \end{cases} \qquad (j=L(i)\,;B_k\in B_i) \qquad (2.5.3-9)$$

将其写成矩阵形式

$$\boldsymbol{v} = \boldsymbol{G}_0\boldsymbol{v}_0 + \boldsymbol{G}\dot{\boldsymbol{y}} \qquad (2.5.3-10)$$

$$\dot{\boldsymbol{v}} = \boldsymbol{G}_0\dot{\boldsymbol{v}}_0 + \boldsymbol{G}\ddot{\boldsymbol{y}} + \boldsymbol{g} \qquad (2.5.3-11)$$

式中，$\boldsymbol{v} = (\boldsymbol{v}_1^{\mathrm{T}}\cdots\boldsymbol{v}_N^{\mathrm{T}})^{\mathrm{T}}$，$\boldsymbol{G}_0 = (\boldsymbol{G}_{10}^{\mathrm{T}}\cdots\boldsymbol{G}_{N0}^{\mathrm{T}})^{\mathrm{T}}$，$\boldsymbol{G} = \begin{bmatrix} \boldsymbol{G}_{11} & \cdots & \boldsymbol{G}_{1N} \\ \vdots & & \vdots \\ \boldsymbol{G}_{N1} & \cdots & \boldsymbol{G}_{NN} \end{bmatrix}$，$\boldsymbol{g} = \begin{bmatrix} \boldsymbol{g}_{11} & \cdots & \boldsymbol{g}_{1N} \\ \vdots & \ddots & \vdots \\ \boldsymbol{g}_{N1} & \cdots & \boldsymbol{g}_{NN} \end{bmatrix}$。

2.6　索网桁架耦合动力学方程

在反射器展开之前，索网按照一定规则以折叠状态收纳于反射器桁架内，索网间将不可避免发生接触，星载大型天线在轨展开期间，随着卷簧和电动机拉索驱动下反射器桁架的展开，与桁架相连接的张力索网阵和金属反射网也随着反射器桁架的运动而逐渐展开，至展开最后阶段数秒至十数秒内索网才最终张紧，形成形面索网阵。在反射器展开过程的绝大部分时间内，张力索网阵和金属反射网均处于松弛状态。在索网最后张紧阶段，反射器桁架拉动索网在很短时间形成设计的抛物面形状，天线反射器各部件大范围运动相对较小，一般可作为准静态过程进行考虑。虽然松弛状态索网阵质量惯量特性对反射器展开机构影响不大，但反射器展开期间柔性索网将不可避免发生摆荡。为了分析天线展开过程中索网与桁架动力学特性，评估和优化索网管理方案，必须开展索网桁架耦合动力学仿真，并对索网桁架接触缠绕过程开展研究。

天线展开过程中需要解决与索网有关的 4 类动力学问题：1) 索网静平衡构型计算问题；2) 桁架索网耦合动力学建模问题；3) 索网与桁架接触动力学建模问题；4) 网索间自接触动力学建模问题。这 4 类问题均属高度非线性问题，其非线性主要体现在：1) 索网大变形几何非线性；2) 索段松弛与张紧状态切换的不确定性；3) 索网与反射器桁架大范围展开多体运动强耦合；4）网索间自接触及索网与桁架接触的边界非线性。松弛状态索网发生任意大变形的特性，这主要是由松弛状态索网弯曲刚度极低造成的；索段只能承受拉力，不能承受弯矩和压力，反射器展开过程中某段网索在某一个时刻处于拉伸状态，到下一个时刻却处于松弛状态，这需要对其不同时间段应力状态进行判断，以获得该段网索合理的力学行为。与一般的有限元索单元建模不同的是，大型空间天线的柔性索网在反射器展开过程中与桁架大范围运动发生强烈耦合，此外由于展开时刻的反射器桁架运动，索网之间及索网与桁架间发生大量接触碰撞，改变索网的构型，进而可能导致索网与桁架的钩挂或者索网间的自缠绕。

索网静平衡构型计算实际上涉及到天线完全展开状态静平衡构型计算和天线收拢位置静平衡构型计算两类问题。天线完全展开状态索网静平衡构型计算问题为预应力状态下索网找型问题，常用力密度法和动态松弛法求解，一般属于设计范畴，无需考虑索网间及索网与桁架间接触问题。天线收拢位置静平衡构型计算则是微张力或无张力情况下索网在网面管理装置作用下静平衡构型计算问题，需要考虑索网间及索网与桁架间的接触问题。该项计算为网状天线多体动力学仿真提供运动学初始条件，可用于分析和优化索网管理装置设计方案。

2.6.1　索网动力学建模方法

柔性天线阵索网段数量大、几何非线性强，并且连接关系极其复杂，难以采用解析方法获得其松弛状态动力学特性，只能采用数值方法研究天线反射器展开期间索网动力学特性。目前，常用下列几类方法建立大变形柔性索网动力学模型。

2.6.1.1　有限段法

有限段法的基本思想是将柔性索离散成若干刚性或柔性小段，然后通过球铰将其连接，用以模拟绳索动力学特性。绳索被划分的段数越多，仿真结果越接近于理想绳索动力学特性。用球铰可以较准确模拟出松弛绳索弯曲刚度接近于零这一特性，用轴向不可伸长或者可轴向伸长线段近似模拟绳索轴向特性。但是该方法存在两个主要的缺点：

（1）姿态角描述存在奇异角或姿态方程违约风险

当采用欧拉角或卡尔丹角描述索段间球铰姿态运动时，存在着姿态角奇异的风险；但当采用欧拉四元数描述索段间姿态运动时，需要引入约束方程，则随着仿真时间的增加，存在着约束方程违约的风险。

（2）约束方程数量多，难以适合大规模柔性索网阵动力学建模需求

尽管单根索段间可以采用基于铰相对坐标的递推算法建立绳索的动力学方程，但是将该方法用于索网时则存在约束方程数量过多的问题，而过多的约束方程一方面增加了方程维数，加大了动力学方程求解的难度，另一方面过多的约束方程增加了约束方程违约的风险。

鉴于以上缺点，该方法目前常用于单根绳索的动力学建模仿真问题。图 2-28 为一根柔性绳索有限段法模型。图 2-29 为某索网单个三角形网孔示意图。如果采用 3 根刚杆对

网孔进行离散，则索网将无法运动，如图 2-29（a）所示，为了较准确描述索网运动，至少需要 6 根刚杆对网索进行离散，如图 2-29（b）所示。这时如果采用笛卡儿方法建立 6 刚杆动力学方程，则需要建立 54×54（36 个刚体自由度，18 个约束方程）维矩阵描述其动力学特性；如果采用相对坐标方法建立其动力学方程，则需要 24×24（18 个刚体自由度，6 个约束方程）维矩阵描述其索网变形动力学特性。如果具有几千个网孔织成的柔性索网阵采用这类方法建立其动力学方程，则在动力学积分过程中将不可避免地遇到严重的约束违约问题。

图 2-28　采用球铰和刚体离散的绳索

图 2-30 为图 2-29 单个三角形网孔拓扑构型示意图，图中虚线表示物体 B_1 与 B_6 间切断铰。

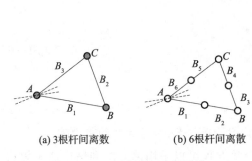

(a) 3 根杆间离数　　　　　(b) 6 根杆间离散

图 2-29　三角形网孔的离散

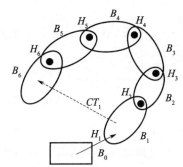

图 2-30　单个索网单元拓扑构型示意图

2.6.1.2　绝对节点坐标方法

为了准确描述梁、板、壳等结构单元做大范围运动时质量惯量，Shabana 提出采用斜率代替转角的方法描述这类单元的大变形大转动效应。由于绝对节点坐标方法中物体广义

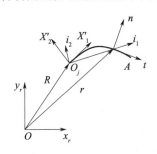

图 2-31　梁的绝对坐标描述

坐标（位移和斜率）均相对于惯性坐标系定义，因此其导出的质量矩阵为常数矩阵，这一点与常规有限元方法类似，但其刚度矩阵为高度非线性矩阵，需要在动力学积分过程中不断更新。采用绝对节点坐标方法描述柔性网索的主要思想是用三维大变形梁单元来近似索单元，由于梁单元仍具有一定抗弯刚度，因此该方法常用于建模存在预张力的柔性索单元。

图 2-31 为梁上任意点坐标。物体 B_i 的单元 j 上任一点的位置可以表示为

$$\boldsymbol{r}^{ij} = \boldsymbol{S}^{ij} \boldsymbol{e}^{ij} \qquad (2.6.1-1)$$

式中，$\boldsymbol{S}$ 为单元 j 的形函数，$\boldsymbol{e}^{ij}$ 为单元 j 的节点坐标。式中，节点坐标阵为

$$\boldsymbol{e} = \begin{bmatrix} e_1^{ij} & e_2^{ij} & e_3^{ij} & e_4^{ij} & e_5^{ij} & e_6^{ij} & e_7^{ij} & e_8^{ij} & e_9^{ij} & e_{10}^{ij} & e_{11}^{ij} & e_{12}^{ij} \end{bmatrix}^{\mathrm{T}}$$

$$= \left[\boldsymbol{r}^{i\mathrm{T}} \Big|_{x^i=0} \left(\frac{\partial \boldsymbol{r}^i}{\partial x^i} \right)^{\mathrm{T}} \Big|_{x^i=0} \quad \left(\frac{\partial \boldsymbol{r}^i}{\partial y^i} \right)^{\mathrm{T}} \Big|_{y^i=0} \quad \boldsymbol{r}^{i\mathrm{T}} \Big|_{x^i=l^i} \left(\frac{\partial \boldsymbol{r}^i}{\partial x^i} \right)^{\mathrm{T}} \Big|_{x^i=l^i} \quad \left(\frac{\partial \boldsymbol{r}^i}{\partial y^i} \right)^{\mathrm{T}} \Big|_{y^i=l^i} \right]$$

$$(2.6.1-2)$$

对于平面梁单元而言，形函数 $\boldsymbol{S}^{ij}$ 可表示为

$$\boldsymbol{S}^{ij} = \left[s_1^i \boldsymbol{I}_{2\times2} \quad s_2^i \boldsymbol{I}_{2\times2} \quad s_3^i \boldsymbol{I}_{2\times2} \quad s_4^i \boldsymbol{I}_{2\times2} \quad s_5^i \boldsymbol{I}_{2\times2} \quad s_6^i \boldsymbol{I}_{2\times2} \right] \qquad (2.6.1-3)$$

式中，$s_1^i = 1 - 3\xi^{i2} + 2\xi^{i3}$，$s_2^i = l^{ij} \ (\xi^i - 2\xi^{i2} + \xi^{i3})$，$s_3^i = l^{ij} \ (\eta^i - \xi^i\eta^i)$，$s_4^i = 3\xi^{i2} - 2\xi^{i3}$，$s_5^i = l^{ij}$ $(-\xi^{i3} + \xi^{i2})$，$s_6^i = l^{ij}\xi^i\eta^i$，$\xi^i = x^i/l^{ij}$，$\eta^i = y^i/l^{ij}$。

物体 B_i 上单元 j 的动能为

$$T_{ij} = \frac{1}{2} \int_{V_e} \rho^{ij} \, \dot{\boldsymbol{r}}^{ij\mathrm{T}} \, \dot{\boldsymbol{r}}^{ij} \, \mathrm{d}V \qquad (2.6.1-4)$$

将式（2.6.1-1）代入上式，可得

$$T_{ij} = \frac{1}{2} \, \dot{\boldsymbol{e}}^{ij\mathrm{T}} \boldsymbol{M}^{ij} \, \dot{\boldsymbol{e}}^{ij} \qquad (2.6.1-5)$$

式中，$\boldsymbol{M}^{ij} = \int_{V_e} \rho^{ij} \boldsymbol{S}^{ij\mathrm{T}} \boldsymbol{S}^{ij} \, \mathrm{d}V$。单元 j 的弹性力阵

$$\boldsymbol{Q}_e^{ij} = \frac{\partial U^{ij}}{\partial \boldsymbol{e}^{ij}} \qquad (2.6.1-6)$$

式中，U_e^{ij} 为单元 j 变性能。物体 B_i 单元 j 的动力学方程为

$$\boldsymbol{M}^{ij} \, \ddot{\boldsymbol{e}}^{ij} = \boldsymbol{F}_e^{ij} + \boldsymbol{F}_c^{ij} \qquad (2.6.1-7)$$

式中，$\boldsymbol{F}_e^{ij}$ 为包括单元弹性力阵、外力阵在内的广义力阵，$\boldsymbol{F}_c^{ij}$ 为单元间约束力阵。

对于拥有 n_e 个单元的物体 B_i 而言，其动力学方程可以采用缩并法和增广法来解决。对于柔性索网阵而言，由于其自由度众多，可将整个索网作为一个物体，采用缩并法建立其动力学方程。

由 n_e 个单元组成的柔性体 B_i 的动力学方程为

$$\boldsymbol{M}_i \, \ddot{\boldsymbol{e}}_i = \boldsymbol{F}_i^e + \boldsymbol{F}_i^c \qquad (2.6.1-8)$$

式中，$\boldsymbol{M}_i = \begin{bmatrix} \boldsymbol{M}_i^1 & & \\ & \boldsymbol{M}_i^2 & \boldsymbol{0} \\ & \boldsymbol{0} & \ddots \\ & & & \boldsymbol{M}_i^{n_e} \end{bmatrix}$，$\ddot{\boldsymbol{e}}_i = \begin{bmatrix} \ddot{\boldsymbol{e}}_i^1 \\ \ddot{\boldsymbol{e}}_i^2 \\ \vdots \\ \ddot{\boldsymbol{e}}_i^{n_e} \end{bmatrix}$，$\boldsymbol{F}_i^e = \begin{bmatrix} \boldsymbol{F}_{i1}^e \\ \boldsymbol{F}_{i2}^e \\ \vdots \\ \boldsymbol{F}_{in_e}^e \end{bmatrix}$，$\boldsymbol{F}_i^c = \begin{bmatrix} \boldsymbol{F}_{i1}^c \\ \boldsymbol{F}_{i2}^c \\ \vdots \\ \boldsymbol{F}_{in_e}^c \end{bmatrix}$。

假设物体 B_i 单元间的约束方程为

$$\boldsymbol{\Phi}^i(\boldsymbol{e}^i) = \boldsymbol{c} \qquad (2.6.1-9)$$

单元间的约束反力

$$\boldsymbol{F}_i^c = -\boldsymbol{\Phi}_e^{i\mathrm{T}} \boldsymbol{\lambda}_c^i \qquad (2.6.1-10)$$

将上式代入式（2.6.1-8）中

$$\ddot{\boldsymbol{e}}_i = \boldsymbol{M}_i^{-1} \boldsymbol{F}_i^e + \boldsymbol{M}_i^{-1} (-\boldsymbol{\Phi}_e^{i\mathrm{T}} \boldsymbol{\lambda}_c^i) \qquad (2.6.1-11)$$

采用 QR 分解，使

$$M_i^{-1} \boldsymbol{\Phi}_e^{iT} = \boldsymbol{QR} = \begin{bmatrix} \boldsymbol{Q}_1 & \boldsymbol{Q}_2 \end{bmatrix} \begin{bmatrix} \boldsymbol{R} \\ 0 \end{bmatrix} \tag{2.6.1-12}$$

式中，$\boldsymbol{Q}$ 为正交阵，$\boldsymbol{R}$ 为上三角矩阵。由于 $\boldsymbol{Q}_1^T \boldsymbol{Q}_2 = 0$，因此

$$\boldsymbol{Q}_2^T \boldsymbol{M}_i^{-1} \boldsymbol{\Phi}_e^{iT} = 0 \tag{2.6.1-13}$$

这样，$\ddot{e}_i = \boldsymbol{Q}_2 \ddot{\boldsymbol{q}}_i$。在式（2.6.1-11）的两边乘以 $\boldsymbol{Q}_2^T$，得到

$$\ddot{\boldsymbol{q}}^i = \boldsymbol{Q}_2^T \boldsymbol{M}_i^{-1} \boldsymbol{F}_e^i \tag{2.6.1-14}$$

2.6.2　基于绝对坐标方法的索网动力学方程

2.6.2.1　索网的模化

在柔性索网阵松弛状态下，索网弯曲刚度极低，可以发生任意大变形运动。对索网作如下假定：

1）索段可发生任意弯曲，且只承受轴向拉力；

2）索网材料各向同性，且应力应变关系符合胡克定律。

为了获得反射器展开过程中索网动力学状态，采用经过试验验证过的改良质点弹簧模型，建立索网动力学方程。图 2-32 为柔性绳索离散示意图。

索段承受的张力

$$F_{IJ}^e = \begin{cases} 0 & \text{当 } l_{IJ} \leqslant l_{IJ0} \\ k(l_{IJ} - l_{IJ0}) & \text{当 } l_{IJ} > l_{IJ0} \end{cases} \tag{2.6.2-1}$$

式中，k 表示绳索刚度，l 表示节点 IJ 间单元的长度，l_{IJ0} 表示节点 IJ 间单元的原长。真实条件下随着拉索张力的变化，索段的刚度可能改变，但在反射器正常展开过程中，反射器、索网受力均不大，可认为其刚度保持常数。

图 2-33 为单个索段坐标系定义。图中 $O-x_r y_r z_r$ 为惯性坐标系，节点 I 和节点 J 为索段的两个端点，它们通过弹簧相连接。节点 I 的位置可表示为

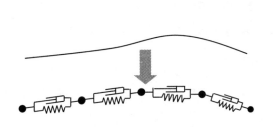

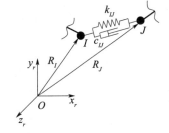

图 2-32　柔性绳索的离散　　　　　　　图 2-33　索段的模化

$$r_I = R_I \tag{2.6.2-2}$$

对其求一阶和二阶导数，得到

$$\dot{r}_I = \dot{R}_I \tag{2.6.2-3}$$

$$\ddot{r}_I = \ddot{R}_I \tag{2.6.2-4}$$

网索的 Kawabata 拉力与应变曲线如图 2-34 所示。如果将变形回复阶段能量损耗计算

在内，则其弹性力表达式如下

$$F_{IJ}^e = \begin{cases} 0 & \text{当 } l_{IJ} \leqslant l_{IJ0} \\ f_{IJs}^e(l_{IJ}) & \text{当 } l_{IJ} > l_{IJ0}, \dot{\varepsilon}_{IJ} \geqslant 0 \\ f_{IJc}^e(l_{IJ}) & \text{当 } l_{IJ} > l_{IJ0}, \dot{\varepsilon}_{IJ} < 0 \end{cases}$$

$$(2.6.2-5)$$

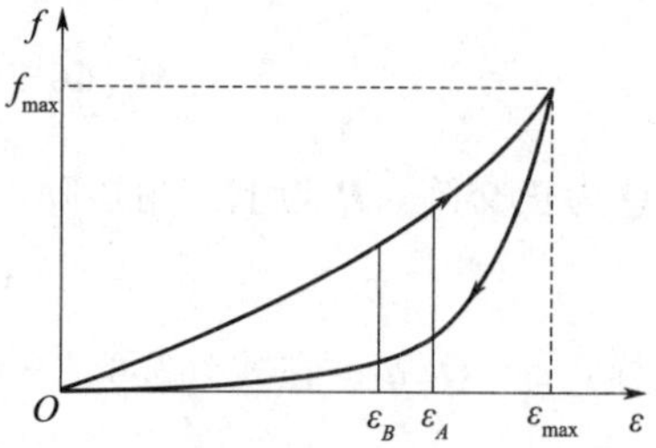

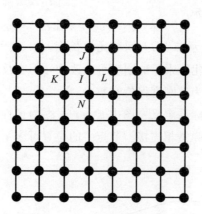

图 2-34　网索的 Kawabata 拉力与应变曲线

式中，$\dot{\varepsilon}_{IJ}$ 为应变率，l_{IJ0} 为索段 IJ 的原长，l_{IJ} 为索段变形后的长度，$f_{IJs}^e(l_{IJ})$ 为拉伸时绳索张力，$f_{IJc}^e(l_{IJ})$ 为绳索回复过程张力。

$$f_{IJs}^e(l_{IJ}) = \frac{f_{\max}^2 L_T^2 \varepsilon}{2 W_T \left[(L_T - 1) \dfrac{L_T f_{\max} \varepsilon}{2 W_T} + 1 \right]^3} \qquad (2.6.2-6)$$

$$f_{IJc}^e(l_{IJ}) = \frac{f_{\max}^2 R_T^3 L_T^4 \varepsilon}{2 W_T \left[(L_T R_T - 100) \dfrac{L_T f_{\max}}{2 W_T} \varepsilon + 100 \right]} \qquad (2.6.2-7)$$

式中，$f_{\max}$ 为绳索张力极限，W_T 为单位长度抗拉能，L_T 为拉伸线性化，R_T 为回弹变形，ε 为绳索单元应变率。

要建立索网动力学方程，需要将索网编织构型考虑在内。图 2-35 为采用四边形编织方案得到的索网构型。

图 2-35　四边形编织方案

以图 2-35 为例，节点 I 与节点 J、K、M 和 N 相邻，则节点 I 上的受力可以表示为

$$\boldsymbol{F}_I^e = \sum_{k=1}^4 \boldsymbol{F}_I^{ek} \qquad (2.6.2-8)$$

式中，$\boldsymbol{F}_I^{ek}$ 为节点 I 上受到的第 k 个节点的恢复力。类似地，如果节点 I 上还受到其他外力作用，则该外力可以表示为

$$\boldsymbol{F}_I^O = \sum_{k=1}^m \boldsymbol{F}_I^{Ok} \qquad (2.6.2-9)$$

式中，$\boldsymbol{F}_I^{Ok}$ 为节点 I 上受到的第 k 个外力。根据虚功率原理，可以建立起索网的动力学

方程

$$\boldsymbol{M}\dot{\boldsymbol{v}}_i = -\boldsymbol{F}_i^{\epsilon} + \boldsymbol{F}_i^O \qquad (2.6.2-10)$$

式中，$\boldsymbol{M} = \mathrm{diag}\,(m_1^i \quad m_2^i \quad \cdots \quad m_n^i)$，$\boldsymbol{F}_i^{\epsilon}$ 为节点系所受到的弹性力，$\boldsymbol{F}_i^O$ 为节点系所受到的外力。

2.6.2.2　索网接触问题建模

在反射器展开过程中桁架运动将引起索网的摆荡，而摆荡的索网在运动过程中很可能与桁架发生接触碰撞，进而导致索网与桁架发生缠绕。因此，为便于索网桁架缠绕特性进行分析研究，需要解决索网与桁架接触碰撞问题。索网接触问题主要包括索网自接触问题和索网与刚性桁架接触问题。任何接触碰撞问题均属于边界不确定的高度非线性问题，一般包括三个方面：1）接触点搜索；2）碰撞分离条件的确定；3）接触碰撞后动力学方程的形成。下面针对两类问题，分别从三个方面进行介绍。

（1）索网自接触问题

索网自接触问题属于典型柔性大变形体间接触问题，由于接触过程中两者均发生大变形，因此其碰撞时刻初始条件采用动量守恒方法解决。对于索节点与索节点碰撞问题，可以直接使用动量守恒方程进行求解。下面主要对一般情形即索节点与网索段发生碰撞的情况进行讨论。

图 2-36 为索节点与索段碰撞前示意图。图中节点 I 即将与索段 JK 发生碰撞，假设节点 I、J 和 K 的质量分别为 m_I，m_J 和 m_K，它们的速度分别为 v_I、v_J 和 v_K，C 为节点 I 将与索段 JK 发生碰撞的位置。

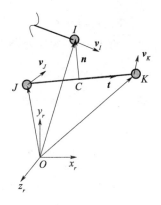

图 2-36　索节点与索段碰撞前示意图

根据节点 I 在索段 IJ 上的投影获得其局部参数 ξ

$$\xi = \frac{(r_I - r_J) \cdot t^j}{|\, r_K - r_J \,|} \qquad (2.6.2-11)$$

求得 ξ 后，记碰撞前节点 I 的速度为 $\dot{r}_I^-$，根据动量守恒定律，可以得到碰撞后瞬时两物体在碰撞位置沿法向方向共同速度

$$v_{In}^+ = v_{Cn}^+ = \frac{m_I v_I + (1-\xi)m_J v_J + \xi m_K v_K}{m_I + (1-\xi)m_J + \xi m_K} \qquad (2.6.2-12)$$

获得碰撞后时刻即 t^+ 时刻两物体在碰撞位置处各自节点 I 和 C 的速度后，需要确定 t^+ 时刻碰撞位置处节点 J 和 K 的沿接触面的法向速度。节点 J 和 K 沿柔性体接触面的法向速度为

$$\boldsymbol{v}_J^+ = \boldsymbol{r}_J^- \frac{\boldsymbol{v}_{Cn}^+}{\dot{\boldsymbol{r}}_{Cn}^-} \tag{2.6.2-13}$$

$$\boldsymbol{v}_K^+ = \boldsymbol{r}_K^- \frac{\boldsymbol{v}_{Cn}^+}{\dot{\boldsymbol{r}}_{Cn}^-} \tag{2.6.2-14}$$

其中，$\dot{\boldsymbol{r}}_{Cn}^-$ 为 t^- 时刻节点 C 沿接触界面法向速度。

接触发生，引入索段约束方程

$$\varPhi(r_I, r_J, r_K) = 0 \tag{2.6.2-15}$$

索段分离条件：索网间法向力大于零，且接触点相对法向速度大于零。

$$F_c > 0, v_m > 0 \tag{2.6.2-16}$$

（2）索网与刚体接触问题

索网与刚体间的接触搜索相对较为简单，只要在动力学仿真过程中不断检测索段节点与刚体间距离即可。当索段节点与刚体发生碰撞时，直接将刚体速度赋予索段节点即可，这里不再赘述。

2.6.2.3　索网桁架耦合动力学方程

反射器展开过程中索网接头始终与桁架相连接，这样桁架展开时可拖动索网依次展开，因此有必要建立桁架索网耦合动力学方程。要建立索网与桁架耦合动力学方程，必须引入索网与桁架约束方程

$$\boldsymbol{\varPhi}_{cn}(\boldsymbol{q}_i, \boldsymbol{q}_c) = 0 \tag{2.6.2-17}$$

式中，$\boldsymbol{q}_i$ 为整星和反射器桁架铰链广义坐标，$\boldsymbol{q}_c$ 为反射器索网节点坐标。对其求一阶和二阶导数，可获得

$$\boldsymbol{\varPhi}_{cn}(\boldsymbol{q}_i, \boldsymbol{q}_c) \begin{bmatrix} \dot{\boldsymbol{q}}_i \\ \dot{\boldsymbol{q}}_c \end{bmatrix} = -\boldsymbol{\varPhi}_t \tag{2.6.2-18}$$

$$\boldsymbol{\varPhi}_{cn}(\boldsymbol{q}_i, \boldsymbol{q}_c) \begin{bmatrix} \ddot{\boldsymbol{q}}_i \\ \ddot{\boldsymbol{q}}_c \end{bmatrix} = \boldsymbol{\gamma} \tag{2.6.2-19}$$

将桁架动力学方程与索网动力学方程联立，得到索网桁架耦合动力学方程

$$\begin{bmatrix} \boldsymbol{G}^{\mathrm{T}}\boldsymbol{M}\boldsymbol{G} & 0 & \boldsymbol{\varPhi}_{cj}^{\mathrm{T}} & \boldsymbol{\varPhi}_{gc}^{\mathrm{T}} & \boldsymbol{\varPhi}_{cnqi}^{\mathrm{T}} \\ 0 & \boldsymbol{M}_c & 0 & 0 & \boldsymbol{\varPhi}_{cnqc}^{\mathrm{T}} \\ \boldsymbol{\varPhi}_{cj} & 0 & 0 & 0 & 0 \\ \boldsymbol{\varPhi}_{gc} & 0 & 0 & 0 & 0 \\ \boldsymbol{\varPhi}_{cnqi} & \boldsymbol{\varPhi}_{cnqc} & 0 & 0 & 0 \end{bmatrix} \begin{bmatrix} \ddot{\boldsymbol{q}}_i \\ \ddot{\boldsymbol{q}}_c \\ \boldsymbol{\lambda}_{cj} \\ \boldsymbol{\lambda}_{gc} \\ \boldsymbol{\lambda}_{cn} \end{bmatrix} = \begin{bmatrix} \boldsymbol{z} + \boldsymbol{f}^{ey} \\ \boldsymbol{F}_j \\ \boldsymbol{\gamma}_{cj} \\ 0 \\ \boldsymbol{\gamma}_{cn} \end{bmatrix} \tag{2.6.2-20}$$

式中，$\boldsymbol{G}$ 为卫星系统（除索网外）运动学递推关系，$\boldsymbol{M}$ 为除索网外所有物体的质量矩阵，$\boldsymbol{M}_c$ 为索网质量矩阵，$\boldsymbol{\varPhi}_{cj}$ 为桁架闭环处切断铰约束方程的雅可比矩阵，$\boldsymbol{\varPhi}_{gc}$ 为同步齿轮雅可比矩阵，$\boldsymbol{\varPhi}_{cnqi}$ 为索网桁架约束雅可比矩阵，$\boldsymbol{z}$ 为系统广义外力，$\boldsymbol{f}^{ey}$ 为力元对应的广义力，

F_j 为作用在索网上的广义外力，$\boldsymbol{\gamma}_{cj}$ 为切断铰约束方程对时间求二阶导数后的右端项，$\boldsymbol{\lambda}_{cn}$ 为索网桁架约束方程对时间求二阶导数后的右端项。

　　在索网动力学仿真前还需要解决索网初始构型找型问题，在研究中采用考虑阻尼的索网动力学模型，通过动力学仿真找到索网静平衡构型。

2.7　多体动力学数值算法

　　上述基于递推形式的多体系统动力学方程组是由常微分方程组（ODEs）或微分代数方程组（DAEs）构成的。航天器工程中多体系统动力学仿真主要面临以上两类微分方程组的初值问题求解。因此，接下来将介绍这两类微分方程组初值问题的数值解法。

2.7.1　常微分方程组（ODEs）初值问题数值解法

　　二阶常微分方程组的基本形式为

$$\ddot{\boldsymbol{q}} = \boldsymbol{F}(t, \boldsymbol{q}, \dot{\boldsymbol{q}}), t \geqslant 0 \tag{2.7.1-1}$$

初始条件为 $\boldsymbol{q}(t_0) = \boldsymbol{q}_0$，$\dot{\boldsymbol{q}}(t_0) = \dot{\boldsymbol{q}}_0$。求解此二阶常微分方程组时，需要将其转换为两个一阶微分方程组进行求解，这样上式可以变换为

$$\dot{\boldsymbol{q}} = \boldsymbol{v}, \dot{\boldsymbol{v}} = \boldsymbol{F}(t, \boldsymbol{q}, \dot{\boldsymbol{q}}), t \geqslant 0 \tag{2.7.1-2}$$

初值条件为 $\boldsymbol{q}(t_0) = \boldsymbol{q}_0$，$\boldsymbol{v}(t_0) = \dot{\boldsymbol{q}}_0$。引入 $\boldsymbol{y} = \begin{bmatrix} \dot{\boldsymbol{q}}^{\mathrm{T}} & \boldsymbol{v}^{\mathrm{T}} \end{bmatrix}^{\mathrm{T}}$ 作为该微分方程组的新变量，那么上式可以写为如下形式

$$\dot{\boldsymbol{y}} = \boldsymbol{f}(t, \boldsymbol{y}), t \geqslant 0 \tag{2.7.1-3}$$

　　由于多体系统动力学方程的高度非线性，一般很难找到其解析解，因此常采用数值积分算法求解这类方程。常用的常微分方程组数值积分算法主要有四阶 Runge - Kutta 方法、Adams - Bashforth 方法、Newmark 方法、Wilson - θ 方法。

　　四阶定步长 Runge - Kutta 方法的计算公式为

$$\boldsymbol{y}_{n+1} = \boldsymbol{y}_n + \frac{1}{6}(\boldsymbol{k}_0 + 2\boldsymbol{k}_1 + 2\boldsymbol{k}_2 + \boldsymbol{k}_3) \tag{2.7.1-4}$$

式中，$\boldsymbol{k}_0 = h\boldsymbol{f}(t_n, \boldsymbol{y}_n)$，$\boldsymbol{k}_1 = h\boldsymbol{f}(t_n + h/2, \boldsymbol{y}_n)$，$\boldsymbol{k}_2 = h\boldsymbol{f}(t_n + h/2, \boldsymbol{y}_n + \boldsymbol{k}_1/2)$，$\boldsymbol{k}_3 = h\boldsymbol{f}(t_n + h, \boldsymbol{y}_n + \boldsymbol{k}_2)$，$h$ 为时间步长。

　　四阶 Runge - Kutta 方法是典型的显式单步积分方法，易于执行，能够自启动，对存储量要求很小；然而，其每个时间步要求计算四个函数，在求解复杂多体系统时需要付出巨大的计算代价。由于难以估计其截断误差，需要用两个不同时间步长积分结果对时间步进行调整，使其自适应步长积分算法代价巨大，因此常用多步法。

　　多步法的基本思想是通过前几步已知信息构造高精度的算法来计算 $\boldsymbol{y}_{n+1}$，常用的线性多步法为四阶 Adams - Bashforth 方法，其计算公式为

$$\boldsymbol{y}_{n+1} = \boldsymbol{y}_n + \frac{h}{24}(55\boldsymbol{f}_n - 59\boldsymbol{f}_{n-1} + 37\boldsymbol{f}_{n-2} - 9\boldsymbol{f}_{n-3}) \tag{2.7.1-5}$$

上式的局部截断误差为

$$\boldsymbol{R}_{n+1} = \frac{251}{720}h^5 \boldsymbol{y}_n^{(5)} + O(h^6) \qquad (2.7.1-6)$$

与四阶 Runge-Kutta 方法相比，四阶 Adams-Bashforth 方法每次仅需要计算一次函数值，大大降低了计算量，且更容易获得截断误差的估计，使得时间步长的调整变得更容易。但多步法不能自启动，前四步需要采用单步法积分获得。如果多体系统中输入的外力不连续或者存在突变，在进行多步法积分时需要重新定义起始点。

Newmark（1959）提出了用于解决结构动力学的数值积分算法，目前在多体系统动力学实时仿真计算中亦得到广泛应用。其计算公式为

$$\boldsymbol{v}_{n+1} = \boldsymbol{v}_n + \Delta t \big[(1-\gamma)\boldsymbol{a}_n + \gamma \boldsymbol{a}_{n+1} \big] \qquad (2.7.1-7)$$

$$\boldsymbol{y}_{n+1} = \boldsymbol{y}_n + \Delta t \boldsymbol{v}_n + \frac{\Delta t^2}{2} \big[(1-2\beta)\boldsymbol{a}_n + 2\beta \boldsymbol{a}_{n+1} \big] \qquad (2.7.1-8)$$

式中 $\boldsymbol{y}_n$、$\boldsymbol{v}_n$ 和 $\boldsymbol{a}_n$ 为时间步取 n 时的位置、速度和加速度，β 和 γ 为可选参数。该方法是隐式的，只有在 $2\beta \geqslant \gamma \geqslant 1/2$，才能保证 A 稳定性。为了对动力学方程进行积分，需要将式（2.7.1-7）和式（2.7.1-8）改写为

$$\boldsymbol{y}_{n+1} = \frac{1}{\beta \Delta t^2}(\boldsymbol{y}_{n+1} - \boldsymbol{y}_n) - \frac{1}{\beta \Delta t^2}\boldsymbol{v}_n - \Big(1 - \frac{1}{2\beta}\Big)\boldsymbol{a}_n \qquad (2.7.1-9)$$

$$\boldsymbol{v}_n = \frac{\gamma}{\beta \Delta t}(\boldsymbol{y}_{n+1} - \boldsymbol{y}_n) - \Big(\frac{\gamma}{\beta} - 1\Big)\boldsymbol{v}_n - \Big(\frac{\gamma}{2\beta} - 1\Big)\Delta t \boldsymbol{a}_n \qquad (2.7.1-10)$$

将式（2.7.1-9）和式（2.7.1-10）代入到系统动力学方程

$$\boldsymbol{M}\boldsymbol{a}_{n+1} + \boldsymbol{C}\boldsymbol{v}_{n+1} + \boldsymbol{K}\boldsymbol{x}_{n+1} = \boldsymbol{F}(t) \qquad (2.7.1-11)$$

可以得到

$$\Big[\frac{1}{\beta \Delta t^2}\boldsymbol{M} + \frac{\gamma}{\beta \Delta t}\boldsymbol{C} + \boldsymbol{K}\Big]\boldsymbol{y}_{n+1} = \boldsymbol{F}(t) + \boldsymbol{M}\Big[\frac{1}{\beta \Delta t}\boldsymbol{y}_n + \frac{1}{\gamma \Delta t}\boldsymbol{v}_n + \Big(1 - \frac{1}{2\beta}\Big)\boldsymbol{a}_n\Big]$$

$$+ \boldsymbol{C}\Big[\frac{\gamma}{\beta \Delta t}\boldsymbol{y}_n + \Big(\frac{\gamma}{\beta} - 1\Big)\boldsymbol{v}_n + \Big(\frac{\gamma}{2\beta} - 1\Big)\Delta t \boldsymbol{a}_n\Big]$$

$$(2.7.1-12)$$

对上式进行数值积分即可获得动力学方程的数值解。

2.7.2　微分代数方程组（DAEs）初值问题数值解法

多体系统微分代数方程组的标准形式为

$$\boldsymbol{D}\dot{\boldsymbol{v}} + \boldsymbol{\Phi}_q^{\mathrm{T}}\ddot{\boldsymbol{q}} = \boldsymbol{E} \qquad (2.7.2-1a)$$

$$\boldsymbol{\Phi}(\boldsymbol{q}, t) = 0 \qquad (2.7.2-1b)$$

这是一个指标 3 的微分代数方程组（DAEs），为便于求解往往将式（2.7.2-1b）对时间求二阶导数，将式（2.7.2-1）化为式（2.3.4-9）的形式，形成指标 1 微分代数方程组。如果记 $\dot{\boldsymbol{q}} = \boldsymbol{v}$，那么方程（2.3.4-9）可以写为

$$\boldsymbol{D}\dot{\boldsymbol{v}} = \boldsymbol{E} - \boldsymbol{\Phi}_q^{\mathrm{T}}\ddot{\boldsymbol{q}} \qquad (2.7.2-2)$$

$$\dot{\boldsymbol{q}} = \boldsymbol{v} \qquad (2.7.2-3)$$

$$\boldsymbol{\Phi}_q \ddot{\boldsymbol{q}} = \boldsymbol{\gamma} \qquad (2.7.2-4)$$

常用的微分代数方程组数值积分算法主要有向后差分方法（BDF 方法）和隐式 Runge - Kutta 方法，这里介绍常用的向后差分方法（BDF 方法）。

$$\dot{\boldsymbol{q}}_{n+1} = \frac{1}{\Delta t \beta_0}(\boldsymbol{q}_{n+1} - \sum_{i=0}^{m} \alpha_i \boldsymbol{q}_{n-i}) \qquad (2.7.2-5)$$

$$\dot{\boldsymbol{v}}_{n+1} = \frac{1}{\Delta t \beta_0}(\boldsymbol{v}_{n+1} - \sum_{i=0}^{m} \alpha_i \boldsymbol{v}_{n-i}) \qquad (2.7.2-6)$$

将以上两式代入到式（2.7.2-2）～式（2.7.2-4）中得到

$$\boldsymbol{D} \frac{1}{\Delta t \beta_0}(\boldsymbol{v}_{n+1} - \sum_{i=0}^{m} \alpha_i \boldsymbol{v}_{n-i}) = \boldsymbol{E}_{n+1} - \boldsymbol{\Phi}_q^{\mathrm{T}} \boldsymbol{\lambda}_{n+1} \qquad (2.7.2-7)$$

$$\frac{1}{\Delta t \beta_0}(\boldsymbol{q}_{n+1} - \sum_{i=0}^{m} \alpha_i \boldsymbol{q}_{n-i}) = \boldsymbol{v}_{n+1} \qquad (2.7.2-8)$$

$$\boldsymbol{\Phi}(t, \boldsymbol{q}_{n+1}) = 0 \qquad (2.7.2-9)$$

通过数值积分和牛顿-拉夫森迭代求解式（2.7.2-7）～式（2.7.2-9）即可获得多体动力学方程的解，与多步法类似，BDF 方法在处理多体系统运动学状态及约束突变问题时存在数值结果不稳定现象。α_i（$i=1, \cdots, m$）和 β_0 为公式系数，BDF 方法前 6 阶系数如表 2-1 所示。

表 2-1　前 6 阶 BDF **方法系数**

m	β_0	α_0	α_1	α_2	α_3	α_4	α_5	α_6
1	1	1	-1					
2	2/3	1	$-4/3$	1/3				
3	6/11	1	$-18/11$	9/11	$-2/11$			
4	12/25	1	$-48/25$	36/25	$-16/25$	3/25		
5	60/137	1	$-300/137$	300/137	$-200/137$	75/137	$-12/137$	
6	60/147	1	$-360/147$	450/147	$-400/147$	225/147	$-72/147$	10/147

参 考 文 献

[1] Tamer M Wasfy，A K Noor．柔性多体系统的计算策略［J］．力学进展，2006，36（3）：421 – 476.

[2] 周志成，曲广吉．航天器多刚体系统动力学分析软件 K – DASMUS［C］．北京：载人航天器动力学研究论文集，1992，1 – 10.

[3] 周志成，曲广吉．通信卫星总体设计与动力学分析［M］．北京：中国科学技术出版社，2012.

[4] 曲广吉．航天器动力学工程［M］．北京：中国科学技术出版社，2000.

[5] 洪嘉振．计算多体系统动力学［M］．北京：高等教育出版社，1999.

[6] 董富祥．刚柔耦合多体系统碰撞动力学建模理论与实验研究［D］．上海：上海交通大学，2010.

[7] 董富祥．星载大型天线展开过程多体动力学建模及典型故障模式处理对策仿真研究［R］．北京：中国空间技术研究院博士后出站报告，2013.

[8] 于登云，杨建中．航天器机构技术［M］．北京：中国科学技术出版社，2010.

[9] Jens Wittenburg. Dynamics of Multibody Systems［M］. Berlin Heidelberg：Springer，2008.

[10] Javier Garcia de Jalon，Eduardo Bayo. Kinematic and Dynamic Simulation of Multibody Systems the Real – time Challenge［M］. Berlin Heidelberg：Springer – Verlag，1994.

[11] 刘丽兰，刘宏昭，吴子英，等．机械系统中摩擦模型的研究进展［J］．力学进展，2008，38（2）：201 – 213.

[12] 张雄，王天舒．计算动力学［M］．北京：清华大学出版社，2007.

[13] Shabana. Dynamics of Multibody system［M］. Cambridge：Cambridge University Press，1998.

[14] 刘正兴，孙雁，王国庆．计算固体力学［M］．上海：上海交通大学出版社，2000.

[15] 邱吉宝．计算结构动力学［M］．合肥：中国科学技术大学出版社，2009.

[16] Spanos J T，Tsuha W S. Selection of component modes for flexible multibody simulation［J］. Journal of Guidance，1989，14（2）：278 – 286.

[17] 李宾，李映辉，殷学纲．大垂度柔索的动力学建模与仿真［J］．应用数学与力学，2000，21（6）：640 – 646.

[18] Sugiyama H，Mikkola A M，Shabana A A. A non – Incremental nonlinear finite element solution for cable problems［J］. ASME Journal of Mechanical Design，2003，125，746 – 756.

[19] 陈钦，杨乐平．空间绳网系统发射动力学问题研究［J］．宇航学报，2009，30（5）：1829 – 1833.

[20] 赵国伟，熊会宾，黄海，闫泽红．柔性绳索体展开过程数值模拟及试验［J］．航空学报，2009，30（8）：1429 – 1434.

[21] Kawabata S，Niwa M，Kawai H. The finite – deformation theory of plain – weave fabrics Part I：The biaxial – deformation theory［J］. Journal of the textile institute，1973，64，21 – 46.

[22] Kawabata S，Niwa M，Kawai H. The finite – deformation theory of plain – weave fabrics Part II：The unixial deformation theory［J］. Journal of the textile institute，1973，64，47 – 61.

[23] Taibi E H，Hammouche A. Model of the tensile stress strain behavior of fabrics［J］. Textile Research Journal ，2002，71（7）：582 – 586.

［24］ Hairer E H，Wanner G. Solving ordinary differential equations II stiff and differential – algebratic problems ［M］. 北京：科学出版社，2006.

［25］ Beex L. A. A. A，Verberne C. W. ，Peerlings R. H. J. Experimental identification of a lattice model for woven fabrics：application to electronic textile ［J］. Composites：Part A，2013，48：82 – 92.

［26］ 吴坛辉，洪嘉阵，刘铸永. 非线性几何精确梁理论研究综述 ［J］. 中国科技论文，2013，8 (11)：1126 – 1130.

［27］ Li Tuanjie. Deployment analysis and control of deployable space antenna ［J］. Aerospace science and technology，2012，18 (1)：42 – 47.

第3章　空间大型天线展开多体动力学理论模型

3.1　空间大型周边桁架式网状天线展开过程及机构设计原则

3.1.1　空间大型周边桁架式网状天线展开过程

图3-1为星载大型天线在轨工作状态示意图。可以看出，星载大型天线系统主要由大、小伸展臂，反射器和焦面馈源阵组成，其中天线反射器主要由周边桁架、反射网、前后索网和中间拉索组成。

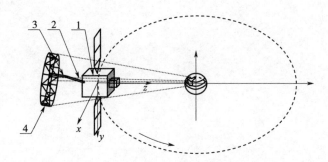

图3-1　天线展开状态整星工作示意图
1—星体；2—大臂；3—小臂；4—反射器

卫星入轨后，天线按照大臂、小臂和反射器顺序依次展开。图3-2为天线在轨展开状态示意图。如图3-2（a）所示，卫星太阳翼已经展开，此时天线在抱箍压紧机构的作用下，仍处于锁定状态。接到地面展开指令后，抱箍压紧机构释放，在棘轮机构作用下，大臂被推离星本体，如图3-2（b）所示。然后在电动机驱动下，大臂展开到指定位置并锁定，如图3-2（c）所示。接下来，沿大臂轴线的压紧机构释放，大臂在电动机驱动下绕自身纵轴旋转−90°，到位后锁定，如图3-2（d）所示。大臂锁定后，小臂绕与大臂铰接旋转轴转动，到位后锁定，如图3-2（e）所示。小臂展开到位并锁定后，捆束在反射器外围的火工切割器启爆，切断天线包带，天线在卷簧作用下展开，同时电动机开始回收绳索，当卷簧输出力矩不足以驱动反射器桁架继续展开时，电动机开始拖动桁架对角杆中绳索起主要驱动作用，直至天线完全展开，如图3-2（f）所示。

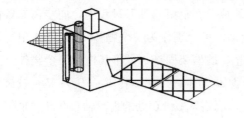
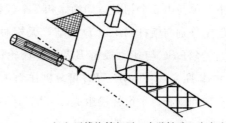

（a）天线系统处于收拢状态 　　　　（b）天线抱箍打开，大臂转动一定角度

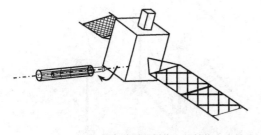
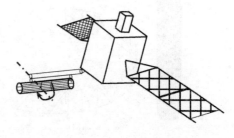

（c）大臂展开到位，开始绕自身轴线回转 　　　　（d）大臂回转到位，小臂开始展开

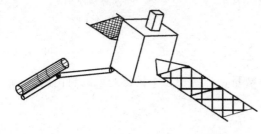
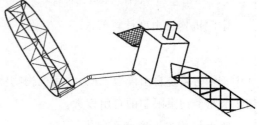

（e）小臂展开到位并锁定，反射器开始展开 　　　　（f）反射器展开到位并锁定

图 3-2 星载大型网状天线展开过程示意图

3.1.2 空间大型天线展开机构技术特点及设计原则

大小伸展臂作用是将天线反射器撑离卫星，其设计主要考虑以下几点：1）保证整个天线收拢于较小体积；2）确保收拢状态全星（含天线）通过力学环境考验；3）入轨后可靠展开并保证天线馈源阵与反射面间准确的相对位置关系；4）确保展开状态天线频率与其他附件频率合理分离，避免天线振动与姿态控制系统发生耦合；5）避免天线对卫星其他部件遮挡超出设计范围。大小伸展臂均采用主动关节机构驱动，拓扑构型相对简单，本节将主要以天线反射器为例说明天线反射器展开机构的主要技术特点和相关设计原则。

图 3-3 为收拢和展开状态 AstroMesh 天线反射器桁架示意图。由该图可以看出，天线反射器桁架是由 30 个相同的桁架单元相互连接组成的一个环状结构，任意相邻两个桁架单元的夹角均为 12°。

以单个反射器桁架单元为例，其主要部件包括横杆 AB、CD，竖杆 AD、BC，斜杆 DE、EB、T 型五支杆铰链 B、D、斜杆滑移铰链 E 和同步齿轮铰链 A、C，如图 3-4 所示。单个反射器桁架单元由 5 个相对运动物体和 7 个铰链组成。在反射器展开过程中，同步齿轮铰链中同步齿轮分别与横杆 AB、CD 固结，无相对运动，可分别作为一个物体（图 3 - 4 中物体 B_1、B_2），竖杆 BC 与 T 型铰链 B 及同步齿轮铰链 C 的框架固结，可将其作为一个物体（图 3 - 4 中物体 B_3），斜杆 DE、EB 可分别作为一个物体（图 3 - 4 中物体 B_4、B_5）；7 个铰链分别由 6 个转动铰和一个滑移铰组成，分别为同步齿轮铰链 A 和 C 处的齿轮轴与其转动框架间的各 1 个转动铰，T 型铰链 B 和 D 处各 2 个转动铰及斜杆间一个滑移铰。

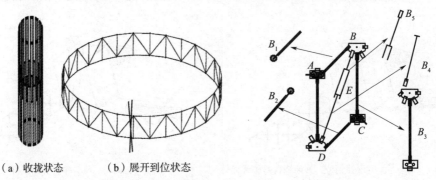

　（a）收拢状态　　　（b）展开到位状态
图 3 - 3　收拢和展开到位状态天线桁架示意图　　图 3 - 4　单元各物体定义

空间机构自由度计算公式

$$W = n \times 6 - \sum_k m_k + \sum_l g_l \qquad (3.1.2-1)$$

式中，W 为系统自由度数，n 为空间机构物体数量，m_k 为第 k 个铰链约束的自由度数，g_l 为第 l 个冗余约束限制的自由度数。

平面机构自由度计算公式

$$W = n \times 3 - \sum_k m_k + \sum_l g_l \qquad (3.1.2-2)$$

式中，各变量的意义同上。由于是平面机构，物体自由度变为 3 个，相应的滑移铰和旋转铰限制的自由度数也降为 2 个。下面对大型周边桁架式天线 1 个单元机构自由度进行计算，假设制造和安装过程中误差过大使得反射器桁架单元各运动部件均不在同一平面内，那么该单元的自由度为

$$W = 5 \times 6 - 7 \times 5 = -5 \qquad (3.1.2-3)$$

此时反射器桁架机构将变成一个超静定结构，无法运动。如果反射器桁架单元各部件均在同一平面内，则其自由度为

$$W = 5 \times 3 - 7 \times 2 = 1 \qquad (3.1.2-4)$$

这说明桁架单元各运动部件必须组成平面机构，否则桁架将无法正常展开。

以 AstroMesh 天线反射器为例，其可展桁架由 30 个桁架单元组成，那么它将包括 150 个活动部件，183 个转动铰，30 个滑移铰和 30 对同步齿轮约束。假设保证每个单元内的各部件均在同一平面内运动，30 个桁架单元最终将组装成首尾相连的闭环机构。此时系统的自由度数为 $150 \times 3 - 183 \times 2 - 30 \times 1 = -6$，说明系统仍然不能运动。

如果天线各部件制造装配误差均保持在容许范围内，各单元将自动形成一个闭环机

构，这样就存在 3 个转动铰冗余约束和 1 对同步齿轮冗余约束，共冗余限制了系统 7 个自由度，需要去掉。因此，系统的实际自由度数

$$\text{FRD}_{sys} = 150 \times 3 - (183 - 3 + 30) \times 2 - (30 - 1) \times 1 = 1 \qquad (3.1.2-5)$$

可见，该天线反射器桁架是受到多个冗余约束限制的可展机构，在生产制造中应切实提升关键运动部件制造装配精度，否则在装配之初就将使天线反射器可展桁架受到较大预应力，进而影响天线展开可靠性。特别需要关注的是，鉴于含冗余约束的展开机构对几何尺寸具有高度敏感性，天线研制过程中必须认真考虑空间热真空环境引起的天线热变形对机构运动可靠性的影响。

为提高反射器桁架展开运动可靠性并降低产品装配失误率，在设计中需要降低铰链类型数量。根据图 3-3 和图 3-4 可以发现，所有 T 型铰链可以设计成相同规格的产品，所有同步齿轮铰链和斜杆铰链也存在相同的规律。图 3-5 为收拢状态天线反射器桁架单元示意图。由于各个单元的不同，T 型五杆铰链及同步齿轮铰链各自几何尺寸均相同，根据"机械设计"中尺寸链封闭原则和图 3-5，可知反射器桁架铰链必须满足以下几何关系

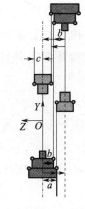

图 3-5　收拢状态天线反射器桁架单元

$$a + c = 2b \qquad (3.1.2-6)$$

综上所述，根据周边桁架式天线反射器展开机构技术特点，在设计天线反射器桁架时需要满足以下几条重要设计原则：

（1）反射器桁架单元必须满足共面性及准确的面间夹角

各铰链转动轴的轴线必须垂直于其所在单元的运动平面，且运动过程中各铰链轴线中心点最好保持在其所在桁架单元的运动面内。为确保天线反射器桁架的共面性，在加工制造中需要保证 T 型铰链和同步齿轮铰链旋转轴与桁架单元运动面间的垂直度，以及旋转轴或孔的圆度、直线度和轴孔同轴度，并在可展桁架装配中采用角度限制工装，确保将反射器桁架单元运动部件限制在同一平面，避免天线反射器可展桁架在装配时即产生较大预应力，加大铰链运动部件表面磨损。

反射器几十个桁架单元最终将首尾相接组成一个大闭环，为避免误差累积以致总装最后阶段首单元与尾单元无法重合的情况或者强力装配导致的铰链破坏或性能下降，需要在制造 T 型铰链和同步齿轮铰链时将铰链面间夹角误差控制在一定范围内，并通过专用工装确保将杆件装配误差控制在合理范围内。

在天线反射器桁架单元装配完成后，需要通过试验对天线反射器桁架单元平面度和运动特性进行检查。在通过增加桁架单元方法装配天线反射器时，当完成一个桁架单元的增加后，可通过非接触方法对其装配准确度进行检测。

（2）尺寸链封闭性

为了提升机构展开可靠性，并尽可能增强机构部件互换性，需要将机构铰链类型数量

控制到最低。在天线反射器可展桁架中采用 T 型铰链、同步齿轮铰链和斜杆滑移铰链等三类铰链作为活动关节。结合图 3-5，设计和制造时需要满足 T 铰链下铰点到其中心线的距离与同步齿轮铰点到其中心线的距离之和等于五杆铰链上铰点到其中心线距离的两倍，即式（3.1.2-6）。

（3）收拢位置防锁角设计合理

反射器收拢位置为展开机构奇异点位置，合理的防锁角设计对保证天线初始时刻正常展开非常重要。以上三个关系也应作为铰链和天线级装配件检验的重要依据。此外，在设计和制造过程中合理确定同步齿轮副啮合间隙和杆件刚度，恰当选择斜杆中拉索材料对于保持天线展开同步性，并降低齿轮卡滞风险也十分关键。

（4）机构公差配合适应空间热真空环境

展开机构暴露于外层空间，高低温及温度梯度将对公差配合造成影响，需要认真考虑。

3.2　天线大小臂展开动力学

根据天线展开原理可知，天线大小臂展开动力学可分为三个阶段：大臂转动、大臂回转和小臂转动。

为了方便，本节将在单向递推算法中引入固定铰的概念，这样可以将天线展开过程中的锁定也作为一种特殊的铰进行处理，从而将整个天线展开全过程作为变拓扑问题进行求解，这样既有利于程序统一设计，也有利于降低初始数据处理难度。

3.2.1　星载大型天线机构部件坐标系定义

星载大型天线多体机构系统建模前，需要建立星载大型天线各部件坐标系。图 3-6 为收拢状态下星本体、大小臂体坐标系及反射器参考坐标系示意图。为清楚起见，这里没有绘出太阳翼坐标系。

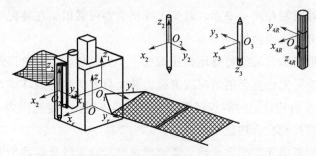

图 3-6　星载大型天线收拢状态时各部件坐标系定义

图 3-6 中 $O\text{-}x_ry_rz_r$ 为卫星当地轨道坐标系，其原点 O 与整星质心重合，z_r 轴在轨道平面内沿矢径方向指向地心，x_r 轴在轨道平面内指向前进方向，y_r 轴与 x_r 轴、z_r 轴右手正交，与轨道平面垂直。在天线展开过程中，卫星相对于轨道坐标系仅存在扰动运动，

可近似地将当地轨道坐标系 $O\text{-}x_ry_rz_r$ 作为惯性参考基准。$O_1\text{-}x_1y_1z_1$ 为星本体连体坐标系，初始时刻其各坐标轴方向与轨道坐标系各坐标轴方向平行，$O_2\text{-}x_2y_2z_2$ 为大臂连体坐标系，坐标原点 O_2 位于大臂质心位置，$O_3\text{-}x_3y_3z_3$ 为小臂连体坐标系，初始时刻小臂连体坐标系方向 x_3 与轨道坐标系 x_r 轴方向相同，y_3、z_3 方向分别与轨道坐标系 y_r、z_r 轴方向相反。$O_4\text{-}x_{4R}y_{4R}z_{4R}$ 为反射器参考坐标系，原点位于与小臂固结的桁架质心位置处，其坐标轴方向分别与坐标系 $O_3\text{-}x_3y_3z_3$ 各坐标轴方向一致。

3.2.2　大臂展开动力学

接下来将以大臂展开动力学为例，建立考虑虚铰、锁定铰和转动铰在内的基于相对坐标的递推动力学方程。大臂展开过程分为两个阶段：第一阶段，绕自身 y 轴转动；第二阶段，绕自身 $-z$ 轴转动，此时大臂支座相对于星体固定，可将其单独作为一个物体，与星体固结，此时系统拓扑构型与小臂展开拓扑构型相同。在大臂展开阶段，星体与展开的太阳翼相连，可将星体视为一个物体，南北太阳翼分别视为两个物体，与星体通过锁定铰连接在一起。大臂展开过程中大小臂及反射器捆束在一起，无相对运动，因此将其视为一个物体。

大臂展开示意图如图 3-7 所示。大臂展开过程中星本体相对于轨道坐标系 $O\text{-}x_ry_rz_r$ 存在六个自由度相对运动，可以用虚铰表示，大臂带动小臂和反射器相对于星体转动，可以用一个自由度旋转铰表示。大臂展开过程中星体与天线拓扑关系如图 3-8 所示。图 3-8 中 B_0 为与轨道坐标系固结的虚体，B_1 为星本体，B_2 和 B_3 分别为南北太阳翼，B_4 为大小臂及反射器组合体，铰 H_1 为星体相对于轨道坐标系的虚铰，铰 H_2 和 H_3 分别为南北太阳翼与星体之间的固定铰，铰 H_4 为大臂组合体相对于星本体的旋转铰。星本体基频较高（一般达十几赫兹），在大臂展开过程中可将其视为刚体，太阳翼和大小臂及反射器组合体基频较低，在模化时均将其作为柔性体。

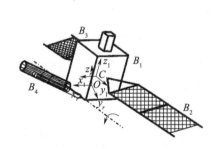

图 3-7　大臂展开过程

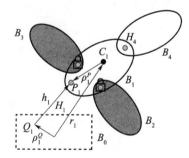

图 3-8　大臂展开系统拓扑构型示意图

物体 B_1 的质心位置矢量

$$\boldsymbol{r}_1 = \boldsymbol{\rho}_1^Q + \boldsymbol{h}_1 - \boldsymbol{\rho}_1^P \tag{3.2.2-1}$$

式中，$\boldsymbol{\rho}_1^Q$ 为轨道坐标系原点（即整星质心）到虚铰 H_1 铰点 Q_1 的矢量，$\boldsymbol{h}_1$ 为虚体 B_0 上虚铰铰点 Q_1 到星本体虚铰铰点 P_1 矢量，$\boldsymbol{\rho}_1^P$ 为星本体质心 C_1 到虚铰铰点 P_1 的矢量。星本体质心与虚铰铰点 P_1 重合，$\boldsymbol{\rho}_1^P$ 等于零。这样上式可以写为

$$\boldsymbol{r}_1 = \boldsymbol{\rho}_1^Q + \boldsymbol{h}_1 \tag{3.2.2-2}$$

由于 $\boldsymbol{\rho}_1^Q$ 为常数，上式对时间求一阶导数可得物体 B_1 质心速度矢量

$$\dot{\boldsymbol{r}}_1 = \dot{\boldsymbol{h}}_1 \tag{3.2.2-3}$$

将物体 B_1 质心速度表示为坐标阵形式

$$\dot{\boldsymbol{r}}_1 = \begin{bmatrix} 1 & 0 & 0 \\ 0 & 1 & 0 \\ 0 & 0 & 1 \end{bmatrix} \begin{bmatrix} \dot{q}_{t1}^1 \\ \dot{q}_{t2}^1 \\ \dot{q}_{t3}^1 \end{bmatrix} \tag{3.2.2-4}$$

记 $\boldsymbol{q}_t^1 = \begin{bmatrix} q_{t1}^1 & q_{t2}^1 & q_{t3}^1 \end{bmatrix}^T$，这样物体 B_1 的质心速度可以记为

$$\dot{\boldsymbol{r}}_1 = \boldsymbol{I}_3 \boldsymbol{q}_t^1 \tag{3.2.2-5}$$

物体 B_1 角速度可以表示为

$$\boldsymbol{\omega}_1 = \boldsymbol{\omega}_0 + \boldsymbol{\omega}_{r1} \tag{3.2.2-6}$$

物体 B_0 与轨道坐标系固结，因此 $\boldsymbol{\omega}_0$ 为零矢量，这样物体 B_1 角速度可表示为

$$\boldsymbol{\omega}_1 = \boldsymbol{\omega}_{r1} \tag{3.2.2-7}$$

根据球铰公式，$\boldsymbol{\omega}_{r1}$ 坐标阵可以表示为

$$\boldsymbol{\omega}_{r1} = \begin{bmatrix} 1 & 0 & \sin(q_{r2}^1) \\ 0 & \cos(q_{r1}^1) & -\cos(q_{r2}^1)\sin(q_{r1}^1) \\ 0 & \sin(q_{r1}^1) & \cos(q_{r2}^1)\cos(q_{r1}^1) \end{bmatrix} \begin{bmatrix} \dot{q}_{r1}^1 \\ \dot{q}_{r2}^1 \\ \dot{q}_{r3}^1 \end{bmatrix} \tag{3.2.2-8}$$

式中，q_{r1}^1，q_{r2}^1 和 q_{r3}^1 为卡尔丹角坐标。如果记

$$\boldsymbol{K}_r = \begin{bmatrix} 1 & 0 & \sin(q_{r2}^1) \\ 0 & \cos(q_{r1}^1) & -\cos(q_{r2}^1)\sin(q_{r1}^1) \\ 0 & \sin(q_{r1}^1) & \cos(q_{r2}^1)\cos(q_{r1}^1) \end{bmatrix}, \ \dot{\boldsymbol{q}}_r^1 = \begin{bmatrix} \dot{q}_{r1}^1 & \dot{q}_{r2}^1 & \dot{q}_{r3}^1 \end{bmatrix}^T$$

则式 (3.2.2-8) 可表达为

$$\boldsymbol{\omega}_{r1} = \boldsymbol{K}_r \dot{\boldsymbol{q}}_r^1 \tag{3.2.2-9}$$

物体 B_1 的质心速度和角速度可以写为

$$\begin{bmatrix} \dot{\boldsymbol{r}}_1 \\ \boldsymbol{\omega}_1 \end{bmatrix} = \begin{bmatrix} \boldsymbol{I}_3 & 0 \\ 0 & \boldsymbol{K}_r \end{bmatrix} \begin{bmatrix} \dot{\boldsymbol{q}}_t^1 \\ \dot{\boldsymbol{q}}_r^1 \end{bmatrix} \tag{3.2.2-10}$$

式 (3.2.2-5) 对时间求一阶导数

$$\ddot{\boldsymbol{r}}_1 = \boldsymbol{I}_3 \ddot{\boldsymbol{q}}_t^1 \tag{3.2.2-11}$$

式 (3.2.2-9) 对时间求一阶导数，$\dot{\boldsymbol{\omega}}_{r1}$ 坐标阵可表示为

$$\dot{\boldsymbol{\omega}}_{r1} = \boldsymbol{K}_r \ddot{\boldsymbol{q}}_r^1 + \boldsymbol{\eta}_r^1 \tag{3.2.2-12}$$

式中，$\boldsymbol{\eta}_r^1 = \begin{bmatrix} 0 \\ -\sin(q_{r1}^1) \\ \cos(q_{r1}^1) \end{bmatrix} \dot{q}_{r1}^1 q_{r2}^1 + \begin{bmatrix} 0 \\ -\cos(q_{r1}^1)\cos(q_{r2}^1) \\ -\sin(q_{r1}^1)\cos(q_{r2}^1) \end{bmatrix} \dot{q}_{r1}^1 q_{r3}^1 + \begin{bmatrix} \cos(q_{r2}^1) \\ -\sin(q_{r1}^1)\sin(q_{r2}^1) \\ -\cos(q_{r1}^1)\sin(q_{r2}^1) \end{bmatrix} \dot{q}_{r1}^1 q_{r3}^1$。

则物体 B_1 的质心加速度和角加速度坐标阵可写为

$$\begin{bmatrix} \ddot{r}_1 \\ \dot{\omega}_1 \end{bmatrix} = \begin{bmatrix} I_3 & 0 \\ 0 & K_r \end{bmatrix} \begin{bmatrix} \ddot{q}_t^1 \\ \ddot{q}_r^1 \end{bmatrix} + \begin{bmatrix} 0 \\ \eta_r^1 \end{bmatrix} \tag{3.2.2-13}$$

记 $G_{11} = \begin{bmatrix} I_3 & 0 \\ 0 & K_r \end{bmatrix}$，$g_{11} = \begin{bmatrix} 0 \\ \eta_r^1 \end{bmatrix}$，$\dot{q}^1 = \begin{bmatrix} q_t^{1\mathrm{T}} & q_r^{1\mathrm{T}} \end{bmatrix}^{\mathrm{T}}$，$v_1 = \begin{bmatrix} \dot{r}_1^{\mathrm{T}} & \dot{\omega}_1^{\mathrm{T}} \end{bmatrix}^{\mathrm{T}}$，则物体 B_1 的速度和

加速度可以简记为

$$v_1 = G_{11}\dot{q}^1 \tag{3.2.2-14}$$

$$\dot{v}_1 = G_{11}\ddot{q}^1 + g_{11} \tag{3.2.2-15}$$

图 3-9 为星本体 B_1 与南太阳翼 B_2 几何关系示意图。图中 C_1 为星本体质心，C_2 为太阳翼浮动坐标系原点，一般选择未变形时刻太阳翼质心位置作为太阳翼浮动坐标系原点。P、Q 分别为铰点在两个物体上的安装位置，P_0 为物体 B_2 未变形时刻 P 点位置，物体 B_2 浮动坐标系原点的矢径可表示为

$$r_2 = r_1 + \rho_2^Q - (u_2^P + \rho_2^{P_0}) \tag{3.2.2-16}$$

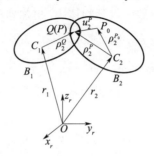

图 3-9　星本体与南太阳翼几何关系

式中，ρ_2^Q 为安装点 Q 相对于星本体质心位置矢量，u_2^P 为安装点 P 相对于未变形时刻位置 P_0 的矢量，$\rho_2^{P_0}$ 为未变形时刻点 P_0 相对于浮动坐标系的位置矢量。物体 B_2 浮动坐标系原点的坐标阵形式可表达为

$$r_2 = r_1 + A_1\rho_2^{'Q} - A_2(u_2^{'P} + \rho_2^{'P_0}) \tag{3.2.2-17}$$

式中，$\rho_2^{'Q}$ 为矢量 ρ_2^Q 在物体 B_1 上的坐标阵，$u_2^{'P}$、$\rho_2^{'P_0}$ 分别为矢量 u_2^P 和 $\rho_2^{P_0}$ 在物体 B_2 上的坐标阵，A_1 和 A_2 分别为物体 B_1 和 B_2 浮动坐标系方向余弦矩阵。由于物体 B_2 为柔性体，则其变形可表达为

$$u_2^{'P} = \Phi_2^{'P} a_2 \tag{3.2.2-18}$$

式中，$\Phi_2^{'P}$ 为点 P 位置处平移模态矩阵。对式（3.2.2-16）求一阶导数，可得

$$\dot{r}_2 = \dot{r}_1 + \omega_1 \times \rho_2^Q - \omega_2 \times (u_2^P + \rho_2^{P_0}) - \dot{u}_2^P \tag{3.2.2-19}$$

物体 B_2 的角速度矢量式可写为

$$\omega_2 = \omega_1 - \omega_{r2}^P \tag{3.2.2-20}$$

式中，ω_{r2}^P 为点 P 所在单元因变形相对于物体 B_2 浮动坐标系角速度。其坐标阵式为

$$\omega_2 = \omega_1 - A_2\Psi_2^{'P}\dot{a}_2 \tag{3.2.2-21}$$

式中，$\Psi_2^{'P}$ 为点 P 位置处转动模态矩阵。将式（3.2.2-20）代入到式（3.2.2-19）中可

以得到

$$\dot{\boldsymbol{r}}_2 = \dot{\boldsymbol{r}}_1 + \boldsymbol{\omega}_1 \times \boldsymbol{\rho}_1^Q - \boldsymbol{\omega}_1 \times (\boldsymbol{u}_2^P + \boldsymbol{\rho}_{2^0}^P) + \boldsymbol{\omega}_{r2}^P \times (\boldsymbol{u}_2^P + \boldsymbol{\rho}_{2^0}^P) - \dot{\boldsymbol{u}}_2^P \quad (3.2.2-22)$$

其坐标阵形式为

$$\dot{\boldsymbol{r}}_2 = \dot{\boldsymbol{r}}_1 + (-\tilde{\boldsymbol{\rho}}_1^Q + \tilde{\boldsymbol{\rho}}_2^P)\boldsymbol{\omega}_1 - \tilde{\boldsymbol{\rho}}_2^P \boldsymbol{A}^2 \boldsymbol{\Psi}_2^{\prime P} \dot{\boldsymbol{a}}_2 - \boldsymbol{A}^2 \boldsymbol{\Phi}_2^{\prime P} \dot{\boldsymbol{a}}_2 \quad (3.2.2-23)$$

考虑到式（3.2.2-21）和式（3.2.2-23），令 $\boldsymbol{v}_2 = (\dot{\boldsymbol{r}}_2^{\mathrm{T}} \quad \dot{\boldsymbol{\omega}}_2^{\mathrm{T}} \quad \dot{\boldsymbol{a}}_2^{\mathrm{T}})^{\mathrm{T}}$，$\boldsymbol{v}_1 = (\dot{\boldsymbol{r}}_1^{\mathrm{T}}$ $\boldsymbol{\omega}_1^{\mathrm{T}})^{\mathrm{T}}$，$s$ 为物体 B_2 所取模态阶数，则

$$\boldsymbol{v}_2 = \boldsymbol{T}_{21} \boldsymbol{v}_1 + \boldsymbol{U}_2 \dot{\boldsymbol{a}}_2 \quad (3.2.2-24)$$

式中，

$$\boldsymbol{T}_{21} = \begin{bmatrix} \boldsymbol{I}_3 & -\tilde{\boldsymbol{\rho}}_1^Q + \tilde{\boldsymbol{\rho}}_2^P \\ 0 & \boldsymbol{I}_3 \\ 0 & 0 \end{bmatrix}, \quad \boldsymbol{U}_2 = \begin{bmatrix} -\tilde{\boldsymbol{\rho}}_2^P \boldsymbol{A}^2 \boldsymbol{\Psi}_2^{\prime P} - \boldsymbol{A}^2 \boldsymbol{\Phi}_2^{\prime P} \\ -\boldsymbol{A}^2 \boldsymbol{\Psi}_2^{\prime P} \\ \boldsymbol{I}_s \end{bmatrix} \quad (3.2.2-25)$$

式（3.2.2-20）对时间求一阶导数，得到物体 B_2 角加速度矢量式和矩阵式分别为

$$\dot{\boldsymbol{\omega}}_2 = \dot{\boldsymbol{\omega}}_1 - \boldsymbol{\omega}_2 \times \boldsymbol{\omega}_{r2}^P - \dot{\boldsymbol{\omega}}_{r2}^P \quad (3.2.2-26a)$$

$$\dot{\boldsymbol{\omega}}_2 = \dot{\boldsymbol{\omega}}_1 - \tilde{\boldsymbol{\omega}}_2 \boldsymbol{\omega}_{r2}^P - \boldsymbol{A}^2 \boldsymbol{\Psi}_2^{\prime P} \ddot{\boldsymbol{a}}_2 \quad (3.2.2-26b)$$

式（3.2.2-22）对时间求一阶导数，得到物体 B_2 浮动坐标系原点加速度的矢量式和矩阵式分别为

$$\ddot{\boldsymbol{r}}_2 = \ddot{\boldsymbol{r}}_1 + \dot{\boldsymbol{\omega}}_1 \times (\boldsymbol{\rho}_1^Q - \boldsymbol{\rho}_2^P) + \dot{\boldsymbol{\omega}}_{r2}^P \times \boldsymbol{\rho}_2^P - \ddot{\boldsymbol{u}}_2^P + \boldsymbol{\omega}_1 \times \boldsymbol{\omega}_1 \times \boldsymbol{\rho}_1^Q + \boldsymbol{\omega}_2 \times \boldsymbol{\omega}_{r2}^P \times \boldsymbol{\rho}_2^P$$
$$- \boldsymbol{\omega}_2 \times \boldsymbol{\omega}_2 \times \boldsymbol{\rho}_2^P - \boldsymbol{\omega}_2 \times \dot{\boldsymbol{u}}_2^P \quad (3.2.2-27a)$$

$$\ddot{\boldsymbol{r}}_2 = \ddot{\boldsymbol{r}}_1 - (-\tilde{\boldsymbol{\rho}}_1^Q + \tilde{\boldsymbol{\rho}}_2^P) \dot{\boldsymbol{\omega}}_1 + \tilde{\boldsymbol{\rho}}_2^P \dot{\boldsymbol{\omega}}_{r2}^P - \ddot{\boldsymbol{u}}_2^P + \tilde{\boldsymbol{\omega}}_1 \tilde{\boldsymbol{\omega}}_1 \boldsymbol{\rho}_1^Q + \tilde{\boldsymbol{\omega}}_2 \tilde{\boldsymbol{\omega}}_{r2}^P \boldsymbol{\rho}_2^P - \tilde{\boldsymbol{\omega}}_2 \tilde{\boldsymbol{\omega}}_2 \boldsymbol{\rho}_2^P - \tilde{\boldsymbol{\omega}}_2 \dot{\boldsymbol{u}}_2^P$$
$$(3.2.2-27b)$$

考虑到式（3.2.2-26）和式（3.2.2-27），可以得出

$$\begin{bmatrix} \ddot{\boldsymbol{r}}_2 \\ \dot{\boldsymbol{\omega}}_2 \\ \dot{\boldsymbol{a}}_2 \end{bmatrix} = \begin{bmatrix} \boldsymbol{I}_3 & -\tilde{\boldsymbol{\rho}}_2^Q + \tilde{\boldsymbol{\rho}}_2^P \\ 0 & \boldsymbol{I}_3 \\ 0 & 0 \end{bmatrix} \begin{bmatrix} \ddot{\boldsymbol{r}}_1 \\ \dot{\boldsymbol{\omega}}_1 \end{bmatrix} + \begin{bmatrix} \tilde{\boldsymbol{\rho}}_2^P \boldsymbol{A}^2 \boldsymbol{\Psi}_2^{\prime P} - \boldsymbol{A}^2 \boldsymbol{\Phi}_2^{\prime P} \\ -\boldsymbol{A}^2 \boldsymbol{\Psi}_2^{\prime P} \\ \boldsymbol{I}_s \end{bmatrix} \boldsymbol{a}_2 + \begin{bmatrix} \tilde{\boldsymbol{\omega}}_1 \tilde{\boldsymbol{\omega}}_1 \boldsymbol{\rho}_1^Q + \tilde{\boldsymbol{\omega}}_2 \tilde{\boldsymbol{\omega}}_{r2}^P \boldsymbol{\rho}_2^P - \tilde{\boldsymbol{\omega}}_2 \tilde{\boldsymbol{\omega}}_2 \boldsymbol{\rho}_2^P - \tilde{\boldsymbol{\omega}}_2 \dot{\boldsymbol{u}}_2^P \\ -\tilde{\boldsymbol{\omega}}_2 \tilde{\boldsymbol{\omega}}_{r2}^P \\ 0 \end{bmatrix}$$
$$(3.2.2-28)$$

记 $\boldsymbol{\beta}_2 = \begin{bmatrix} \tilde{\boldsymbol{\omega}}_1 \tilde{\boldsymbol{\omega}}_1 \boldsymbol{\rho}_1^P + \tilde{\boldsymbol{\omega}}_2 \tilde{\boldsymbol{\omega}}_{r2}^P \boldsymbol{\rho}_2^Q - \tilde{\boldsymbol{\omega}}_2 \tilde{\boldsymbol{\omega}}_2 \boldsymbol{\rho}_2^P - \tilde{\boldsymbol{\omega}}_2 \dot{\boldsymbol{u}}_2^P \\ -\tilde{\boldsymbol{\omega}}_2 \tilde{\boldsymbol{\omega}}_{r2}^P \\ 0 \end{bmatrix}$，则式（3.2.2-29）可以写为

$$\dot{\boldsymbol{v}}_2 = \boldsymbol{T}_{21} \dot{\boldsymbol{v}}_1 + \boldsymbol{U}_2 \dot{\boldsymbol{a}}_2 + \boldsymbol{\beta}_2 \quad (3.2.2-29)$$

北太阳翼与星体之间也通过固定铰连接，同理也可获得北太阳翼 B_3 运动学递推关系式为

$$\boldsymbol{v}_3 = \boldsymbol{T}_{31} \boldsymbol{v}_1 + \boldsymbol{U}_3 \dot{\boldsymbol{a}}_3 \quad (3.2.2-30)$$

$$\dot{\boldsymbol{v}}_3 = \boldsymbol{T}_{31} \dot{\boldsymbol{v}}_1 + \boldsymbol{U}_3 \dot{\boldsymbol{a}}_3 + \boldsymbol{\beta}_3 \quad (3.2.2-31)$$

式中，$T_{31} = \begin{bmatrix} \boldsymbol{I}_3 & -\tilde{\boldsymbol{\rho}}_1^Q + \tilde{\boldsymbol{\rho}}_3^P \\ 0 & \boldsymbol{I}_3 \\ 0 & 0 \end{bmatrix}$，$U_3 = \begin{bmatrix} \boldsymbol{\rho}_3^P \boldsymbol{A}^3 \boldsymbol{\Psi}_3^{\prime P} - \boldsymbol{A}^3 \boldsymbol{\Phi}_3^{\prime P} \\ -\boldsymbol{A}^3 \boldsymbol{\Psi}_3^{\prime P} \\ \boldsymbol{I}_s \end{bmatrix}$，

$$\boldsymbol{\beta}_3 = \begin{bmatrix} \tilde{\boldsymbol{\omega}}_1 \tilde{\boldsymbol{\omega}}_1 \boldsymbol{\rho}_1^Q + \tilde{\boldsymbol{\omega}}_3 \tilde{\boldsymbol{\omega}}_{r2} \boldsymbol{\rho}_3^P - \tilde{\boldsymbol{\omega}}_3 \tilde{\boldsymbol{\omega}}_3 \boldsymbol{\rho}_3^P - \tilde{\boldsymbol{\omega}}_3 \dot{\boldsymbol{u}}_3^P \\ -\tilde{\boldsymbol{\omega}}_3 \tilde{\boldsymbol{\omega}}_{r3} \boldsymbol{\rho}_3^P \\ 0 \end{bmatrix} 。$$

大小臂组合体与星体采用转动铰连接，其几何关系示意图如图 3 - 10 所示。物体 B_4 浮动坐标系原点矢量为

$$\boldsymbol{r}_4 = \boldsymbol{r}_1 + \boldsymbol{\rho}_1^Q - (\boldsymbol{\rho}_4^{P_0} + \boldsymbol{u}_4^P) \tag{3.2.2-32}$$

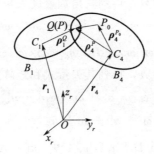

图 3 - 10　星本体与大臂组合体几何关系

式中，$\boldsymbol{\rho}_4^{P_0}$ 为未变形时刻点 P 在 B_4 浮动坐标系中位置矢量，$\boldsymbol{u}_4^P$ 为点 P 变形矢量，$\boldsymbol{\rho}_4^{P_0}$ 为铰 H_4 的铰点 P 未变形时刻相对于物体 B_4 浮动坐标系原点位置矢量。$\boldsymbol{u}_4^P$ 的坐标阵表达式为

$$\boldsymbol{u}_4^P = \boldsymbol{A}_4 \boldsymbol{\Phi}_4^{\prime P} \boldsymbol{a}_4 \tag{3.2.2-33}$$

式中，$\boldsymbol{A}_4$ 为物体 B_4 浮动坐标系方向余弦矩阵，$\boldsymbol{\Phi}_4^{\prime P}$ 为点 P 处平移模态阵，$\boldsymbol{a}_4$ 为模态坐标阵。考虑到上式，式（3.2.2 - 32）的坐标阵式可写为

$$\boldsymbol{r}_4 = \boldsymbol{r}_1 + \boldsymbol{A}^1 \boldsymbol{\rho}_1^Q - \boldsymbol{A}^4 (\boldsymbol{\rho}_4^{P_0} + \boldsymbol{\Phi}_4^{\prime P} \boldsymbol{a}_4) \tag{3.2.2-34}$$

物体 B_4 的角速度的矢量式为

$$\boldsymbol{\omega}_4 = \boldsymbol{\omega}_1 + \boldsymbol{\omega}_{r4} - \boldsymbol{\omega}_{r4}^P \tag{3.2.2-35}$$

式中，$\boldsymbol{\omega}_{r4}$ 为铰链 H_4 相对角速度矢量，$\boldsymbol{\omega}_{r4}^P$ 为变形引起的铰点 P 相对于浮动坐标系角速度矢量。$\boldsymbol{\omega}_{r4}$ 的坐标阵可写为

$$\boldsymbol{\omega}_{r4} = \boldsymbol{H}_4^{\Omega T} \dot{\boldsymbol{q}}_4 \tag{3.2.2-36}$$

$\boldsymbol{\omega}_{r4}^P$ 的坐标阵形式可写为

$$\boldsymbol{\omega}_{r4}^P = \boldsymbol{A}_4 \boldsymbol{\Psi}_4^{\prime P} \dot{\boldsymbol{a}}_4 \tag{3.2.2-37}$$

考虑到以上两式，物体 B_4 角速度坐标阵形式可写为

$$\boldsymbol{\omega}_4 = \boldsymbol{\omega}_1 + \boldsymbol{H}_4^{\Omega T} \dot{\boldsymbol{q}}_4 - \boldsymbol{A}_4 \boldsymbol{\Psi}_4^{\prime P} \dot{\boldsymbol{a}}_4 \tag{3.2.2-38}$$

式（3.2.2 - 34）对时间求一阶导数得到物体 B_4 浮动坐标系原点速度矢量式和矩阵式

分别为

$$\dot{\boldsymbol{r}}_4 = \dot{\boldsymbol{r}}_1 + \boldsymbol{\omega}_1 \times (\boldsymbol{\rho}_1^Q - \boldsymbol{\rho}_4^P) - \boldsymbol{\omega}_{r4} \times \boldsymbol{\rho}_4^P + \boldsymbol{\omega}_{r4}^P \times \boldsymbol{\rho}_4^P - \dot{\boldsymbol{u}}_4^P \qquad (3.2.2-39a)$$

$$\dot{\boldsymbol{r}}_4 = \dot{\boldsymbol{r}}_1 + (-\tilde{\boldsymbol{\rho}}_1^Q - \tilde{\boldsymbol{\rho}}_4^P)\boldsymbol{\omega}_1 + \tilde{\boldsymbol{\rho}}_4^P \boldsymbol{H}_4^{\Omega T} \dot{\boldsymbol{q}}_4 - \tilde{\boldsymbol{\rho}}_4^P \boldsymbol{A}_4 \boldsymbol{\Psi}_4^{\prime P} \dot{\boldsymbol{a}}_4 - \boldsymbol{A}_4 \boldsymbol{\Phi}_4^{\prime P} \dot{\boldsymbol{a}}_4 \quad (3.2.2-39b)$$

记 $\boldsymbol{v}_4 = \begin{bmatrix} \dot{\boldsymbol{r}}_4^T & \boldsymbol{\omega}_4^T & \dot{\boldsymbol{a}}_4^T \end{bmatrix}^T$，$\boldsymbol{v}_1 = \begin{bmatrix} \dot{\boldsymbol{r}}_1^T & \boldsymbol{\omega}_1^T \end{bmatrix}^T$，$\boldsymbol{y}_4 = \begin{bmatrix} \boldsymbol{q}_4 & \boldsymbol{a}_4 \end{bmatrix}^T$，并考虑到式（3.2.2 – 38）和式（3.2.2 – 39）可得

$$\boldsymbol{v}_4 = \boldsymbol{T}_{41} \boldsymbol{v}_1 + \boldsymbol{U}_4 \dot{\boldsymbol{y}}_4 \qquad\qquad (3.2.2-40)$$

式中，$\boldsymbol{T}_{41} = \begin{bmatrix} \boldsymbol{I}_3 & -\tilde{\boldsymbol{\rho}}_1^Q + \tilde{\boldsymbol{\rho}}_4^P \\ 0 & \boldsymbol{I}_3 \\ 0 & 0 \end{bmatrix}$，$\boldsymbol{U}_4 = \begin{bmatrix} \tilde{\boldsymbol{\rho}}_4^P \boldsymbol{H}_4^{\Omega T} & -\tilde{\boldsymbol{\rho}}_4^P \boldsymbol{A}^4 \boldsymbol{\Psi}_4^{\prime P} - \boldsymbol{A}^4 \boldsymbol{\Phi}_4^{\prime P} \\ \boldsymbol{H}_4^{\Omega T} & -\boldsymbol{A}^4 \boldsymbol{\Psi}_4^{\prime P} \\ 0 & \boldsymbol{I}_s \end{bmatrix}$。

对式（3.2.2 – 35）求一阶导数，得到其角加速度矢量式和坐标阵式分别为

$$\dot{\boldsymbol{\omega}}_4 = \dot{\boldsymbol{\omega}}_1 + \boldsymbol{\omega}_1 \times \boldsymbol{\omega}_{r4} - + \dot{\boldsymbol{\omega}}_{r4} \boldsymbol{\omega}_2 \times \boldsymbol{\omega}_{r4}^P - \dot{\boldsymbol{\omega}}_{r4}^P \qquad (3.2.2-41a)$$

$$\dot{\boldsymbol{\omega}}_4 = \dot{\boldsymbol{\omega}}_1 + \tilde{\boldsymbol{\omega}}_1 \boldsymbol{\omega}_{r4} + \boldsymbol{H}_4^{\Omega T} \ddot{\boldsymbol{q}}_4 - \tilde{\boldsymbol{\omega}}_2 \boldsymbol{\omega}_{r4}^P - \boldsymbol{A}^4 \boldsymbol{\Psi}_4^{\prime P} \ddot{\boldsymbol{a}}_4 \qquad (3.2.2-41b)$$

式（3.2.2 – 39）对时间求一阶导数，得到其矢量式和矩阵式分别为

$$\ddot{\boldsymbol{r}}_4 = \ddot{\boldsymbol{r}}_1 + (-\boldsymbol{\rho}_1^Q + \boldsymbol{\rho}_4^P) \times \dot{\boldsymbol{\omega}}_1 - \dot{\boldsymbol{\omega}}_{r4} \times \boldsymbol{\rho}_4^P + \dot{\boldsymbol{\omega}}_{r4} \times \boldsymbol{\rho}_4^P - \ddot{\boldsymbol{u}}_4^P + \boldsymbol{\omega}_1 \times (\boldsymbol{\omega}_1 \times \boldsymbol{\rho}_1^Q - \boldsymbol{\omega}_4 \times \boldsymbol{\rho}_4^P)$$
$$- \boldsymbol{\omega}_{r4} \times \boldsymbol{\omega}_4 \times \boldsymbol{\rho}_4^P + \boldsymbol{\omega}_{r4}^P \times \boldsymbol{\omega}_4 \times \boldsymbol{\rho}_4^P - \boldsymbol{\omega}_4 \times \dot{\boldsymbol{u}}_4^P \qquad (3.2.2-42a)$$

$$\ddot{\boldsymbol{r}}_4 = \ddot{\boldsymbol{r}}_1 + (-\tilde{\boldsymbol{\rho}}_1^Q + \tilde{\boldsymbol{\rho}}_4^P) \dot{\boldsymbol{\omega}}_1 + \tilde{\boldsymbol{\rho}}_4^P \boldsymbol{H}_4^{\Omega T} \ddot{\boldsymbol{q}}_4 - \tilde{\boldsymbol{\rho}}_4^P \boldsymbol{A}^4 \boldsymbol{\Psi}_4^{\prime P} \ddot{\boldsymbol{a}}_4 - \boldsymbol{A}^4 \boldsymbol{\Phi}_4^{\prime P} \ddot{\boldsymbol{a}}_4 + \tilde{\boldsymbol{\omega}}_1 (\tilde{\boldsymbol{\omega}}_1 \boldsymbol{\rho}_1^Q - \tilde{\boldsymbol{\omega}}_4 \boldsymbol{\rho}_4^P)$$
$$- \tilde{\boldsymbol{\omega}}_{r4} \tilde{\boldsymbol{\omega}}_4 \boldsymbol{\rho}_4^P + \tilde{\boldsymbol{\omega}}_{r4}^P \tilde{\boldsymbol{\omega}}_4 \boldsymbol{\rho}_4^P - \boldsymbol{\omega}_4 \dot{\boldsymbol{u}}_4^P \qquad\qquad (3.2.2-42b)$$

根据式（3.2.2 – 41）和式（3.2.2 – 42）可得

$$\begin{bmatrix} \ddot{\boldsymbol{r}}_4 \\ \boldsymbol{\omega}_4 \\ \boldsymbol{a}_4 \end{bmatrix} = \begin{bmatrix} \boldsymbol{I}_3 & -\tilde{\boldsymbol{\rho}}_1^Q + \tilde{\boldsymbol{\rho}}_4^P \\ 0 & \boldsymbol{I}_3 \\ 0 & 0 \end{bmatrix} \begin{bmatrix} \ddot{\boldsymbol{r}}_1 \\ \boldsymbol{\omega}_1 \end{bmatrix} + \begin{bmatrix} \tilde{\boldsymbol{\rho}}_4^P \boldsymbol{H}_4^{\Omega T} & -\tilde{\boldsymbol{\rho}}_4^P \boldsymbol{A}^4 \boldsymbol{\Psi}_4^{\prime P} - \boldsymbol{A}^4 \boldsymbol{\Phi}_4^{\prime P} \\ \boldsymbol{H}_4^{\Omega T} & -\boldsymbol{A}^4 \boldsymbol{\Psi}_4^{\prime P} \\ 0 & \boldsymbol{I}_s \end{bmatrix} \begin{bmatrix} \ddot{\boldsymbol{q}}_4 \\ \ddot{\boldsymbol{a}}_4 \end{bmatrix} +$$

$$\begin{bmatrix} \tilde{\boldsymbol{\omega}}_1 (\tilde{\boldsymbol{\omega}}_1 \boldsymbol{\rho}_1^Q - \tilde{\boldsymbol{\omega}}_4 \boldsymbol{\rho}_4^P) - \tilde{\boldsymbol{\omega}}_{r4} \tilde{\boldsymbol{\omega}}_4 \boldsymbol{\rho}_4^P + \tilde{\boldsymbol{\omega}}_{r4}^P \tilde{\boldsymbol{\omega}}_4 \boldsymbol{\rho}_4^P - \boldsymbol{\omega}_4 \dot{\boldsymbol{u}}_4^P \\ \tilde{\boldsymbol{\omega}}_1 \tilde{\boldsymbol{\omega}}_{r4} - \tilde{\boldsymbol{\omega}}_2 \tilde{\boldsymbol{\omega}}_{r4}^P \\ 0 \end{bmatrix} \qquad (3.2.2-43)$$

可记为

$$\dot{\boldsymbol{v}}_4 = \boldsymbol{T}_{41} \dot{\boldsymbol{v}}_1 + \boldsymbol{U}_4 \ddot{\boldsymbol{y}}_4 + \boldsymbol{\beta}_4 \qquad (3.2.2-44)$$

其中 $\boldsymbol{\beta}_4 = \begin{bmatrix} \tilde{\boldsymbol{\omega}}_1 (\tilde{\boldsymbol{\omega}}_1 \boldsymbol{\rho}_1^Q - \tilde{\boldsymbol{\omega}}_4 \boldsymbol{\rho}_4^P) - \tilde{\boldsymbol{\omega}}_{r4} \tilde{\boldsymbol{\omega}}_4 \boldsymbol{\rho}_4^P + \tilde{\boldsymbol{\omega}}_{r4}^P \tilde{\boldsymbol{\omega}}_4 \boldsymbol{\rho}_4^P - \boldsymbol{\omega}_4 \dot{\boldsymbol{u}}_4^P \\ \tilde{\boldsymbol{\omega}}_1 \tilde{\boldsymbol{\omega}}_{r4} - \tilde{\boldsymbol{\omega}}_2 \tilde{\boldsymbol{\omega}}_{r4}^P \\ 0 \end{bmatrix}$。

根据式（3.2.2 – 14）、式（3.2.2 – 24）、式（3.2.2 – 30）和式（3.2.2 – 40），令 $\boldsymbol{G}_{21} = \boldsymbol{T}_{21} \boldsymbol{G}_{11}$，$\boldsymbol{G}_{22} = \boldsymbol{U}_2$，$\boldsymbol{G}_{31} = \boldsymbol{T}_{31} \boldsymbol{G}_{11}$，$\boldsymbol{G}_{33} = \boldsymbol{U}_3$，$\boldsymbol{G}_{41} = \boldsymbol{T}_{41} \boldsymbol{G}_{11}$，$\boldsymbol{G}_{44} = \boldsymbol{U}_4$，则

$$\begin{bmatrix} \boldsymbol{v}_1 \\ \boldsymbol{v}_2 \\ \boldsymbol{v}_3 \\ \boldsymbol{v}_4 \end{bmatrix} = \begin{bmatrix} \boldsymbol{G}_{11} & 0 & 0 & 0 \\ \boldsymbol{G}_{21} & \boldsymbol{G}_{22} & 0 & 0 \\ \boldsymbol{G}_{31} & 0 & \boldsymbol{G}_{33} & 0 \\ \boldsymbol{G}_{41} & 0 & 0 & \boldsymbol{G}_{44} \end{bmatrix} \begin{bmatrix} \dot{\boldsymbol{q}}_1 \\ \dot{\boldsymbol{a}}_2 \\ \dot{\boldsymbol{a}}_3 \\ \dot{\boldsymbol{y}}_4 \end{bmatrix} \qquad (3.2.2-45)$$

根据式（3.2.2-15）、式（3.2.2-29）、式（3.2.2-31）和式（3.2.2-44），并记 $\boldsymbol{g}_2 = \boldsymbol{T}_{21}\boldsymbol{g}_{11} + \boldsymbol{\beta}_2$，$\boldsymbol{g}_3 = \boldsymbol{T}_{31}\boldsymbol{g}_{11} + \boldsymbol{\beta}_3$，$\boldsymbol{g}_4 = \boldsymbol{T}_{41}\boldsymbol{g}_{11} + \boldsymbol{\beta}_4$，则各物体绝对加速度可表示为

$$\begin{bmatrix} \dot{\boldsymbol{v}}_1 \\ \dot{\boldsymbol{v}}_2 \\ \dot{\boldsymbol{v}}_3 \\ \dot{\boldsymbol{v}}_4 \end{bmatrix} = \begin{bmatrix} \boldsymbol{G}_{11} & 0 & 0 & 0 \\ \boldsymbol{G}_{21} & \boldsymbol{G}_{22} & 0 & 0 \\ \boldsymbol{G}_{31} & 0 & \boldsymbol{G}_{33} & 0 \\ \boldsymbol{G}_{41} & 0 & 0 & \boldsymbol{G}_{44} \end{bmatrix} \begin{bmatrix} \ddot{\boldsymbol{q}}_1 \\ \ddot{\boldsymbol{a}}_2 \\ \ddot{\boldsymbol{a}}_3 \\ \ddot{\boldsymbol{y}}_4 \end{bmatrix} + \begin{bmatrix} \boldsymbol{g}_1 \\ \boldsymbol{g}_2 \\ \boldsymbol{g}_3 \\ \boldsymbol{g}_4 \end{bmatrix} \qquad (3.2.2-46)$$

令 $\boldsymbol{v} = \begin{bmatrix} \boldsymbol{v}_1^{\mathrm{T}} & \boldsymbol{v}_2^{\mathrm{T}} & \boldsymbol{v}_3^{\mathrm{T}} & \boldsymbol{v}_4^{\mathrm{T}} \end{bmatrix}^{\mathrm{T}}$，$\boldsymbol{G} = \begin{bmatrix} \boldsymbol{G}_{11} & 0 & 0 & 0 \\ \boldsymbol{G}_{21} & \boldsymbol{G}_{22} & 0 & 0 \\ \boldsymbol{G}_{31} & 0 & \boldsymbol{G}_{33} & 0 \\ \boldsymbol{G}_{41} & 0 & 0 & \boldsymbol{G}_{44} \end{bmatrix}$，$\boldsymbol{g} = \begin{bmatrix} \boldsymbol{g}_1^{\mathrm{T}} & \boldsymbol{g}_2^{\mathrm{T}} & \boldsymbol{g}_3^{\mathrm{T}} & \boldsymbol{g}_4^{\mathrm{T}} \end{bmatrix}^{\mathrm{T}}$，这样，系

统内各物体的速度和加速度分别为

$$\boldsymbol{v} = \boldsymbol{G}\dot{\boldsymbol{y}}; \quad \dot{\boldsymbol{v}} = \boldsymbol{G}\ddot{\boldsymbol{y}} + \boldsymbol{g} \qquad (3.2.2-47)$$

根据速度变分原理，大臂展开过程中系统动力学方程为

$$\sum_{i=1}^{4} \Delta \boldsymbol{v}_i^{\mathrm{T}}(-\boldsymbol{M}_i \dot{\boldsymbol{v}}_i + \boldsymbol{f}_i) + \Delta P = 0 \qquad (3.2.2-48)$$

其中，$\boldsymbol{v}_i = \begin{bmatrix} \dot{\boldsymbol{r}}_i^{\mathrm{T}} & \boldsymbol{\omega}_i^{\mathrm{T}} & \dot{\boldsymbol{a}}_i^{\mathrm{T}} \end{bmatrix}^{\mathrm{T}}$，$\boldsymbol{M}_i$（$i=1$，2，3，4）为物体 B_i 质量矩阵，$\boldsymbol{f}_i$ 为物体 B_i 上广义惯性力阵、广义外力阵和广义变形力阵之和，ΔP 为铰链位置处摩擦力所做的虚功率。如果利用式（3.2.2-47），且定义 $\boldsymbol{M} = \mathrm{diag}(\boldsymbol{M}_1, \boldsymbol{M}_2, \boldsymbol{M}_3, \boldsymbol{M}_4)$，$\boldsymbol{f} = (\boldsymbol{f}_1^{\mathrm{T}}, \boldsymbol{f}_2^{\mathrm{T}}, \boldsymbol{f}_3^{\mathrm{T}}, \boldsymbol{f}_4^{\mathrm{T}})^{\mathrm{T}}$，式（3.2.2-48）可写为

$$\Delta \boldsymbol{v}^{\mathrm{T}}(-\boldsymbol{M}\dot{\boldsymbol{v}} + \boldsymbol{f}) + \Delta P = 0 \qquad (3.2.2-49)$$

将式（3.2.2-45）代入上式方程，可以获得大臂展开过程中系统动力学方程为

$$\boldsymbol{G}^{\mathrm{T}}\boldsymbol{M}\boldsymbol{G}\ddot{\boldsymbol{y}} = \boldsymbol{G}^{\mathrm{T}}(\boldsymbol{f} - \boldsymbol{M}\boldsymbol{g}) + \boldsymbol{f}_4^{fr} \qquad (3.2.2-50)$$

其中，$\boldsymbol{f}_4^{fr}$ 为转动铰 H_4 处摩擦力矩。

3.2.3　小臂展开动力学

图 3-11 为小臂相对于星体转动示意图及坐标系定义。$O - x_1 y_1 z_1$ 为星本体坐标系，$O - x_2 y_2 z_2$ 和 $O - x_3 y_3 z_3$ 分别为南北太阳翼浮动坐标系，$O - x_4 y_4 z_4$ 为大臂浮动坐标系，$O - x_5 y_5 z_5$ 为小臂和反射器组合体浮动坐标系。小臂展开过程中，星体作刚体假设，南北太阳翼、大臂和小臂反射器组合体均作柔性体假设。

小臂反射器组合体相对于星体转动时，南北太阳翼及大臂均相对于星本体固定，其展开过程中系统拓扑构型如图 3-12 所示。图中 B_0 为虚体，物体 $B_1 \sim B_5$ 分别表示星本体、

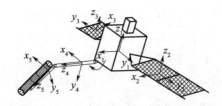

图 3 - 11　小臂展开示意图

南北太阳翼、大臂和小臂反射器组合体。铰链 $H_1 \sim H_3$ 与大臂展开过程中铰链一致，这里不再另行推导。

图 3 - 13 所示为大臂和小臂反射器组合体几何关系。小臂展开过程中，大臂相对于星体固定，与太阳翼固定铰类似，大臂与星体连接铰 H_4 的运动学递推关系可表示为

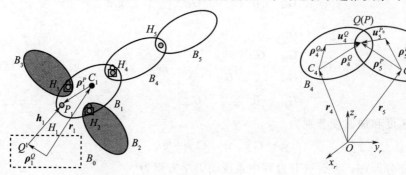

图 3 - 12　小臂展开过程系统拓扑构型示意图　　图 3 - 13　大臂与小臂反射器组合体几何关系

$$
\begin{bmatrix} \boldsymbol{v}_4 \\ \boldsymbol{\omega}_4 \\ \dot{\boldsymbol{a}}_4 \end{bmatrix} = \begin{bmatrix} \boldsymbol{I}_3 & -\tilde{\boldsymbol{\rho}}_4^Q + \tilde{\boldsymbol{\rho}}_4^P \\ 0 & \boldsymbol{I}_3 \\ 0 & 0 \end{bmatrix} \begin{bmatrix} \boldsymbol{v}_1 \\ -\boldsymbol{\omega}_1 \end{bmatrix} + \begin{bmatrix} \tilde{\boldsymbol{\rho}}_4^P \boldsymbol{H}_4^{\Omega\mathrm{T}} & -\tilde{\boldsymbol{\rho}}_4^P \boldsymbol{A}^4 \boldsymbol{\Psi}_4'^P - \boldsymbol{A}^4 \boldsymbol{\Phi}_4'^P \\ \boldsymbol{H}_4^{\Omega\mathrm{T}} & -\boldsymbol{A}^4 \boldsymbol{\Psi}_4'^P \\ 0 & \boldsymbol{I}_s \end{bmatrix} \dot{\boldsymbol{y}}_4 \quad (3.2.3-1)
$$

$$
\begin{bmatrix} \dot{\boldsymbol{r}}_4 \\ \boldsymbol{\omega}_4 \\ \boldsymbol{a}_4 \end{bmatrix} = \begin{bmatrix} \boldsymbol{I}_3 & -\tilde{\boldsymbol{\rho}}_4^Q + \tilde{\boldsymbol{\rho}}_4^P \\ 0 & \boldsymbol{I}_3 \\ 0 & 0 \end{bmatrix} \begin{bmatrix} \dot{\boldsymbol{r}}_1 \\ -\boldsymbol{\omega}_1 \end{bmatrix} + \begin{bmatrix} \tilde{\boldsymbol{\rho}}_4^P \boldsymbol{H}_4^{\Omega\mathrm{T}} & -\tilde{\boldsymbol{\rho}}_4^P \boldsymbol{A}^4 \boldsymbol{\Psi}_4'^P - \boldsymbol{A}^4 \boldsymbol{\Phi}_4'^P \\ \boldsymbol{H}_4^{\Omega\mathrm{T}} & -\boldsymbol{A}^4 \boldsymbol{\Psi}_4'^P \\ 0 & \boldsymbol{I}_s \end{bmatrix} \begin{bmatrix} \ddot{\boldsymbol{q}}_4 \\ \ddot{\boldsymbol{a}}_4 \end{bmatrix}
$$

$$
\begin{bmatrix} \tilde{\boldsymbol{\omega}}_1 (\tilde{\boldsymbol{\omega}}_1 \tilde{\boldsymbol{\rho}}_1^P - \tilde{\boldsymbol{\omega}}_4 \tilde{\boldsymbol{\rho}}_4^P) - \tilde{\boldsymbol{\omega}}_{r4} \tilde{\boldsymbol{\omega}}_4 \boldsymbol{\rho}_4^P + \tilde{\boldsymbol{\omega}}_{r4}^P \tilde{\boldsymbol{\omega}}_4 \boldsymbol{\rho}_4^P - \boldsymbol{\omega}_4 \dot{\boldsymbol{u}}_4^P \\ \tilde{\boldsymbol{\omega}}_1 \boldsymbol{\omega}_{r4} - \tilde{\boldsymbol{\omega}}_2 \boldsymbol{\omega}_{r4} \\ 0 \end{bmatrix} \quad (3.2.3-2)
$$

简写为

$$
\boldsymbol{v}_4 = \boldsymbol{T}_{41} \boldsymbol{v}_1 + \boldsymbol{U}_4 \dot{\boldsymbol{y}}_4 \quad (3.2.3-3a)
$$

$$
\dot{\boldsymbol{v}}_4 = \boldsymbol{T}_{41} \dot{\boldsymbol{v}}_1 + \boldsymbol{U}_4 \ddot{\boldsymbol{y}} + \boldsymbol{\beta}_4 \quad (3.2.3-3b)
$$

接下来，仅需要建立物体 B_5 运动学递推关系。物体 B_5 浮动坐标系原点矢径为

$$
\boldsymbol{r}_5 = \boldsymbol{r}_4 + \boldsymbol{\rho}_4^Q - \boldsymbol{\rho}_5^P \quad (3.2.3-4)
$$

其中，$\boldsymbol{\rho}_4^Q$ 和 $\boldsymbol{\rho}_5^P$ 分别为点 Q 和点 P 相对于各自物体浮动坐标系矢径。物体 B_5 的角速度的

矢量式和矩阵式可分别写为

$$\boldsymbol{\omega}_5 = \boldsymbol{\omega}_4 + \boldsymbol{\omega}_{r4}^Q + \boldsymbol{\omega}_{r4} - \boldsymbol{\omega}_{r5}^P \qquad (3.2.3-5a)$$

$$\boldsymbol{\omega}_5 = \boldsymbol{\omega}_4 + \boldsymbol{A}^4 \boldsymbol{\Psi}_4^Q \ddot{\boldsymbol{a}}_4 + \boldsymbol{H}^{\Omega\mathrm{T}} \dot{\boldsymbol{q}}_5 - \boldsymbol{A}^5 \boldsymbol{\Psi}_5^P \ddot{\boldsymbol{a}}_5 \qquad (3.2.3-5b)$$

式 (3.2.3-4) 对时间求一阶导数，并考虑到式 (3.2.3-5)，可得到其物体 B_5 浮动坐标系原点的速度的矢量式和矩阵式分别为

$$\dot{\boldsymbol{r}}_5 = \dot{\boldsymbol{r}}_4 + \dot{\boldsymbol{\omega}}_4 \times \boldsymbol{\rho}_4^Q - (\boldsymbol{\omega}_4 + \boldsymbol{\omega}_{r4}^Q + \boldsymbol{\omega}_{r4} - \boldsymbol{\omega}_{r5}^P) \boldsymbol{\rho}_5^P \qquad (3.2.3-6a)$$

$$\dot{\boldsymbol{r}}_5 = \dot{\boldsymbol{r}}_4 + (-\tilde{\boldsymbol{\rho}}_4^Q + \tilde{\boldsymbol{\rho}}_5^P)\boldsymbol{\omega}_4 + \tilde{\boldsymbol{\rho}}_5^P \boldsymbol{A}^4 \boldsymbol{\Psi}_4^Q \dot{\boldsymbol{a}}_4 + \tilde{\boldsymbol{\rho}}_5^P \boldsymbol{H}^{\Omega\mathrm{T}} \dot{\boldsymbol{q}}_5 - \tilde{\boldsymbol{\rho}}_5^P \boldsymbol{A}^5 \boldsymbol{\Psi}_5^P \dot{\boldsymbol{a}}_5 \quad (3.2.3-6b)$$

根据式 (3.2.3-5) 和式 (3.2.3-6) 可得

$$\begin{bmatrix} \dot{\boldsymbol{r}}_5 \\ \boldsymbol{\omega}_5 \\ \dot{\boldsymbol{a}}_5 \end{bmatrix} = \begin{bmatrix} \boldsymbol{I}_3 & -\tilde{\boldsymbol{\rho}}_4^Q + \tilde{\boldsymbol{\rho}}_5^P & \tilde{\boldsymbol{\rho}}_5^P \boldsymbol{A}^4 \boldsymbol{\Psi}_4^Q \\ 0 & \boldsymbol{I}_3 & \boldsymbol{A}^4 \boldsymbol{\Psi}_4^Q \\ 0 & 0 & 0 \end{bmatrix} \begin{bmatrix} \dot{\boldsymbol{r}}_4 \\ \dot{\boldsymbol{\omega}}_4 \\ \boldsymbol{a}_4 \end{bmatrix} + \begin{bmatrix} \tilde{\boldsymbol{\rho}}_5^P \boldsymbol{H}^{\Omega\mathrm{T}} & -\tilde{\boldsymbol{\rho}}_5^P \boldsymbol{A}^5 \boldsymbol{\Psi}_5^P \\ \boldsymbol{H}^{\Omega\mathrm{T}} & -\boldsymbol{A}^5 \boldsymbol{\Psi}_5^P \\ 0 & \boldsymbol{I}_s \end{bmatrix} \begin{bmatrix} \dot{\boldsymbol{q}}_5 \\ \boldsymbol{a}_5 \end{bmatrix}$$

$$(3.2.3-7)$$

记 $\boldsymbol{v}_5 = [\boldsymbol{r}_5^\mathrm{T} \quad \boldsymbol{\omega}_5^\mathrm{T} \quad \dot{\boldsymbol{a}}_5^\mathrm{T}]^\mathrm{T}$，$\boldsymbol{v}_4 = [\dot{\boldsymbol{r}}_4^\mathrm{T} \quad \boldsymbol{\omega}_4^\mathrm{T} \quad \boldsymbol{a}_4^\mathrm{T}]^\mathrm{T}$，则

$$\boldsymbol{v}_5 = \boldsymbol{T}_{54} \boldsymbol{v}_4 + \boldsymbol{U}_4 \dot{\boldsymbol{y}}_5 \qquad (3.2.3-8)$$

式 (3.2.3-5) 对时间求一阶导数可得物体 B_5 角加速度矢量式和矩阵式分别为

$$\dot{\boldsymbol{\omega}}_5 = \dot{\boldsymbol{\omega}}_4 + \boldsymbol{\omega}_4 \times \boldsymbol{\omega}_{r4}^Q + \dot{\boldsymbol{\omega}}_{r4}^Q + \dot{\boldsymbol{\omega}}_{r4} - \boldsymbol{\omega}_5 \times \boldsymbol{\omega}_{r5}^P - \dot{\boldsymbol{\omega}}_{r5}^P \qquad (3.2.3-9a)$$

$$\dot{\boldsymbol{\omega}}_5 = \dot{\boldsymbol{\omega}}_4 + \boldsymbol{A}^4 \boldsymbol{\Psi}_4^Q \ddot{\boldsymbol{a}}_4 + \boldsymbol{H}_5^{\Omega\mathrm{T}} \ddot{\boldsymbol{q}}_5 - \boldsymbol{A}^5 \boldsymbol{\Psi}_5^Q \ddot{\boldsymbol{a}}_5 + \tilde{\boldsymbol{\omega}}_4 \boldsymbol{\omega}_{r4}^Q - \tilde{\boldsymbol{\omega}}_5 \boldsymbol{\omega}_{r5}^P \qquad (3.2.3-9b)$$

式 (3.2.3-8) 对时间求一阶导数得到物体 B_5 浮动坐标系原点加速度的矢量式和矩阵式分别为

$$\ddot{\boldsymbol{r}}_5 = \ddot{\boldsymbol{r}}_4 + (-\boldsymbol{\rho}_4^Q + \boldsymbol{\rho}_5^P) \times \dot{\boldsymbol{\omega}}_4 - \dot{\boldsymbol{\omega}}_{r4}^Q \times \boldsymbol{\rho}_5^P - \dot{\boldsymbol{\omega}}_{r4} \times \boldsymbol{\rho}_5^P + \dot{\boldsymbol{\omega}}_{r5}^P \times \boldsymbol{\rho}_5^P + \boldsymbol{\omega}_4 \times \boldsymbol{\omega}_4 \times \boldsymbol{\rho}_4^Q$$
$$- (\boldsymbol{\omega}_4 \times \boldsymbol{\omega}_5 + \boldsymbol{\omega}_{r4}^Q \times \boldsymbol{\omega}_5 + \boldsymbol{\omega}_{r4} \times \boldsymbol{\omega}_5 - \boldsymbol{\omega}_{r5}^P \times \boldsymbol{\omega}_5) \times \boldsymbol{\rho}_5^P \qquad (3.2.3-10a)$$

$$\ddot{\boldsymbol{r}}_5 = \ddot{\boldsymbol{r}}_4 + (-\tilde{\boldsymbol{\rho}}_4^Q + \tilde{\boldsymbol{\rho}}_5^P) \dot{\boldsymbol{\omega}}_4 + \tilde{\boldsymbol{\rho}}_5^P \dot{\boldsymbol{\omega}}_{r4}^Q + \tilde{\boldsymbol{\rho}}_5^P \dot{\boldsymbol{\omega}}_{r4} - \tilde{\boldsymbol{\rho}}_5^P \dot{\boldsymbol{\omega}}_{r5}^P + \tilde{\boldsymbol{\omega}}_4 \tilde{\boldsymbol{\omega}}_4 \boldsymbol{\rho}_4^Q -$$
$$(\tilde{\boldsymbol{\omega}}_4 \tilde{\boldsymbol{\omega}}_5 + \tilde{\boldsymbol{\omega}}_{r4}^Q \tilde{\boldsymbol{\omega}}_5 + \tilde{\boldsymbol{\omega}}_{r4} \tilde{\boldsymbol{\omega}}_5 - \tilde{\boldsymbol{\omega}}_{r5}^P \tilde{\boldsymbol{\omega}}_5) \boldsymbol{\rho}_5^P \qquad (3.2.3-10b)$$

考虑到式 (3.2.3-9) 和式 (3.2.3-10)，得到

$$\dot{\boldsymbol{v}}_5 = \boldsymbol{T}_{54} \dot{\boldsymbol{v}}_4 + \boldsymbol{U}_4 \ddot{\boldsymbol{y}}_5 + \boldsymbol{\beta}_5 \qquad (3.2.3-11)$$

其中，$\boldsymbol{\beta}_5 = \begin{bmatrix} \tilde{\boldsymbol{\omega}}_4 \tilde{\boldsymbol{\omega}}_4 \boldsymbol{\rho}_4^Q - (\tilde{\boldsymbol{\omega}}_4 \tilde{\boldsymbol{\omega}}_5 + \tilde{\boldsymbol{\omega}}_{r4}^Q \tilde{\boldsymbol{\omega}}_5 + \tilde{\boldsymbol{\omega}}_{r4} \tilde{\boldsymbol{\omega}}_5 - \tilde{\boldsymbol{\omega}}_{r5}^P \tilde{\boldsymbol{\omega}}_5) \boldsymbol{\rho}_5^P \\ \tilde{\boldsymbol{\omega}}_4 \boldsymbol{\omega}_{r4}^Q - \tilde{\boldsymbol{\omega}}_5 \boldsymbol{\omega}_{r5}^P \\ 0 \end{bmatrix}$。

相应地，系统内各物体运动递推关系可表示为

$$\begin{bmatrix} \boldsymbol{v}_1 \\ \boldsymbol{v}_2 \\ \boldsymbol{v}_3 \\ \boldsymbol{v}_4 \\ \boldsymbol{v}_5 \end{bmatrix} = \begin{bmatrix} \boldsymbol{G}_{11} & 0 & 0 & 0 & 0 \\ \boldsymbol{G}_{21} & \boldsymbol{G}_{22} & 0 & 0 & 0 \\ \boldsymbol{G}_{31} & 0 & \boldsymbol{G}_{33} & 0 & 0 \\ \boldsymbol{G}_{41} & 0 & 0 & \boldsymbol{G}_{44} & 0 \\ \boldsymbol{G}_{51} & 0 & 0 & \boldsymbol{G}_{54} & \boldsymbol{G}_{55} \end{bmatrix} \begin{bmatrix} \dot{\boldsymbol{q}}_1 \\ \dot{\boldsymbol{a}}_2 \\ \dot{\boldsymbol{a}}_3 \\ \dot{\boldsymbol{a}}_4 \\ \dot{\boldsymbol{y}}_4 \end{bmatrix} \qquad (3.2.3-12)$$

$$\begin{bmatrix} \dot{\boldsymbol{v}}_1 \\ \dot{\boldsymbol{v}}_2 \\ \dot{\boldsymbol{v}}_3 \\ \dot{\boldsymbol{v}}_4 \\ \dot{\boldsymbol{v}}_5 \end{bmatrix} = \begin{bmatrix} \boldsymbol{G}_{11} & 0 & 0 & 0 & 0 \\ \boldsymbol{G}_{21} & \boldsymbol{G}_{22} & 0 & 0 & 0 \\ \boldsymbol{G}_{31} & 0 & \boldsymbol{G}_{33} & 0 & 0 \\ \boldsymbol{G}_{41} & 0 & 0 & \boldsymbol{G}_{44} & 0 \\ \boldsymbol{G}_{51} & 0 & 0 & \boldsymbol{G}_{54} & \boldsymbol{G}_{55} \end{bmatrix} \begin{bmatrix} \ddot{\boldsymbol{q}}_1 \\ \ddot{\boldsymbol{a}}_2 \\ \ddot{\boldsymbol{a}}_3 \\ \ddot{\boldsymbol{a}}_4 \\ \ddot{\boldsymbol{y}}_4 \end{bmatrix} + \begin{bmatrix} \boldsymbol{g}_1 \\ \boldsymbol{g}_2 \\ \boldsymbol{g}_3 \\ \boldsymbol{g}_4 \\ \boldsymbol{g}_5 \end{bmatrix} \qquad (3.2.3-13)$$

其中，

$\boldsymbol{G}_{11} = \boldsymbol{G}_{11}$，$\boldsymbol{g}_1 = \boldsymbol{g}_{11}$；

$\boldsymbol{G}_{21} = \boldsymbol{T}_{21}\boldsymbol{T}_{11}$，$\boldsymbol{G}_{22} = \boldsymbol{U}_2$，$\boldsymbol{g}_2 = \boldsymbol{T}_{21}\boldsymbol{g}_{11} + \boldsymbol{\beta}_2$；

$\boldsymbol{G}_{31} = \boldsymbol{T}_{31}\boldsymbol{T}_{11}$，$\boldsymbol{G}_{33} = \boldsymbol{U}_3$，$\boldsymbol{g}_3 = \boldsymbol{T}_{31}\boldsymbol{g}_{11} + \boldsymbol{\beta}_3$；

$\boldsymbol{G}_{41} = \boldsymbol{T}_{41}\boldsymbol{T}_{11}$，$\boldsymbol{G}_{44} = \boldsymbol{U}_4$，$\boldsymbol{g}_4 = \boldsymbol{T}_{41}\boldsymbol{g}_{11} + \boldsymbol{\beta}_4$；

$\boldsymbol{G}_{51} = \boldsymbol{T}_{54}\boldsymbol{T}_{41}$，$\boldsymbol{G}_{54} = \boldsymbol{T}_{54}\boldsymbol{U}_4$，$\boldsymbol{G}_{55} = \boldsymbol{U}_5$，$\boldsymbol{g}_5 = \boldsymbol{T}_{54}\boldsymbol{T}_{41}\boldsymbol{g}_{11} + \boldsymbol{T}_{54}\boldsymbol{\beta}_4 + \boldsymbol{\beta}_5$。

即运动学递推关系可表示为

$$\boldsymbol{v} = \boldsymbol{G}\ddot{\boldsymbol{y}}; \ \dot{\boldsymbol{v}} = \boldsymbol{G}\ddot{\boldsymbol{y}} + \boldsymbol{g} \qquad (3.2.3-14)$$

根据速度变分原理，可得小臂展开多体系统动力学方程

$$\boldsymbol{G}^{\mathrm{T}}\boldsymbol{M}\boldsymbol{G}\ddot{\boldsymbol{y}} = \boldsymbol{G}^{\mathrm{T}}(\boldsymbol{f} - \boldsymbol{M}\boldsymbol{g}) + \boldsymbol{f}_5^{fr} \qquad (3.2.3-15)$$

其中，$\boldsymbol{M}$ 为系统质量矩阵，$\ddot{\boldsymbol{y}}$ 为系统广义坐标阵，$\boldsymbol{f}$ 为广义惯性力阵，$\boldsymbol{f}_5^{fr}$ 为转动铰 H_5 处广义阻力矩阵。质量矩阵 $\boldsymbol{M}$ 的表达式

$$\boldsymbol{M} = \begin{bmatrix} \boldsymbol{M}_1 & & & & \\ & \boldsymbol{M}_2 & & & \\ & & \boldsymbol{M}_3 & & \\ & & & \boldsymbol{M}_4 & \\ & & & & \boldsymbol{M}_5 \end{bmatrix} \qquad (3.2.3-16)$$

3.2.4　大小臂展开动力学逆问题的求解

在进行伸展臂展开动力学仿真前，输入数据往往是伸展臂初始位置和最终位置，这时就需要根据大小伸展臂初始和终了位置制定大小臂展开运动学规律，接下来根据该运动规律和展开过程阻力通过动力学逆问题解法确定大小臂展开控制力矩，以便为电动机选型提供必要设计参数。之后再根据该控制力矩计算大臂展开过程中星体各类运动学和动力学参数，经反复多次迭代后，确定大小臂展开过程力矩最佳控制规律。

为了保证大小臂展开过程平稳，待控制参数往往选择大小臂相对于星体的相对角速度和加速度。与基于绝对坐标的笛卡儿方法相比，基于铰相对坐标的递推方法在解决星体浮动情况下航天器附件相对运动问题方面具有简单、便捷的优势。

根据上面几节，树状拓扑的大小臂展开动力学方程均可写作如下形式

$$\boldsymbol{Z}\ddot{\boldsymbol{y}} = \boldsymbol{z} \qquad (3.2.4-1)$$

式中，$\boldsymbol{Z}$，$\boldsymbol{z}$ 分别为系统广义质量矩阵和广义力阵，$\boldsymbol{y} = (\boldsymbol{y}_1^{\mathrm{T}} \cdots \boldsymbol{y}_N^{\mathrm{T}})^{\mathrm{T}}$，$\boldsymbol{y}_i = (\boldsymbol{q}_i^{\mathrm{T}} \ \boldsymbol{a}_i^{\mathrm{T}})^{\mathrm{T}}$，$\boldsymbol{q}_i$ 为

铰 H_i 相对坐标，a_i 为柔性体模态坐标，N 为物体个数。以大臂展开动力学为例，根据大臂展开控制力矩虚功率原理，可以确定大臂展开广义外力 u_4 在动力学方程中对应的位置。

$$\begin{bmatrix} Z_{11} & Z_{12} & Z_{13} & Z_{14} & Z_{15} \\ Z_{21} & Z_{15} & Z_{15} & Z_{15} & Z_{15} \\ Z_{31} & Z_{15} & Z_{15} & Z_{15} & Z_{15} \\ Z_{41} & Z_{15} & Z_{15} & Z_{15} & Z_{15} \\ Z_{51} & Z_{15} & Z_{15} & Z_{15} & Z_{55} \end{bmatrix} \begin{bmatrix} \ddot{q}_1 \\ \ddot{a}_2 \\ \ddot{a}_3 \\ \ddot{q}_4 \\ \ddot{a}_4 \end{bmatrix} = \begin{bmatrix} z_1 \\ z_2 \\ z_3 \\ z_4 \\ z_5 \end{bmatrix} + \begin{bmatrix} 0 \\ 0 \\ 0 \\ u_4 \\ 0 \end{bmatrix} \qquad (3.2.4-2)$$

式中，q_1 为星体与当地轨道坐标系间虚铰的广义坐标，a_2 和 a_3 分别为描述太阳翼弹性变形的模态坐标，q_4 为大臂组合体相对于星体转动铰广义坐标，a_4 为描述大臂组合体弹性变形的模态坐标。对式（3.2.4-2）进行变换，可以得到

$$\begin{bmatrix} Z_{11} & Z_{12} & Z_{13} & 0 & Z_{15} \\ Z_{21} & Z_{15} & Z_{15} & 0 & Z_{15} \\ Z_{31} & Z_{15} & Z_{15} & 0 & Z_{15} \\ Z_{41} & Z_{42} & Z_{43} & -1 & Z_{45} \\ Z_{51} & Z_{15} & Z_{15} & 0 & Z_{55} \end{bmatrix} \begin{bmatrix} \ddot{q}_1 \\ \ddot{a}_2 \\ \ddot{a}_3 \\ u_4 \\ \ddot{a}_4 \end{bmatrix} = \begin{bmatrix} z_1 \\ z_2 \\ z_3 \\ z_4 \\ z_5 \end{bmatrix} - \begin{bmatrix} z_{14} \\ z_{24} \\ z_{34} \\ z_{44} \\ z_{54} \end{bmatrix} \ddot{q}_4 \qquad (3.2.4-3)$$

这样已知大臂展开运动学规律 $\ddot{q}_4$，就可以根据上式求解广义控制外力矩 u_4 时间历程。由于 u_4 为广义外力矩，接下来还需要将其转换为作用在大臂关节位置处的真实外力矩。

根据虚功率原理，大臂位置处外力矩所做功率为

$$\Delta P = \Delta \boldsymbol{\omega}_4 \cdot \boldsymbol{M}_4 - \Delta \boldsymbol{\omega}_3 \cdot \boldsymbol{M}_4 = \Delta \dot{\boldsymbol{q}}_4 M_4 \qquad (3.2.4-4)$$

由此可知，$\boldsymbol{M}_4 = u_4$，说明计算获得的广义外力矩即为大臂转动铰链位置处的真实驱动力矩，小臂展开动力学控制力矩计算方法与上式相同。

为了在仿真时获得大小臂展开过程中铰链驱动力或力矩，还需要进一步将铰链位置处驱动力或者力矩转换为作用在物体上的外力或外力矩。仍以大臂展开过程为例，作用在大臂上真实的外力矩在大臂体坐标系上坐标阵为

$$\boldsymbol{M}_D^i = (\boldsymbol{B}_i^P \boldsymbol{C}_i^P) \begin{bmatrix} 0 & \boldsymbol{M}_4 & 0 \end{bmatrix}^T \qquad (3.2.4-5)$$

式中，$\boldsymbol{B}_i^P$ 为大臂变形引起的点 P 处单元坐标系相对于大臂体坐标系方向余弦矩阵，$\boldsymbol{C}_i^P$ 为大臂展开过程中根部铰链动坐标系相对于大臂浮动坐标系的余弦矩阵。作用在星体的外力矩在星体坐标系上的坐标阵可表示为

$$\boldsymbol{M}_D = (\boldsymbol{C}_j^Q) \begin{bmatrix} 0 & -\boldsymbol{M}_4 & 0 \end{bmatrix}^T \qquad (3.2.4-6)$$

式中，$\boldsymbol{C}_j^Q$ 为根部铰链本地坐标系相对于星本体连体坐标系方向余弦矩阵。

大臂回转和小臂转动过程中动力学逆问题求解方法与大臂转动过程动力学逆问题求解方法类似，这里不再一一细述。

3.3　反射器展开机构动力学建模

3.3.1　反射器展开机构坐标系定义与基本假设

仍以 AstroMesh 为例，天线反射器是由 152 根桁架杆件、30 个 T 型铰链、30 个同步齿轮铰链、30 个斜杆锁定铰链、1 根斜杆拉索和 2 个电动机、几千根网索、拉索和一片金属网面构成的复杂闭环机构系统。为了开展天线反射器展开动力学仿真，首先需要在吃透其工作原理和设计特点的基础上，将天线反射器物理模型模化为多体动力学模型，这一工作包括物体的定义、铰链和约束等效、系统拓扑关系的确定等。

采用递推算法对天线反射器桁架展开动力学进行建模，需要选择合适的切断铰将闭环反射器桁架结构转变为等效的树状拓扑结构。图 3-14 为任意一个反射器单元拓扑构型示意图。从该图可以看出，每个单元有两个闭环组成。根据前文，反射器铰链包括转动铰和滑移铰两种类型，经过分析，决定选择上横杆 $B_{(i-1)*5+1}$ 与竖杆 $B_{(i-1)*5+3}$ 及 $B_{(i-1)*5+3}$ 与竖杆 $B_{(i-1)*5+5}$ 间的转动铰作为切断铰。在 30 个单元的天线反射器机构中，共有像这样的切断铰 60 个，还有单元间的切断铰 3 个（见图 3-14），共计有 63 个切断铰。

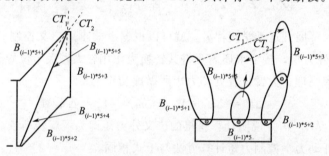

（a）单个闭环桁架单元的切断铰示意图　　　（b）单个闭环桁架单元拓扑构型

图 3-14　单个桁架单元切断铰示意图

3.3.1.1　反射器参考坐标系定义

根据星载大型天线各部件坐标系定义，小臂展开到位时其坐标系如图 3-15 所示。为便于描述展开过程中反射器桁架构型，建立反射器桁架展开参考坐标系如图 3-16 所示。

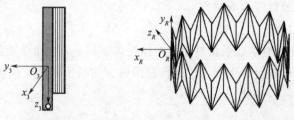

图 3-15　小臂参考坐标系示意图　　　图 3-16　反射器展开参考坐标系

反射器参考坐标系、第一个单元的面坐标系及其各部件坐标系如图 3-17 所示，图中

$\theta = 360° / (30 \times 2) = 6°$。

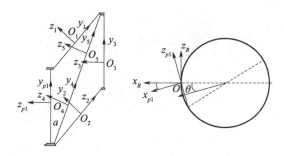

图 3-17　第一个反射器桁架坐标系定义

3.3.1.2　基本假设

天线反射器展开动力学建模前，作如下假设：

1）反射器单元各部件共面且满足尺寸链封闭原则；

2）铰链由硬度较大金属制成，天线展开期间其铰链变形可忽略；

3）反射器桁架杆件和铰链数量较多，制造和装配误差使得铰链间隙呈随机分布状态，暂不考虑铰链位置处的间隙；

4）反射器展开过程中斜杆中拉索纵向伸长可忽略。

3.3.2　反射器传动机构力学模型

3.3.2.1　传动机构工作原理与铰链定义

反射器传动机构主要由三类铰链组成：同步齿轮铰链、T 型五杆铰链和斜杆滑移铰链。图 3-18 为同步齿轮铰链原理图。从该图可以看出，同步齿轮铰链主要由铰链框架、同步齿轮副、横杆和竖杆组成，其中两同步齿轮分别与两横杆固结，而异面同步圆锥齿轮相对于该铰链框架存在相对转动。

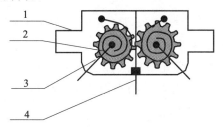

图 3-18　同步齿轮铰链构造

1—铰链框架；2—同步齿轮副；3—横杆；4—竖杆

同步齿轮铰链包括两个位于齿轮轴与铰链框架之间的转动铰约束、一个同步齿轮副啮合约束、一对被动卷簧以及控制卷簧释放速度的擒纵调速机构。图 3-19 为同步齿轮铰链工作原理示意图。

图 3-20 为 T 型五杆铰链示意图。T 型五杆铰链主要由五个转动铰组成，主要起到连接横杆和斜杆，使相连横杆到位自锁及使拉索穿过的功能，同时在斜杆与五杆铰链连

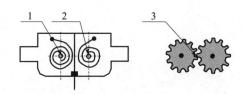

图 3-19　同步齿轮铰链

1—第一个转动铰；2—第二个转动铰；3—同步齿轮副

接位置处还设有防跳线装置，可使拉索时刻处于张紧状态，避免拉索松弛而与铰链发生缠绕。

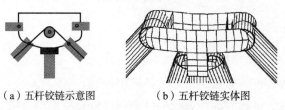

（a）五杆铰链示意图　　　　（b）五杆铰链实体图

图 3-20　T 型五杆铰链示意图

斜杆锁紧铰链主要由滑移铰和到位锁紧机构两部分组成，其结构示意图参见图 3-21。

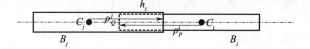

图 3-21　斜杆锁紧铰链示意图

3.3.2.2　同步齿轮铰链力学模型

同步齿轮铰链内安装有一对模数齿数均相同的圆锥齿轮，以确保反射器桁架各单元按照同一速度展开。图 3-22 为同步齿轮工作原理示意图。根据齿轮啮合原理，两齿轮在啮合位置切向速度相等

$$\omega_1 R = \omega_2 R \qquad (3.3.2-1)$$

式中，ω_1，ω_2 为同步齿轮相对于反射器竖杆 B_j（$j=1$，…，30）转动角速度，R 为同步齿轮节圆半径。由于同步齿轮 1（左边齿轮）为物体 B_i 一部分，同步齿轮 2（右边同步齿轮）为物体 B_k 的一部分，因此

$$\dot{q}_j - \dot{q}_k = 0 \qquad (3.3.2-2)$$

对上式求一阶导数，可以获得加速度形式的同步齿轮约束方程

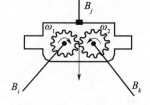

图 3-22　同步齿轮示意图

$$\ddot{q}_j - \ddot{q}_k = 0 \qquad (3.3.2-3)$$

由于平行四边形对角相等，物体 148 与物体 1 之间的同步齿轮约束成为反射器桁架冗余约束。

天线反射器桁架共由 30 个桁架单元组成，则系统的同步齿轮约束方程组为

$$
\begin{bmatrix}
\dot{q}_3 - \dot{q}_6 \\
\vdots \\
\dot{q}_{5\times(30-2)+3} - \dot{q}_{5\times(30-2)+6} \\
\dot{q}_{5\times(30-1)+3} - \dot{q}_1
\end{bmatrix}
=
\begin{bmatrix}
0 \\
0 \\
\vdots \\
0
\end{bmatrix}
\tag{3.3.2-4}
$$

由于 30 个反射器桁架单元最终组成一个大闭环机构，且每个平行四边形桁架单元对角相等，因此物体 $B_{(30-1)\times5+2}$ 与物体 $B_{(30-1)\times5+3}$ 之间的同步齿轮约束和物体 $B_{(30-1)\times5+3}$ 与物体 B_1 之间的同步齿轮约束彼此冗余。消除冗余约束后，反射器桁架的同步齿轮约束方程组由 29 个同步齿轮约束方程组成

$$
\begin{bmatrix}
\dot{q}_3 - \dot{q}_6 \\
\vdots \\
\dot{q}_{5\times(30-2)+3} - \dot{q}_{5\times(30-2)+6}
\end{bmatrix}
\tag{3.3.2-5}
$$

根据上式可以获得系统的同步齿轮约束方程组的雅可比矩阵为

$$
\boldsymbol{\Phi}_{gc} =
\begin{bmatrix}
0 & 0 & 1 & 0 & 0 & 1 & 0 & 0 & 0 & 0 & 0 & 0 & 0 & \cdots & 0 \\
\vdots & \vdots & \vdots & \vdots & \vdots & \vdots & \vdots & \vdots & \vdots & \vdots & \vdots & \vdots & \vdots & & \vdots \\
0 & 0 & 0 & 0 & 0 & 0 & \cdots & 0 & 1 & 0 & 0 & 1 & 0 & \cdots &
\end{bmatrix},\quad
\boldsymbol{\gamma}_{gc} =
\begin{bmatrix}
0 \\
\vdots \\
0
\end{bmatrix}
\tag{3.3.2-6}
$$

3.3.3　绳索驱动机构建模

前面已经提到反射器桁架展开过程可分为两个阶段：第一阶段，反射器在同步齿轮内卷簧作用下展开至一定角度，卷簧驱动力矩不足于继续驱动反射器展开时，反射器桁架展开停止；第二阶段，电动机启动，并拖动反射器斜杆中的拉索通过滑轮将力施加在反射器桁架上，使反射器按照预定规律持续展开到锁定位置。在实际设计中，主动拉索沿着斜杆从头至尾贯穿整个反射器桁架。图 3-23 为反射器展开过程中拉索滑轮相互作用示意图。图中 T_{k-1}、T_k 为第 $k-1$ 段、第 k 段拉索张力，θ_1 为展开过程中反射器斜杆与竖杆夹角，v 为拉索收纳速度。

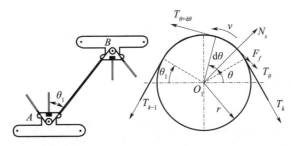

图 3-23　反射器展开过程中拉索滑轮相互作用示意图

假设绳索不可伸长，则绳索张力计算公式

$$
T(\theta + \mathrm{d}\theta)\cos\mathrm{d}\theta - f_\theta - T(\theta) = \rho_l \mathrm{d}s\ddot{l}
\tag{3.3.3-1}
$$

$$T(\theta + \mathrm{d}\theta)\sin\mathrm{d}\theta = N_s + \rho_l\mathrm{d}s\frac{\dot{l}^2}{r} \qquad (3.3.3-2)$$

式中，$\ddot{l}$ 和 $\dot{l}$ 为索的加速度和速度，r 为滑轮的半径，ρ_l 为拉索线密度。根据库伦摩擦定律

$$f_\theta = \mu_d N_s \qquad (3.3.3-3)$$

根据式 (3.3.3-1) 和式 (3.3.3-2)，获得

$$T(\theta + \mathrm{d}\theta)\cos\mathrm{d}\theta - T(\theta) - \mu_d\left[T(\theta + \mathrm{d}\theta)\sin\mathrm{d}\theta - \rho_l s\frac{\dot{l}^2}{r}\right] = \rho_l\mathrm{d}s\ddot{l} \quad (3.3.3-4)$$

两边同除以 $\mathrm{d}\theta$，由于 $\mathrm{d}\theta \rightarrow 0$，因此 $\cos\mathrm{d}\theta \approx 1$，$\dfrac{\sin\mathrm{d}\theta}{\mathrm{d}\theta} \approx 1$，$\mathrm{d}s = r\mathrm{d}\theta$，上式可以变为

$$\frac{\mathrm{d}T}{\mathrm{d}(\mu T + \rho r\ddot{l} - \mu\rho\dot{l}^2)} = \mathrm{d}\theta \qquad (3.3.3-5)$$

对上式积分

$$\int_{T_k}^{T_{k-1}} \frac{\mathrm{d}T}{\mathrm{d}(\mu T + \rho r\ddot{l} - \mu\rho\dot{l}^2)} = \int_{\theta_1}^{\pi - \theta_1} \mathrm{d}\theta \qquad (3.3.3-6)$$

则

$$T_{k-1} = \frac{\mathrm{e}^{\mu(\pi - 2\theta_1)}\ (\mu T_k + \rho\ddot{l} - \mu\rho\dot{l}^2)\ - \rho\ddot{l} + \mu\rho\dot{l}^2}{\mu} \qquad (3.3.3-7)$$

由于绳索线密度较小，且与绳索张力相比，与天线惯性有关的项可以忽略，于是

$$T_k = \mathrm{e}^{-\mu(\pi - 2\theta_1)} T_{k-1} \qquad (3.3.3-8)$$

如果计及跨线轮带来的阻力，则

$$T_k = \mathrm{e}^{-\mu(\pi - 2\theta_1)} T_{k-1} - F_z \qquad (3.3.3-9)$$

式中，F_z 为绳索跨线轮阻力。摩擦力合力矩为

$$M_f = T_{k-1}r - T_k r \qquad (3.3.3-10)$$

摩擦力合力矩对反射器桁架的贡献是使反射器桁架滑轮转动，对反射器桁架展开过程影响很小，可忽略。将拉索作用在天线反射器上力投影到物体局部坐标系上，如图 3-24 所示。图 3-24 中，α 为两个相邻桁架单元之间的夹角，α 等于 $360°/N$，N 为天线反射器单元数量。图 3-24 (a) 中奇数单元中物体 B_3 受到沿其体坐标系 $+X$ 轴方向的分力

$$F_X = -F_{P_2}\sin\alpha = -T_2\sin\theta\sin\alpha \qquad (3.3.3-11)$$

物体 B_3 受到沿其体坐标系 $+Y$ 轴方向分力

$$F_Y = -(T_1\cos\theta_1 + T_2\cos\theta_1) \qquad (3.3.3-12)$$

物体 B_3 受到沿其体坐标系 $+Z$ 轴方向分力

$$F_Z = T_1\sin\theta_1 - T_2\sin\theta_1\cos\alpha \qquad (3.3.3-13)$$

图 3-24 (b) 为偶数编号单元中间竖杆受力分析示意图。与图 3-24 (a) 相比，可以发现偶数单元中竖杆所受 $+Y$ 轴方向分力与奇数单元方向相反。

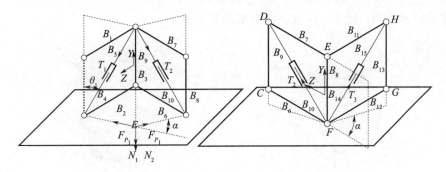

（a）奇数单元绳索滑轮受力分析　　　（b）偶数单元绳索滑轮受力分析

图 3-24　绳索滑轮受力分析

图 3-25 为绳索驱动阶段反射器桁架两个单元的所受绳索张力示意图。图中将反射器桁架受到的绳索拉力进行了分解，可以看出沿竖杆方向的 F_{d1} 与 F_{d2} 形成了一对力偶，起到了驱动反射器桁架展开的作用，而 F_{R1} 与 F_{R2} 为指向反射器上下桁架面几何中心的径向力，起到阻碍反射器展开的作用，而切向力 F_{r1} 和 F_{r2} 相差不大，且方向相反，对反射器展开过程影响不大。

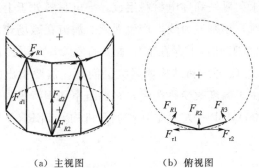

（a）主视图　　　　　　（b）俯视图

图 3-25　绳索驱动情况下反射器桁架单元受力分析示意图

3.3.4　调速控制机构力学模型

为了避免卷簧快速释放引起反射器展开速度过快，导致反射器展开过程故障，需要对反射器展开速度进行调节。目前常用的速度调节机构主要有黏性阻尼器、涡流阻尼器和库伦摩擦耗能装置，此外擒纵调速装置也可视为一种特殊的调速耗能机构。这里仅对黏性阻尼器、涡流阻尼器和擒纵调速机构等调速耗能装置进行介绍。

3.3.4.1　黏性阻尼器

黏性阻尼器利用黏性液体流动耗能原理，增大展开过程机械部件运动阻力，降低机械部件运动速度。黏性阻尼器具有结构形式简单、阻力矩与展开速度成比例、不牺牲初始时刻驱动力矩和不影响展开后天线动力学特性的特点，但同时也存在着液体泄漏、容易受到污染和温度敏感等问题，特别是如果所选液体具有挥发性时，密闭不良情况下挥发物还会对太阳翼和精密仪器光学表面造成不良影响。天线展开过程中大量使用转动铰链，相应地旋转类黏性阻尼器主要包括流液孔式阻尼器和剪切式阻尼器。图 3-26 为流液孔式黏性阻尼器工作原理示意图。图 3 - 27 为黏性阻尼器实物图。

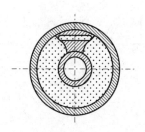

图 3 - 26　黏性阻尼器工作原理图　　　　　图 3 - 27　黏性阻尼器实物图

　　目前这类阻尼器在多颗卫星展开机构中得到应用，例如 TOPEX - Posedion 卫星和"火星环球勘探者"（Mars Global Surveyor）的高增益天线展开机构，月球勘探者（Lunar Prospector）悬臂展开机构，地球观测一号卫星和 TIMED 探测器的太阳翼展开机构，见文献［20］。

3.3.4.2　涡流阻尼器

　　涡流阻尼器主要由永久磁铁和导电材料组成，导电材料处于上下磁极相对产生的磁场中间。当导电材料运动时，切割磁力线，产生涡流。涡流在磁场作用下产生与相对速度成比例的阻尼力（矩）。涡流阻尼器不存在液体泄漏的危险，并可提供与速度成线性关系的阻尼力（矩），但是存在漏磁可能和结构质量大的问题。需要指出的是，涡流阻尼器性能同样受温度影响，这是由于温度改变将影响材料电阻率和润滑膜黏性。目前该型阻尼器已经用于 GEOSAT 卫星和 DMSP - 16 卫星悬臂展开机构，TERRA 卫星太阳翼展开机构等空间机构，见文献［20］。

3.3.4.3　擒纵调速机构

　　擒纵调速机构是通过等时或不等时机械内撞击强制调节部件运动速度的机构，具有布置紧凑、能承受大过载等优点，但同时也存在零部件众多、机构复杂和撞击位置处润滑困难的缺点。

　　图 3 - 28 为等时间间隔叉瓦式擒纵调速机构原理图。擒纵机构主要由擒纵轮、擒纵叉、限位钉、游丝和摆轮等部件组成。摆轮和游丝主要用于控制系统的振动频率，擒纵叉则起到按照游丝摆轮振动周期控制擒纵轮间歇作用的目的。限位钉安装在支撑框架上，用于限制擒纵叉摆动角度。擒纵轮通过擒纵叉将外部能量通过撞击和单面约束补充给摆轮，使之摆动不息，同时擒纵轮转轴又与展开机构转轴固连，使之做有规律的间隙运动，进而将空间机构的运动速度控制在设计范围内，避免其运动过快导致展开故障。由于机构的动能在不断间歇运动中增减，使空间系统总机械能不断减小，因此擒纵调速机构从本质上可归为靠撞击和机构摩擦耗散系统机械能的一类阻尼装置。

　　擒纵调速机构半个周期的运动可以分为四个阶段：自由振动阶段、擒纵轮释放阶段、传冲阶段、第二次自由振动阶段。1）自由振动阶段：从摆轮的最大振幅位置至其上圆盘钉与擒纵叉叉槽发生碰撞前瞬间，此时摆轮与擒纵机构没有联系；2）释放阶段：从摆轮

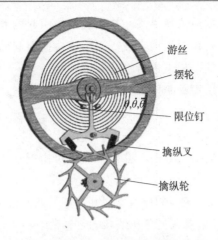

图 3-28 叉瓦式擒纵调速机构

上圆盘钉接触擒纵叉叉槽到擒纵叉齿面与擒纵叉进瓦前棱重合为止，这段时间内圆盘钉与擒纵叉右侧叉槽发生碰撞；3）传冲阶段：从擒纵轮齿尖与进瓦前棱接触到进瓦后棱与擒纵轮齿面脱离，在该阶段，擒纵轮会通过擒纵叉进瓦和自身齿面向擒纵叉传递一个冲量，进而把能量补充给摆轮游丝系统，同时由于擒纵叉的传冲作用，圆盘钉从擒纵叉槽右侧切换到擒纵叉槽左侧，因此将发生一次碰撞，碰撞结束后圆盘钉在擒纵叉槽内滑动，这样擒纵叉的转动和摆轮的摆动就相互耦合，使系统拓扑构型发生改变；4）第二次自由振动阶段：从擒纵轮另一轮齿与擒纵叉出瓦碰撞到摆轮摆动至另一侧最大振幅位置。

从擒纵机构工作过程可以看出，擒纵调速机构的运动不仅是一个变拓扑的多体系统动力学过程，而且是一个包含大量复杂碰撞冲击的动力学过程。图 3-29 为半个周期内擒纵机构碰撞示意图。

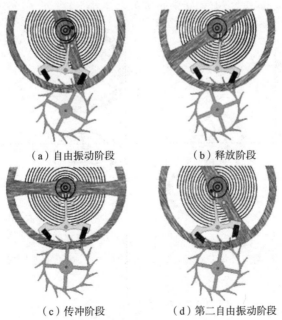

（a）自由振动阶段   （b）释放阶段

（c）传冲阶段   （d）第二自由振动阶段

图 3-29 擒纵机构半周期状态

为了便于建模，忽略释放阶段擒纵叉与擒纵轮碰撞引起的静后退角和动后退角，并假定各部件均为刚体，碰撞在极短时间内完成，不考虑碰撞引起的弹性振动。这样，擒纵机构动力学过程可以按照以下简化模型进行描述：

1) $0 \sim t_1$ 阶段，摆轮自由振动阶段，擒纵轮处于静止状态。

2) $t_1 \sim t_s$ 阶段，擒纵轮在卷簧作用下转动，当擒纵轮转动一定角度时，受到擒纵叉冲击，速度跳变为零。

3) $t_s \sim t_2$ 阶段，摆轮与擒纵叉分离，进入第二次自由振动阶段，此时擒纵轮处于静止状态。

假设在同步齿轮铰链内部安装控制反射器展开速度的调速机构，图 3-30 为同步齿轮调速机构示意图。初始时刻螺线卷簧片处于压缩状态，卷簧的一端与竖杆相连，另一端与同步齿轮相连，同步齿轮通过一组传动轮系和齿轴将卷簧弹性势能传递给擒纵调速机构的齿轴。齿轴带动擒纵轮在游丝摆轮控制系统作用下，以一个振动周期转动一个角周节的速度转动。

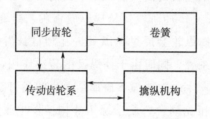

图 3-30　反射器调速机构示意图

图 3-31 为同步齿轮擒纵调速机构原理图。同步齿轮经过传动轮系的增速传动（传动比一般可达 4 000 以上），将力矩传递到擒纵轮位置处。假设同步齿轮到擒纵轮的传动比为 z，则擒纵轮转动角度和同步齿轮转动角度的关系为

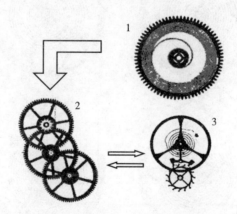

图 3-31　同步齿轮调速机构原理图
1—卷簧和同步齿轮；2—传动轮系；3—擒纵调速机构

$$\theta_{SG} = \frac{1}{z} \theta_{EW} \qquad (3.3.4-1)$$

式中，θ_{SG} 为每个周期内同步齿轮转动角度，θ_{EW} 为每个振动周期擒纵轮转动角度。这样通

过传动轮系和擒纵机构就将快速释放的同步齿轮转动运动转变为每个周期转动 θ_{SG}/z 的相对匀速运动，从而保证反射器平稳展开。需要指出的是，当同步齿轮转动时受到较大的阻力矩时，其转动角速度将会明显降低。

根据以上分析可知，天线同步齿轮的工作具有间歇动作连续工作特性。同时应该注意到，同步齿轮传动线的地位相当于钟表机构的指针传动线，这使得其转动不仅受到卷簧驱动机构的影响，还受到展开机构阻力和其他驱动力（例如拉索驱动力）的影响。以上所述为固定周期擒纵机构调速工作原理，实际工程中还经常采用无固定周期擒纵机构对物体转动速度进行调节，例如机械式航空开伞器和星载 SAR 可展开膜状天线调速控制机构等。

需要指出的是，天线反射器桁架机构由 30 个同步齿轮铰链组成，每个同步齿轮铰链包括 2 个这样的擒纵调速机构，因此共有 60 个这样的擒纵调速机构，由于制造和装配误差，这些调速机构的振动周期可能存在一定的差距，但由于同步齿轮副的存在，天线反射器各单元仍以近乎相同的角速度展开。

3.3.5　展开到位锁定机构

反射器到位锁定机构主要出现于 T 型五杆自锁铰链和斜杆间接头位置处。T 型五杆自锁铰链的自锁结构由铰链架体伸出臂与横杆自锁接头构成。当横杆展开到位时，两端柱销弹出，依靠压簧弹力卡于自锁铰链架伸出臂与自锁铰链接头间，完成限位锁紧功能。

图 3-32 为斜杆锁紧机构组成示意图。反射器展开到位后，斜杆中锁定机构将启动，使反射器锁定成为一个构型不变的结构。从该图可以看出，锁定机构主要由外斜杆、内斜杆、锁定滑块、压簧、限位块和缓冲阻尼件组成。

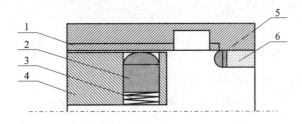

图 3-32　锁定机构结构示意图

1—外斜杆；2—锁定滑块；3—压簧；4—内斜杆；5—限位块；6—缓冲阻尼件

图 3-33 为斜杆锁定机构动作过程原理示意图。当斜杆运动至锁定位置时，内斜杆将与限位块发生撞击，限位块压缩阻尼和弹性材料将内外斜杆相对速度减小为零，同时压缩锁定块使之进入外斜杆凹槽，使反射器锁定。

鉴于反射器展开到位锁定动作对反射器展开动力学影响不大，因此这里不再建立其锁定过程力学模型。

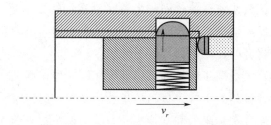

图 3 - 33　斜杆锁紧装置工作状态示意图

3.3.6　天线展开动力学方程

　　天线反射器是由多个桁架单元组成的多闭环系统，在进行反射器多体系统动力学建模时，需要将闭环切断，将系统等价为含切断铰约束的树状开环系统，如图 3 - 34 所示。从图中可看出，展开过程中星载大型天线系统可以模化为 154 个物体组成的多体系统。由于反射器展开阶段星载大型天线模化后物体、铰链数量众多，拓扑构型复杂，因此需要编写相应软件系统才能实现反射器在轨展开多体动力学仿真求解。

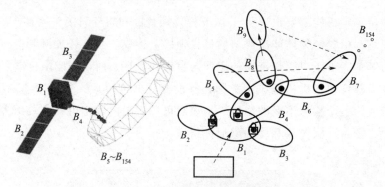

图 3 - 34　反射器展开阶段星载大型天线拓扑构型

　　反射器展开过程整星多体系统动力学方程可写为

$$
\begin{bmatrix} \boldsymbol{G}^{\mathrm{T}}\boldsymbol{MG} & \boldsymbol{\Phi}_{cj}^{\mathrm{T}} & \boldsymbol{\Phi}_{gc}^{\mathrm{T}} \\ \boldsymbol{\Phi}_{cj} & 0 & 0 \\ \boldsymbol{\Phi}_{gc} & 0 & 0 \end{bmatrix} \begin{bmatrix} \dot{\boldsymbol{q}} \\ \boldsymbol{\gamma}_{cj} \\ \boldsymbol{\gamma}_{gc} \end{bmatrix} = \begin{bmatrix} \boldsymbol{z}+\boldsymbol{f}^{ey} \\ \boldsymbol{\gamma}_{cj} \\ 0 \end{bmatrix} \qquad (3.3.6-1)
$$

式中，$\boldsymbol{G}^{\mathrm{T}}\boldsymbol{MG}$ 为系统广义质量阵，$\boldsymbol{\Phi}_{cj}$ 为切断铰约束方程雅可比矩阵，$\boldsymbol{z}$ 为动力学方程右端项，$\boldsymbol{f}^{ey}$ 为非理想约束力阵，$\boldsymbol{\Phi}_{gc}$ 为同步齿轮约束雅可比矩阵，$\boldsymbol{\gamma}_{cj}$ 为切断铰约束方程二阶导数的右端项。

3.3.7　收拢状态构型奇异问题

　　图 3 - 35 为反射器单个桁架单元示意图。选择 P（Q）位置处转动铰作为切断铰，相应地其约束方程可以写为

$$
\boldsymbol{C}(q,t) = \begin{bmatrix} \boldsymbol{n}_1 \cdot [\boldsymbol{r}_P - \boldsymbol{r}_Q = \boldsymbol{r}_{OM} + \boldsymbol{r}_{MP} - (\boldsymbol{r}_{ON} + \boldsymbol{r}_{NS} + \boldsymbol{r}_{SO_3} + \boldsymbol{r}_{O_3Q})]] \\ \boldsymbol{n}_2 \cdot [\boldsymbol{r}_P - \boldsymbol{r}_Q = \boldsymbol{r}_{OM} + \boldsymbol{r}_{MP} - (\boldsymbol{r}_{ON} + \boldsymbol{r}_{NS} + \boldsymbol{r}_{SO_3} + \boldsymbol{r}_{O_3Q})]] \end{bmatrix} = \begin{bmatrix} 0 \\ 0 \end{bmatrix} \quad (3.3.7-1)
$$

式中，$\boldsymbol{n}_1 = \begin{bmatrix} 0 & 1 & 0 \end{bmatrix}^{\mathrm{T}}$，$\boldsymbol{n}_2 = \begin{bmatrix} 0 & 0 & 1 \end{bmatrix}^{\mathrm{T}}$。根据图 3 - 35，各矢量的坐标阵表达式为

$$\boldsymbol{r}_{OM} = \begin{bmatrix} 0 \\ L_1 \\ -c \end{bmatrix}, \boldsymbol{r}_{MP} = \begin{bmatrix} 1 & 0 & 0 \\ 0 & \cos\theta_1 & -\sin\theta_1 \\ 0 & \sin\theta_1 & \cos\theta_1 \end{bmatrix} \begin{bmatrix} 0 \\ L_3 \\ 0 \end{bmatrix}, \boldsymbol{r}_{ON} = \begin{bmatrix} 0 \\ -L_2 \\ -a \end{bmatrix},$$

$$\boldsymbol{r}_{NS} = \begin{bmatrix} 1 & 0 & 0 \\ 0 & \cos\theta_2 & -\sin\theta_2 \\ 0 & \sin\theta_2 & \cos\theta_2 \end{bmatrix} \begin{bmatrix} 0 \\ L_3 \\ 0 \end{bmatrix}, \boldsymbol{r}_{SO_3} = \begin{bmatrix} 1 & 0 & 0 \\ 0 & \cos(\theta_2 + \theta_3) & -\sin(\theta_2 + \theta_3) \\ 0 & \sin(\theta_2 + \theta_3) & \cos(\theta_2 + \theta_3) \end{bmatrix} \begin{bmatrix} 0 \\ -L_1 \\ -c \end{bmatrix}$$

$$\boldsymbol{r}_{O_3Q} = \begin{bmatrix} 1 & 0 & 0 \\ 0 & \cos(\theta_2 + \theta_3) & -\sin(\theta_2 + \theta_3) \\ 0 & \sin(\theta_2 + \theta_3) & \cos(\theta_2 + \theta_3) \end{bmatrix} \begin{bmatrix} 0 \\ -L_2 \\ a \end{bmatrix} \tag{3.3.7 - 2}$$

这样其约束方程可以写为

$$\boldsymbol{C}(q,t) = \begin{bmatrix} \boldsymbol{n}_1 \cdot (\boldsymbol{r}_{MP} - \boldsymbol{r}_{NS}) \\ \boldsymbol{n}_2 \cdot (\boldsymbol{r}_{MP} - \boldsymbol{r}_{NS}) \end{bmatrix} \tag{3.3.7 - 3}$$

代入后整理得到

$$\boldsymbol{C}(q,t) = \begin{bmatrix} L_1 + L_2 + L_3\cos\theta_1 - L_3\cos\theta_2 - (L_1 + L_2)\cos(\theta_2 + \theta_3) + (a - c)\sin(\theta_2 + \theta_3) \\ -(c - a) + L_3\sin\theta_1 - L_3\sin\theta_2 - (L_1 + L_2)\sin(\theta_2 + \theta_3) - (a - c)\cos(\theta_2 + \theta_3) \end{bmatrix}$$

$$\tag{3.3.7 - 4}$$

其约束雅可比矩阵

$$\boldsymbol{C}(q,t) = \begin{bmatrix} -L_3\sin\theta_1 & L_3\sin\theta_2 + (L_1 + L_2)\sin(\theta_2 + \theta_3) + (a - c)\cos(\theta_2 + \theta_3) & (L_1 + L_2)\sin(\theta_2 + \theta_3) + (a - c)\cos(\theta_2 + \theta_3) \\ L_3\cos\theta_1 & -L_3\cos\theta_2 - (L_1 + L_2)\cos(\theta_2 + \theta_3) + (a - c)\sin(\theta_2 + \theta_3) & -(L_1 + L_2)\cos(\theta_2 + \theta_3) + (a - c)\sin(\theta_2 + \theta_3) \end{bmatrix}$$

$$\tag{3.3.7 - 5}$$

从上式可以看出，当满足 $a = c$，且 $\theta_1 = \theta_2 = -\theta_3 = 0$ 条件时，切断铰约束方程约束雅可比矩阵为

$$\boldsymbol{C}(q,t) = \begin{bmatrix} 0 & 0 & 0 \\ L_3 & -L_3 - L_1 - L_2 & -L_1 - L_2 \end{bmatrix} \tag{3.3.7 - 6}$$

此时约束雅可比矩阵奇异，将导致反射器展开动力学方程（3.3.6 - 1）无法求解。

根据图 3 - 35，反射器收拢位置与反射器机构奇异位置的夹角满足如下关系

$$\alpha = \arctan\frac{a - c}{L_1 + L_2} \tag{3.3.7 - 7}$$

由于天线反射器桁架收拢位置非常接近反射器桁架奇异位置，如果直接将切断铰约束方程代入动力学方程（3.3.6 - 1）的左端，那么在求解该动力学方程时将出现左边矩阵接近奇异的情况，降低数值仿真精度。奇异点在机构设计中又被称为死点，电动机驱动机构设计时需要尽力避免在该点出现零速度。初始时刻反射器桁架展开速度等于零，且非常接近奇异点位置，因此为避免反射器桁架在初始时刻卡滞在奇异点位置，采用卷簧作为其展开运动的启动动力源，以克服初始时刻较大的静摩擦力。为避免小展开角动力学方程数值积分发散，需要采取措施解决小展开角情况下方程左端系数矩阵数值性态差问题。

对于奇异构型引起的雅可比矩阵亏秩问题，已经提出了很多解决方案，如罚函数法、

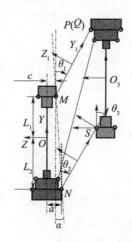

图 3 - 35　单个反射器桁架单元示意图

约束稳定和违约修正结合的方法，这些方法虽能处理运动过程中系统构型奇异问题，但面对初始时刻静止状态下系统构型奇异问题却难以凑效。从数值上看，初始位置雅可比矩阵奇异意味着系统出现额外的冗余约束，如果采用选独立坐标的数值算法，直接去除这些"冗余约束"，则相当于增加了系统的自由度，这需要计算机从多种运动可能性中将需要的真实运动自动选择出来。由于初始位置为静止状态，难以提供自动选择所需要的有效信息。为了解决这个问题，本节将从天线反射器设计角度，引入基于几何的替代约束解决大型天线初始位置雅可比矩阵奇异及展开过程中系数矩阵条件数大等问题。

为了保证天线反射器能够正常展开，反射器每个桁架单元需要设计成为平行四边形机构。根据平行线基本原理，存在

$$\dot{q}_{5 \cdot (i-1)+4} = \dot{q}_{5 \cdot (i-1)+5} = -\dot{q}_{5 \cdot (i-1)+6} \tag{3.3.7-8}$$

根据上式可以形成替代约束雅可比矩阵

$$\boldsymbol{\Phi}_{Td} = \begin{bmatrix} 0 & \cdots & 1 & -1 & 0 & \cdots & 0 \\ 0 & \cdots & 0 & 1 & 1 & \cdots & 0 \end{bmatrix} \tag{3.3.7-9}$$

替代约束矩阵的右端项为

$$\boldsymbol{\gamma}_{Td} = \begin{bmatrix} 0 \\ 0 \end{bmatrix} \tag{3.3.7-10}$$

对原切断铰雅可比矩阵进行分块

$$\boldsymbol{\Phi}_q = \begin{bmatrix} \boldsymbol{\Phi}_{Sq} \\ \boldsymbol{\Phi}_{NSq} \\ \boldsymbol{\Phi}_{SGq} \end{bmatrix}, \boldsymbol{\gamma} = \begin{bmatrix} \boldsymbol{\gamma}_{Sq} \\ \boldsymbol{\gamma}_{NSq} \\ \boldsymbol{\gamma}_{SGq} \end{bmatrix} \tag{3.3.7-11}$$

式中，$\boldsymbol{\Phi}_{Sq}$ 为奇异雅可比矩阵，$\boldsymbol{\Phi}_{NSq}$ 为非奇异雅可比矩阵，$\boldsymbol{\Phi}_{SGq}$ 为同步齿轮约束雅可比矩阵。用 $\boldsymbol{\Phi}_{Td}$ 代替 $\boldsymbol{\Phi}_{Sq}$，$\boldsymbol{\gamma}_{Td}$ 代替 $\boldsymbol{\gamma}_{Sq}$，形成新的雅可比矩阵

$$\boldsymbol{\Phi}'_d = \begin{bmatrix} \boldsymbol{\Phi}_{Td} \\ \boldsymbol{\Phi}_{NSq} \\ \boldsymbol{\Phi}_{SGq} \end{bmatrix}, \boldsymbol{\gamma}' = \begin{bmatrix} \boldsymbol{\gamma}_{Td} \\ \boldsymbol{\gamma}_{NSq} \\ \boldsymbol{\gamma}_{SGq} \end{bmatrix} \tag{3.3.7-12}$$

得到新的动力学方程

$$
\begin{bmatrix}
\boldsymbol{G}^{\mathrm{T}}\boldsymbol{MG} & \boldsymbol{\Phi}_{Td}^{\mathrm{T}} & \boldsymbol{\Phi}_{NSq}^{\mathrm{T}} & \boldsymbol{\Phi}_{SGq}^{\mathrm{T}} \\
\boldsymbol{\Phi}_{Td} & 0 & 0 & 0 \\
\boldsymbol{\Phi}_{NSq} & 0 & 0 & 0 \\
\boldsymbol{\Phi}_{SGq} & 0 & 0 & 0
\end{bmatrix}
\begin{bmatrix}
\ddot{\boldsymbol{q}} \\
\boldsymbol{\lambda}_{Sq} \\
\boldsymbol{\lambda}_{NSq} \\
\boldsymbol{\lambda}_{SGq}
\end{bmatrix}
=
\begin{bmatrix}
\boldsymbol{z}+\boldsymbol{f}^{ey} \\
\boldsymbol{\gamma}_{Td} \\
\boldsymbol{\gamma}_{NSq} \\
0
\end{bmatrix}
\qquad (3.3.7-13)
$$

利用上式求出 $\ddot{\boldsymbol{q}}$ 后，将其代入上式第 1 行，整理后得到

$$
\boldsymbol{G}^{\mathrm{T}}\boldsymbol{MG}\,\ddot{\boldsymbol{q}} + \boldsymbol{\Phi}_q^{\mathrm{T}}\boldsymbol{\lambda} = \boldsymbol{z}+\boldsymbol{f}^y \qquad (3.3.7-14)
$$

上式各项分别左乘 $\boldsymbol{\Phi}_q$，并按照式（3.3.7-11）展开，整理后得到

$$
\begin{bmatrix}
\boldsymbol{\Phi}_{Sq}\boldsymbol{\Phi}_{Sq}^{\mathrm{T}} & \boldsymbol{\Phi}_{Sq}\boldsymbol{\Phi}_{NSq}^{\mathrm{T}} & \boldsymbol{\Phi}_{Sq}\boldsymbol{\Phi}_{SGq}^{\mathrm{T}} \\
\boldsymbol{\Phi}_{NSq}\boldsymbol{\Phi}_{Sq}^{\mathrm{T}} & \boldsymbol{\Phi}_{NSq}\boldsymbol{\Phi}_{NSq}^{\mathrm{T}} & \boldsymbol{\Phi}_{NSq}\boldsymbol{\Phi}_{NSq}^{\mathrm{T}} \\
\boldsymbol{\Phi}_{SGq}\boldsymbol{\Phi}_{Sq}^{\mathrm{T}} & \boldsymbol{\Phi}_{SGq}\boldsymbol{\Phi}_{NSq}^{\mathrm{T}} & \boldsymbol{\Phi}_{SGq}\boldsymbol{\Phi}_{NSq}^{\mathrm{T}}
\end{bmatrix}
\begin{bmatrix}
\boldsymbol{\lambda}_{Sq} \\
\boldsymbol{\lambda}_{NSq} \\
\boldsymbol{\lambda}_{SGq}
\end{bmatrix}
=
\begin{bmatrix}
\boldsymbol{\Phi}_{Sq} \\
\boldsymbol{\Phi}_{NSq} \\
\boldsymbol{\Phi}_{SGq}
\end{bmatrix}
(\boldsymbol{z}+\boldsymbol{f}^{ey}-\boldsymbol{G}^{\mathrm{T}}\boldsymbol{MG}\,\ddot{\boldsymbol{q}})
$$

$$
(3.3.7-15)
$$

利用上式求出切断铰约束拉格朗日乘子，经变换后再根据虚功率原理解出各铰链位置约束反力。

参 考 文 献

[1] 黄真，刘婧芳，李艳文.150 年机构自由度的通用公式问题 [J].燕山大学学报，2011，35 (1)：1-14.

[2] 周志成，曲广吉.通信卫星总体设计与动力学分析 [M].北京：中国科学技术出版社，2012.

[3] 董富祥，周志成，曲广吉.星载大型天线展开过程多体系统动力学建模仿真 [C].航天与力学高峰论坛论文集，2011：378-388.

[4] 董富祥，周志成，曲广吉.星载大型天线反射器桁架展开动力学建模仿真 [J].航天器工程，2012，21 (4)：26-31.

[5] 董富祥，周志成，曲广吉.大型天线展开多体动力学与故障对策仿真 [C].2013 全国结构振动与动力学学术研讨会，广州，2013：131-137.

[6] 董富祥.星载大型天线展开过程多体动力学建模及典型故障模式处理对策仿真研究 [R].北京：中国空间技术研究院博士后出站报告，2013.

[7] 陈道明，王力田，汪一飞.通信卫星有效载荷技术 [M].北京：中国宇航出版社，2001.

[8] 王丽娜，王兵，周贤伟，黄旗明.卫星通信系统 [M].北京：国防工业出版社，2006.

[9] 叶云裳.航天器天线 [M].北京：中国科学技术出版社，2007.

[10] 王援朝译.应用于 Ku 和 Ka 波段商业卫星的 AstroMeshTM 可展开反射器 [J].通信与测控，2005，109：55-64.

[11] 吴宗泽.机械零件设计手册 [M].北京：机械工业出版社，2010.

[12] 肖勇.环形可展开大型卫星天线结构设计与研究 [D].西安：西北工业大学，2001.

[13] 顾晓勤，刘延柱.空间机械臂动力学与控制研究进展 [J].力学进展，1997.

[14] 赵孟良，关富玲.考虑摩擦的周边桁架式可展开天线动力学分析 [J].空间科学学报，2006，26 (3)：220-226.

[15] 宋剑鸣，冀有志，袁民，肖勇.北斗天线展开电动机及齿轮减速机构地面试验 [J].空间电子技术，2001 (1)：111-120.

[16] 蒋寿良.东方红三号卫星通信卫星天线展开机构及展开试验 [J].空间电子技术，1994 (3)：67-70.

[17] 萧治平，许可本，孙学锋，等.钟表技术 [M].北京：中国轻工业出版社，2008.

[18] 于登云，杨建中.航天器机构技术 [M].北京：中国科学技术出版社，2011.

[19] Robert L. F. NASA Space mechanisms handbook [M].Ohio：Glenn Research Center，1999.

[20] 徐青华，刘立平.航天器展开机构阻尼器技术概述 [J].航天器环境工程，2007，24 (4)：239-243.

[21] 茅健，傅裕.机械手表擒纵机构动力学分析与仿真 [J].机械科学与技术，2011，30 (9)：1561-1568.

[22] Bayo E，Avello A. Singularity-free augmented Lagrangian algorithms for constrained multibody dynamics [J].Nonlinear Dynamics.1994 (5)：209-231.

[23] Bayo E，Ledesma R. Augmented Lagrangian and mass-orthogonal projection methods for constrained multibody dynamics [J].Nonlinear Dynamics，1996 (9)：113-130.

[24] 齐朝晖，许永生，方慧青.多体系统中的冗余约束 [J].力学学报，2011，43 (2)：390-399.

第4章　空间大型桁架式天线展开过程仿真

前面两章对空间大型天线多体动力学理论模型进行了介绍，本章将主要介绍空间大型周边桁架式网状天线展开过程数值仿真。在开展大型网状天线展开动力学仿真时，面临两个基本问题：动力学模型选择和输入参数的获取。根据研究关注点的不同，需要选择合理假设条件和相应动力学模型。在研究在轨环境下反射器展开过程中星体姿态变化时，松弛状态的索网对反射器展开动力学的影响较小，一般可以忽略，但在研究索网桁架防缠绕方案时，则必须将索网的柔性变形考虑在内。根据研究关注点的不同，选择合理动力学模型后，还面临着动力学方程基本输入参数的获取问题。鉴于实际工程问题的复杂性，这些参数中有些可以通过试验测量的方法直接获取，例如物体的质量、惯量和几何尺寸特性等物理参数，而另外一些还需要对部件进行等效、参数辨识和模型修正，并反复多次才能确定较为合理的力学参数，例如开展基于混合坐标的柔性多体动力学仿真时需要物体的有限元模型，而网状天线有限元模型的获取就需要对非线性铰链、拉索作合理的等效与修正。

本章将结合算例开展大型天线伸展臂正逆问题数值仿真，研究反射器桁架在被动卷簧和主动拉索作用下展开动力学过程，并对对仿真结果进行分析。

4.1　星载大型天线支撑臂展开动力学仿真

4.1.1　大臂展开过程动力学仿真

（1）基本参数

大小臂和反射器展开过程中星体与太阳翼始终固连，因此整个天线展开过程中它们之间的拓扑关系定义亦保持不变。但伸展臂展开过程中卫星与伸展臂之间的连接拓扑关系则不断发生变化，例如大臂展开过程中，大臂、小臂与反射器捆束在一起，可以将它们模化为一个物体；大臂回转时，大臂基座相对于星体不动，可以将大臂基座作为一个物体，而大小臂作为另一个物体进行处理；小臂展开过程中，需要将大臂单独模化为一个物体，小臂和反射器作为一个物体。假设展开过程铰链阻力矩为 10 N·m，到位时锁定力矩达 15 N·m。

根据大小臂有限元模型，可以获得大小臂展开过程中各物体的基频如表 4-1 所示。从该表可以看出，星体基频较高，可视为刚体，南北太阳翼基频较低，可视为柔性体，约束状态下大小臂与反射器组合体基频也较低，展开过程中也可将其作为刚体或柔性体。

表 4-1　支撑臂展开过程中各部件基频

星体/Hz	南北太阳翼/Hz	大小臂与反射器组合体/Hz
14.5	0.11	0.60

大臂展开过程初始构型及各物体坐标系定义如图 4-1 所示。为了确保输入数据的合理性，采用将大臂展开到位时天线有限元模型的质量、惯量特性及铰链信息通过几何变换方法切到初始位置，进而获得初始时刻大小臂和反射器组合体质量、惯量特性和铰链基本数据。

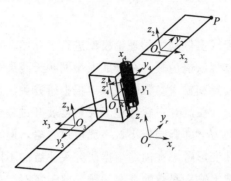

图 4-1　大臂展开过程各物体坐标系定义及初始构型

展开过程中将太阳翼作为柔性体考虑，取其前六阶模态，其前六阶模态形状如图 4-2 所示，其各阶频率如表 4-2 所示。可以看出，太阳翼第 1、3、5 阶振型表现为外弯，第 2 阶振型表现为内弯，第 4、6 阶振型表现为扭转。

表 4-2　太阳翼前六阶模态频率

阶次	频率/Hz	阶次	频率/Hz
1	0.11	4	0.76
2	0.26	5	1.88
3	0.67	6	2.52

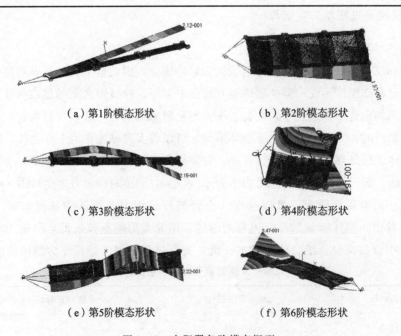

（a）第1阶模态形状　　　　　　　（b）第2阶模态形状

（c）第3阶模态形状　　　　　　　（d）第4阶模态形状

（e）第5阶模态形状　　　　　　　（f）第6阶模态形状

图 4-2　太阳翼各阶模态振型

大臂展开过程中将大小臂及反射器组合体作为柔性体假设时，考虑其前 8 阶模态，其各阶模态频率如表 4-3 所示。

表 4-3　大小臂及反射器组合体前 8 阶模态频率

阶次	频率/Hz	阶次	频率/Hz
1	0.59	5	1.84
2	0.93	6	4.32
3	1.07	7	5.73
4	1.28	8	6.86

（2）大臂展开过程中运动规律

参照以往伸展臂展开设计经验，大小臂展开过程中运动规律如图 4-3 所示。可以看出，为了保证伸展臂无冲击平稳展开到位，大臂组合体采用匀加速、匀速、匀减速、匀速和再匀减速的方式设计运动规律。线性加减速方式的采用有利于降低控制系统设计难度，保证机构运动的可靠性。根据图 4-3，大臂组合体角速度可表达为下述形式

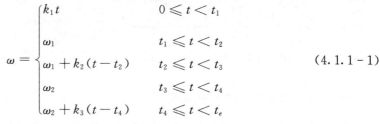

$$\omega = \begin{cases} k_1 t & 0 \leqslant t < t_1 \\ \omega_1 & t_1 \leqslant t < t_2 \\ \omega_1 + k_2(t - t_2) & t_2 \leqslant t < t_3 \\ \omega_2 & t_3 \leqslant t < t_4 \\ \omega_2 + k_3(t - t_4) & t_4 \leqslant t < t_e \end{cases} \qquad (4.1.1-1)$$

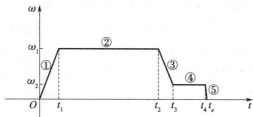

图 4-3　大臂展开角速度时间历程曲线

根据国内外经验，ω_1 取 0.05r/min，ω_2 取 0.02r/min，结合图 4-3，可以确定大小臂展开时间如表 4-4 所示。

表 4-4　大臂展开、回转和小臂展开时间　　　　　　　　　　（单位：s）

	t_1	t_2	t_3	t_4	t_e
大臂转动	10	297	303	333	336
大臂回转	10	288.2	294.2	324.2	327.2
小臂转动	10	442	448	478	481

根据大臂展开过程角速度时间历程曲线，可以通过数值积分和差分方法获得大臂展开角和角加速度时间历程曲线，然后根据动力学逆问题求解方法可以获得大臂展开过程中大

臂驱动力矩时间历程，进而根据大臂驱动力矩时间历程，进行大臂展开动力学正问题仿真。

（3）大臂转动过程动力学仿真

根据式（4.1.1-1）大臂展开运动学规律，将各物体均作刚体假设，可获得的大臂展开驱动力矩时间历程曲线如图4-4所示。根据逆问题计算获得的大臂展开控制力矩变化规律，对大臂展开过程进行动力学仿真。图4-5为将太阳翼及大臂组合体均作为刚体和均作为柔性体时大臂展开角度时间历程曲线，从图中可以看出两种假设获得的展开角度时间历程曲线基本吻合。

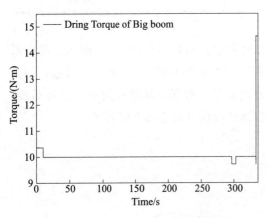

图4-4　大臂驱动力矩时间历程曲线　　　　图4-5　大臂展开角度时间历程曲线

图4-6和图4-7分别为大臂展开过程中大臂组合体和星体角速度时间历程曲线。从图4-7可以看出，大臂展开过程中星体姿态不控情况下星体沿其俯仰轴方向角速度变化最大，这主要是由于大臂沿星体+Y轴展开角速度变化最大，根据角动量守恒原理，相应地使星体在俯仰轴方向角速度发生较大变化。但由于星体+Y轴与整星惯量主轴方向尚存在一定偏差，因此大臂展开过程中星体角速度在滚动和偏航方向也存在一定分量。

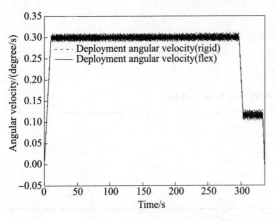

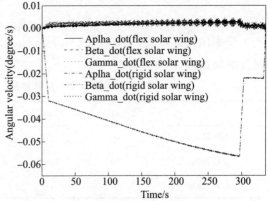

图4-6　大臂展开角速度时间历程曲线　　　　图4-7　星体姿态角速度时间历程曲线

图4-8为大臂展开过程中星体姿态不控情况下星体姿态角时间历程曲线。从该图可

以看出，大臂展开过程中星体不控情况下，星体沿俯仰轴方向最大转动角度将超过 14°，在设计卫星姿控系统时需要对姿态敏感器感知范围进行校核。

图 4 - 9 为大臂展开过程中整星动量时间历程曲线，从图中可以看出大臂展开过程中整星总动量保持不变，这验证了本算例数值仿真结果的合理性。

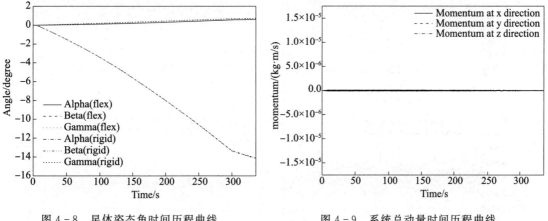

图 4 - 8　星体姿态角时间历程曲线　　　　　图 4 - 9　系统总动量时间历程曲线

图 4 - 10 为大臂展开过程中南太阳翼与星体连接位置约束反力和约束反力矩时间历程曲线。从该图可以看出，大臂展开过程中南太阳翼与星体间 3 个方向最大约束反力均小于 0.01 N，南太阳翼与星体间 3 个方向的最大约束反力矩均小于 0.1 N·m。由于南北太阳翼关于星本体对称布置，大臂展开过程中南北太阳翼所受到的约束反力和反力矩都不大。

4.1.2　大臂回转过程动力学仿真

（1）基本参数

大臂组合体回转过程中，其回转底座与星体固定，大臂组合体相对于大臂底座回转，如图 4 - 11 所示。图 4 - 12 为大小臂与反射器组合体（不含大臂基座）一阶振型，可以看出该阶振型与大臂回转方向一致，在大臂回转过程中该阶振动可能会与其回转运动发生耦合。大臂底座的约束模态基频为 172.18 Hz，在多体动力学建模时可将其视为刚体。表 4 - 5 为大臂组合体各阶频率。

表 4 - 5　大臂组合体前八阶模态频率

阶次	频率/Hz	阶次	频率/Hz
1	0.87	5	2.38
2	0.94	6	4.47
3	1.65	7	5.79
4	1.69	8	7.51

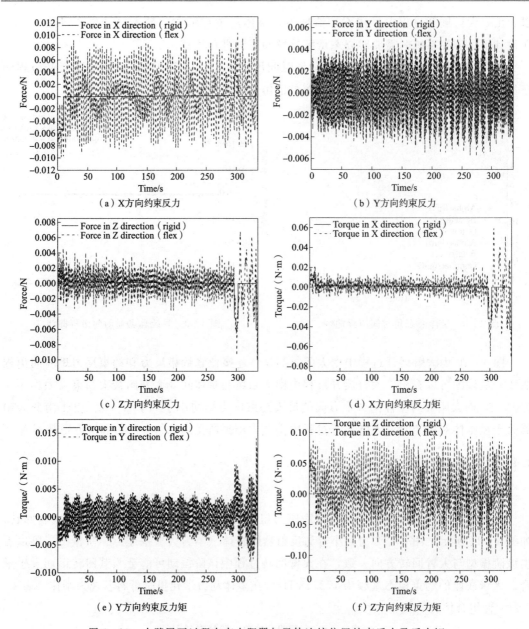

（a）X方向约束反力　　　　　　　（b）Y方向约束反力

（c）Z方向约束反力　　　　　　　（d）X方向约束反力矩

（e）Y方向约束反力矩　　　　　　　（f）Z方向约束反力矩

图4-10　大臂展开过程中南太阳翼与星体连接位置约束反力及反力矩

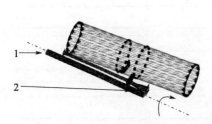

图4-11　大臂回转底座和大小臂反射器组合体

1—大臂回转底座；2—大小臂与反射器组合体

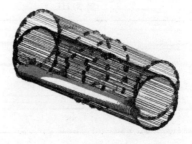

图4-12　大小臂与反射器组合体一阶振型

（2）展开规律与大臂回转动力学仿真结果

大臂回转运动规律采用与大臂转动类似的曲线，ω_1 仍取 0.05r/min，ω_2 取 0.02r/min。将各物体均假设为刚体，通过动力学逆问题方法获得大臂驱动力矩时间历程曲线如图 4-13 所示。图 4-14 为在该驱动力矩作用下大臂回转角度时间历程曲线。图 4-15 和图 4-16 分别为大臂回转过程大臂组合体角速度和星体姿态角时间历程曲线。

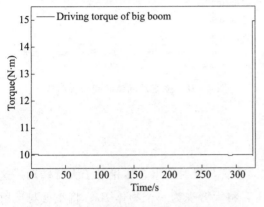

图 4-13　大臂回转驱动力矩时间历程曲线　　　图 4-14　大臂回转角度时间历程曲线

从图 4-15 可以看出，大臂回转过程中采用柔性体假设计算的角速度振荡范围较大，这是由于大小臂组合体回转运动恰与大小臂一阶振型吻合。

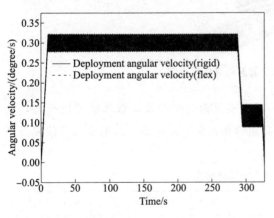
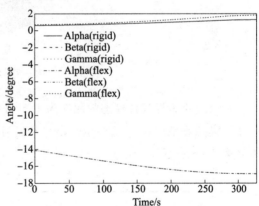

图 4-15　大臂回转过程角速度时间历程曲线　　　图 4-16　大臂回转过程星体姿态角时间历程曲线

图 4-17 为大臂回转期间星体姿态不控情况下星体姿态角速度时间历程曲线。图 4-18 为大臂回转过程中系统总动量时间历程曲线。由于展开过程中不考虑系统受到外力作用，系统总动量保持守恒。

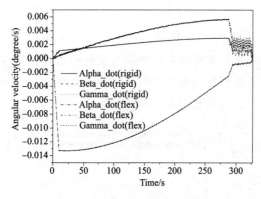

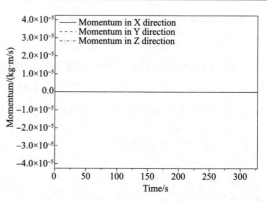

图 4-17　星体角速度时间历程曲线　　　　图 4-18　系统总动量时间历程曲线

4.1.3　小臂展开过程动力学仿真

（1）基本参数

小臂展开过程中，大臂与星体固结在一起，小臂与反射器组合体相对于大臂转动。这时可将星体、南北太阳翼分别作为物体 $B_1 \sim B_3$，将大臂视为一个物体 B_4，将小臂与反射器组合体作为物体 B_5，如图 4-19 所示。

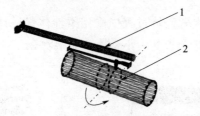

图 4-19　大小臂与反射器组合体示意图

大臂约束边界条件模态的频率为 1.58 Hz，可将其视为柔性体，取其前 4 阶模态，其前 4 阶模态频率如表 4-7 所示。小臂及反射器组合体取前 8 阶模态，其前 8 阶各阶模态频率如表 4-8 所示。

表 4-7　大臂前 4 阶模态频率

阶次	频率/Hz	阶次	频率/Hz
1	1.58	3	41.58
2	2.66	4	66.30

表 4-8　小臂与反射器组合体前 8 阶模态频率

阶次	频率/Hz	阶次	频率/Hz
1	1.17	5	5.47
2	2.86	6	6.58
3	3.28	7	9.10
4	3.68	8	10.34

（2）展开规律和动力学仿真结果

小臂展开运动规律采用与大臂展开相同的控制规律，如图 4-20 所示。将系统中所有物体均假设为刚体，获得小臂展开过程中小臂驱动控制力矩规律如图 4-21 所示。

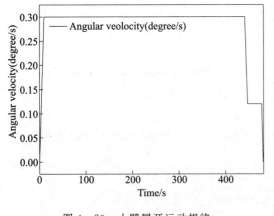

图 4-20　小臂展开运动规律

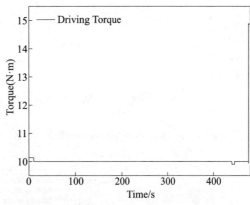

图 4-21　小臂展开驱动力矩时间历程曲线

刚体假设和柔性体假设条件下小臂展开角度和角速度分别如图 4-22 和图 4-23 所示，从图中可以看出小臂作柔性体假设时，小臂角速度波动很小。

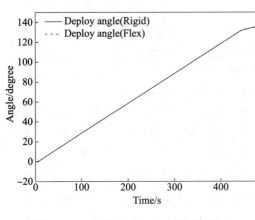

图 4-22　小臂展开角度时间历程曲线

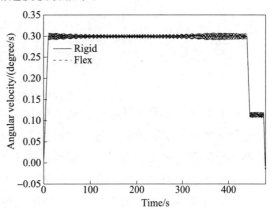

图 4-23　小臂展开角速度时间历程曲线

刚体假设和柔性体假设条件下星体姿态角和姿态角速度时间历程曲线如图 4-24 和图 4-25 所示。从图 4-24 可以看出，小臂展开过程中星体绕俯仰轴方向的姿态角绝对值不断减小，有利于卫星姿态敏感器重新捕获，证明了天线大小伸展臂展开动作设计的合理性。

图 4-26 为小臂展开过程中整星动量时间历程曲线。可以看出，小臂展开过程中整星总动量始终保持不变，符合动量守恒定律，这证明了数值仿真结果的合理性。

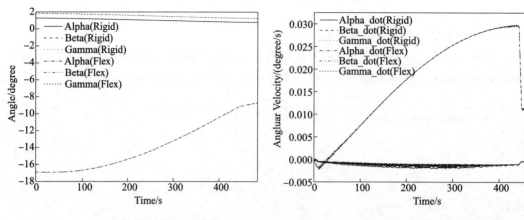

图 4-24 星体姿态角时间历程曲线   图 4-25 星体姿态角速度时间历程曲线

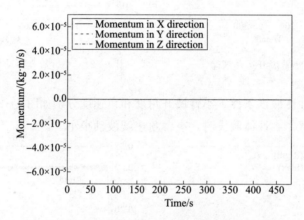

图 4-26 小臂展开期间系统总动量时间历程曲线

以上在大、小臂展开时间和阻力矩均为 10 Nm 情况下，按给定运动规律对伸展臂展开过程多体动力学逆问题进行了求解仿真，获得了天线反射器收拢状态大臂展开、大臂回转和小臂展开三种运动工况下的驱动机构主动控制力矩。

从图 4-4、图 4-13 和图 4-21 看出，三种工况的阻尼力矩均取为 10Nm，因此匀速运动时其主动驱动力矩均为 10Nm；但因三种工况的负载惯量特性不同，其加速和减速过程的主动控制力矩略有不同。从工程应用角度，三种工况展开时间是设计参数，铰链关节阻尼力矩需通过试验确定，求解多体动力学逆问题可为驱动电机选型和运动规律设计以及系统动力学正问题仿真提供技术支持。

图 4-5～图 4-6、图 4-14～图 4-15、图 4-22～图 4-23 给出了大小伸展臂展开动力学正问题的展开角度和角速度的时间历程曲线，从角速度展开过程响应曲线看，大臂展开过程可按刚体模化，大臂回转过程和小臂展开过程中需要将大臂和小臂均模化为柔性体。

4.2　天线反射器展开动力学

4.2.1　输入参数

根据大型天线有限元模型，可以获得大小臂和反射器桁架各部件相对于其连体基的质量、惯量数据和各部件模态、频率等结构动力学参数。大小臂及反射器桁架各部件连体基如图 4－27 所示。由于反射器桁架各杆质量和惯量与单元 1 各杆质量和惯量特性相同，这里仅列出第 1 个单元各杆质量和惯量特性。由于对称性，反射器部件 RB1 与 RB2、RB4 与 RB5 构造特性相同。

大臂展开期间，将大小臂组合体视为柔性体，取其前 8 阶模态，其前 8 阶模态的频率如表 4－9 所示。反射桁架各杆基频如表 4－10 所示，从该表可以看出，各杆的基频均高于星体基频，在反射器展开期间将其均作为刚体进行处理。

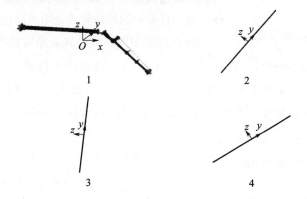

图 4－27　天线各部件示意图

1—大小臂；2—RB1；3—RB3；4—RB4

表 4－9　大臂前 8 阶模态频率

阶次	频率/Hz	阶次	频率/Hz
1	0.65	5	30.79
2	1.03	6	34.99
3	2.48	7	40.09
4	3.78	8	50.53

表 4－10　反射器桁架各杆的基频

物体	基频/Hz	阶次	基频/Hz
RB1	278.59	RB4	226.01
RB2	278.59	RB5	226.01
RB3	45.40		

初始时刻卷簧驱动力矩为 6.5 N·m，到最终展开时卷簧驱动力矩为 3.5 N·m，前 4 分钟反射器在卷簧作用下展开，电动机将收缩的绳索收回，之后绳索绷紧开始拖动反射器展开，绳索初始张力为 30 N，之后线性增加，至展开终了时刻绳索张力增加为 400 N。绳索与滑轮间设计有跨线轮，通过一次跨线轮，绳索张力减小 0.49 N。擒纵调速机构振荡周期为 0.1 s。

4.2.2　同步齿轮铰链展开动力学仿真

为确保反射器展开动力学合理性，拟按照部件级、单元级和系统级三个层次开展大型天线展开动力学分析仿真。

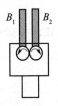

图 4 - 28 为同步齿轮铰链示意图。根据试验测定，室温情况下同步齿轮铰链完全展开时间为在 9 分 35 秒至 10 分 30 秒之间。可见，同步齿轮铰链的展开时间受到其制造装配误差及展开外部阻力的影响而呈现出一定的离散性，展开过程中同步齿轮铰链阻力矩设为 0.05 N·m。

图 4 - 28　同步齿轮铰链示意图

展开过程中同步齿轮转动角时间历程曲线如图 4 - 29 所示。可以看出，同步齿轮转过 90° 的时间为 605 s，落在同步齿轮实际展开时间范围内，说明数值仿真结果与试验数据基本契合。此外从右侧局部放大图可以看出，同步齿轮铰链在擒纵机构作用下展开角度以台阶方式上升，说明同步齿轮是按照间歇运动方式展开的，这与实际情况是吻合的。

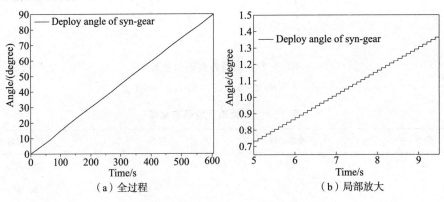

（a）全过程　　　　　　　　　　　（b）局部放大

图 4 - 29　同步齿轮转动角时间历程曲线

同步齿轮铰链展开过程中展开角速度时间历程曲线如图 4 - 30 所示。从该图可以看出，同步齿轮铰链展开角速度出现明显的加速和突然停止的特点，这一特点主要是由于同步齿轮内擒纵轮受到擒纵叉突然撞击导致正在转动的同步齿轮停止引起的。

同步铰链展开过程中系统总能量时间历程曲线如图 4 - 31 所示。从图中可以看出，展开过程中同步齿轮铰链总能量随着同步齿轮铰链的展开而不断减小，说明同步齿轮擒纵调速机构不仅扮演着控制反射器展开速度的功能，还发挥着耗能阻尼器的作用，从而降低反射器展开到位时的冲击。进一步可以分析出同步齿轮机械能是通过擒纵调速机构齿轮间的撞击耗散掉的，在反射器展开过程中，每个同步齿轮铰链的擒纵齿轮位置处都要发生上万次的碰撞，设计时有必要选择耐磨损的材料来制造擒纵齿轮，同时在空气中碰撞有可能会破坏齿轮表面的润滑膜而导致真空环境下展开时表面发生冷焊。

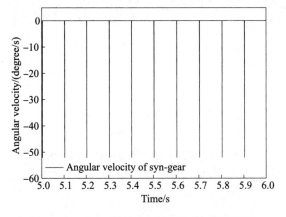 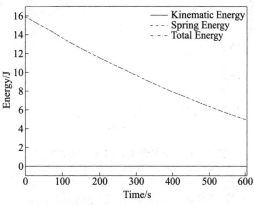

图 4 - 30　同步齿轮展开角速度时间历程曲线　　　图 4 - 31　同步齿轮铰链的总能量时间历程曲线

4.2.3　反射器在轨展开动力学仿真

图 4 - 32 为小臂完全展开时整星位型，该位型也是反射器展开初始时刻位型。为了说明大型天线展开多体动力学仿真结果的合理性，首先开展不考虑摩擦和擒纵调速机构的大型天线展开多体动力学仿真研究。

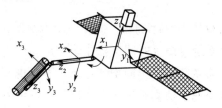

图 4 - 32　小臂展开到位示意图

图 4 - 33 和图 4 - 34 分别为不考虑摩擦和擒纵调速装置情况下反射器展开角和展开角速度时间历程曲线。从以上两图可以看出，随着反射器展开角的增大，反射器展开角速度越来越大。这是因为初始时刻反射器卷簧处于压缩状态，随着反射器的展开同步齿轮中的卷簧不断释放，将卷簧弹性势能转化为反射器运动的动能，到反射器完全展开时反射器动能达到最大，即反射器展开角速度达到最大。

图 4 - 35 和图 4 - 36 分别为反射器展开过程中反射器桁架系统质心相对于反射器与小臂连接点位移和速度时间历程曲线。从图 4 - 35 中可以看出，反射器展开过程中反射器桁架质心相对于小臂连接点沿 $-X$ 轴和 $-Z$ 轴增长，而其沿 Y 轴方向则始终保持不变，这说明当不考虑同步齿轮铰链传动误差和杆件变形时，反射器桁架沿 Y 轴对称展开。根据图 4 - 36，可以看出当反射器桁架基本展开到位时，反射器桁架质心沿 X 轴速度迅速降低至零，而其沿 Y 轴速度则迅速增加。

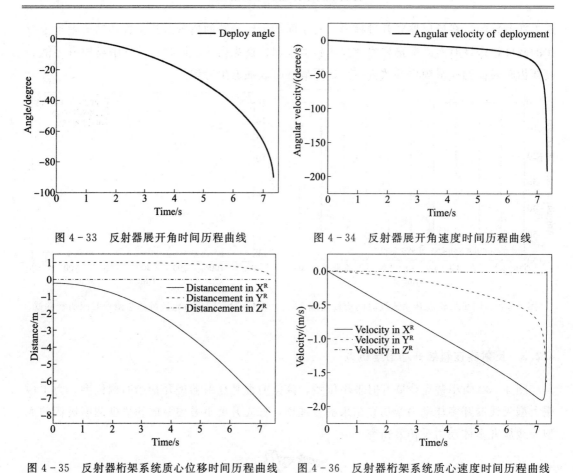

图 4 - 33　反射器展开角时间历程曲线　　图 4 - 34　反射器展开角速度时间历程曲线

图 4 - 35　反射器桁架系统质心位移时间历程曲线　图 4 - 36　反射器桁架系统质心速度时间历程曲线

图 4 - 37 为展开过程中系统总能量时间历程曲线。从图中可以看出，反射器展开过程中卷簧弹性势能不断减小，而系统动能不断增加，由于不考虑摩擦等阻力影响，反射展开过程中系统机械能守恒，这说明了仿真结果的合理性。当反射器展开到位时，系统动能达到最大。由于未考虑摩擦因素的影响，天线反射器展开时间仅有 7.3 s。图 4 - 38 为系统总动量时间历程曲线，可以看出反射器展开过程中系统总动量守恒。建模时以当地轨道坐标系为惯性参考系，这样反射器展开过程中系统所受外力为零，根据动量守恒定律，展开过程中系统动量保持不变。

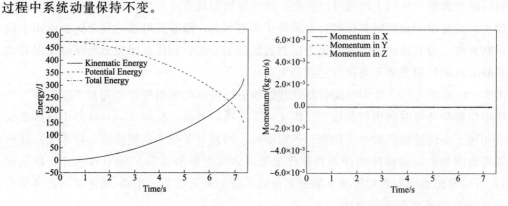

图 4 - 37　系统总能量时间历程曲线　　　图 4 - 38　系统总动量时间历程曲线

图 4-39 和图 4-40 为考虑摩擦和擒纵调速机构作用下反射器桁架展开角度和角速度时间历程曲线。从图中可以看出，由于擒纵机构的存在，反射器展开期间展开角以阶梯状增大，展开角速度表现出明显的间歇运动特性。

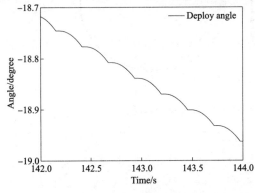

图 4-39　反射器展开角度时间历程曲线

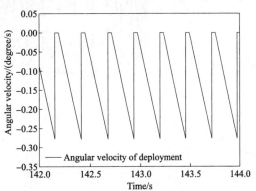

图 4-40　反射器展开角速度时间历程曲线

图 4-41 和图 4-42 分别为反射器展开过程中桁架系统质心相对于反射器参考坐标系位移和速度时间历程曲线。从图 4-41 可以看出，反射器展开时间为 1745 s，约合 29.08 min。

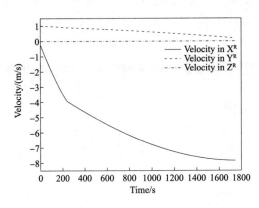

图 4-41　桁架系统质心位移时间历程曲线

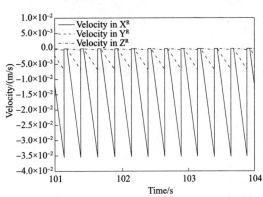

图 4-42　桁架系统质心速度时间历程曲线

图 4-43 为反射器展开过程中可展桁架上部横杆在反射器参考坐标系内质心运动轨迹，O_R 为反射器与小臂连接点，$O_R - x_R y_R z_R$ 为反射器展开参考坐标系。可以看出，展开过程中反射器系统质心沿 $-x_R$ 轴方向不断向外延伸，至反射器完全展开时达到最大位置，而随着反射器不断展开，其高度不断降低，使得沿 y_R 轴方向分量不断减小。天线系统质心沿 z_R 轴方向速度始终等于零，这是由于天线为对称结构，展开过程中天线系统质心始终在 $x_R O_R y_R$ 平面内运动。

图 4-44 和图 4-45 分别为反射器展开期间南北太阳翼与星体间约束反力时间历程曲线。可以看出两者存在一定差别，这是由于天线关于星体不完全对称引起的。图 4-46 为反射器展开过程中斜杆相对速度时间历程曲线。图 4-47 为展开过程中星体姿态角速度时间历程曲线。

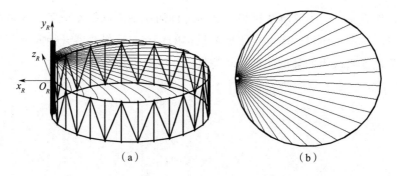

图 4-43　天线展开过程中上部桁架各杆件质心轨迹

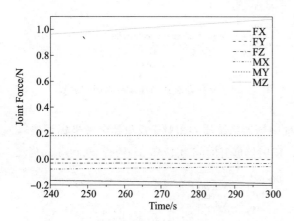

图 4-44　南太阳翼与星体间约束反力时间历程曲线

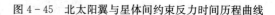

图 4-45　北太阳翼与星体间约束反力时间历程曲线

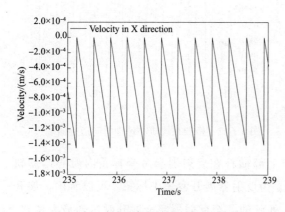

图 4-46　斜杆相对速度时间历程曲线

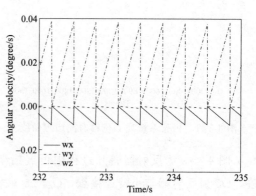

图 4-47　星体姿态角速度时间历程曲线

　　通过分析反射器桁架结构特点，可以发现周边桁架天线为每两个单元循环重复的闭环结构。根据这一特点，对周边桁架式天线进行编号，如图 4-48 所示。

　　图 4-49 为 H6 铰链内部约束反力和反力矩时间历程曲线。从图中可以看出，反射器展开期间铰链位置受力不大，但所受反力矩较大，在反射器桁架设计中必须首先保证反射器桁架杆件的抗弯刚度和强度，以确保反射器桁架的安全性。

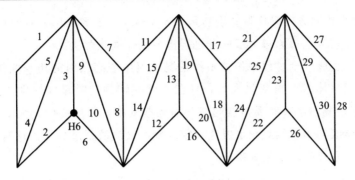

图 4-48　反射器桁架各铰链编号示意图

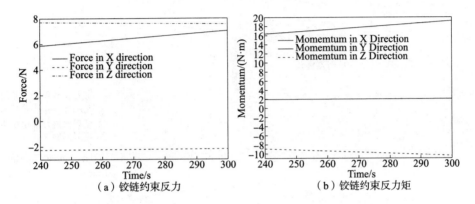

（a）铰链约束反力　　　　　　　（b）铰链约束反力矩

图 4-49　铰链 H6 约束反力和反力矩时间历程曲线

　　图 4-50 和图 4-51 分别为系统总能量和总动量时间历程曲线。从图 4-50 中可以看出，展开过程中系统动能比势能小得多，以至于展开过程中系统总能量几乎就等于系统弹性势能，这主要是由于反射器展开速度始终被擒纵调速机构控制在较小范围内。从图 4-51 可以看出，反射器展开过程中系统沿参考坐标系 3 个方向总动量守恒，从物理上证明了数值计算结果的合理性。

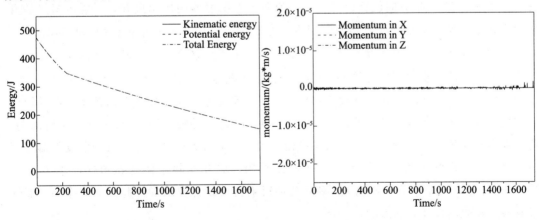

图 4-50　系统能量时间历程曲线　　　　　图 4-51　系统总动量时间历程曲线

　　图 4-52 为天线展开全过程中整星系统质心相对于星本体质心时间历程曲线。可以看出，展开过程中整星系统质心相对于天线收拢时星体质心发生了明显的偏移，展开到位时

刻沿 X 轴、Y 轴和 Z 轴方向偏移量分别达到 368.4 mm，18.8 mm，34.3 mm，相对 X 轴的系统质心横偏量较大，可通过天线展开过程构型设计优化解决。

图 4-53 为天线展开全过程中星体不控情况下卫星姿态角时间历程曲线。可以看出，大型天线展开期间星体俯仰角变化很大，且在大臂回转到位时星体俯仰角变化达到最大值，约 16.8°，然后随着小臂和反射器的展开而逐渐变小，但最终值仍大于 3.5°。同时天线展开期间，星体滚动角和偏航角也发生一定改变，最终值超过 0.5°，这对高指向精度要求的卫星姿态控制系统提出了较大挑战。

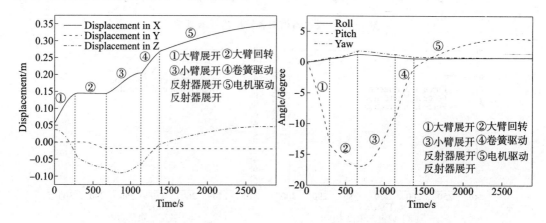

图 4-52　天线展开过程中系统偏心　　　　图 4-53　天线展开星体姿态角时间历程

从图 4-43 可以看出，反射器展开过程中可展桁架横杆运动轨迹为对称分布在竖直面 $x_R O_R y_R$ 两边的二维曲线，这样反射器展开期间其质心将在面 $x_R O_R y_R$ 内做二维曲线平动。根据图 4-41，反射器在轨展开时间为 1 744 s（约为 29.06 min），反射器展开 0～240 s 期间，其质心沿 $-x_R$ 轴方向位移迅速增加，沿 z_R 轴方向位移快速减小，这说明开始阶段卷簧刚度较大，天线反射器展开速度较快；240～1 744 s 期间，反射器质心沿 $-x_R$ 轴方向位移缓慢增加，沿 z_R 轴方向位移缓慢减小，说明随着反射器的快速展开，反射器桁架展开阻力也相应增加，使天线反射器处于缓慢展开阶段。反射器展开全过程内，其质心沿 z_R 轴方向位移保持不变，说明反射器质心始终在其对称面 $x_R O_R y_R$ 内运动。从图 4-42 可以看出，反射器质心相对于参考系 $O_R - x_R y_R z_R$ 作间歇运动，说明在擒纵调速机构作用下，反射器同步齿轮为间歇动作、连续工作模式，可以避免卷簧快速释放引起的反射器过快展开问题。在反射器接近展开到位阶段，斜杆相对运动速度振荡周期已大于擒纵机构周期，说明绳索和卷簧合力驱动力矩几乎与反射器桁架等效阻力矩相等，使最后阶段反射器展开过程接近一个准静态过程。从图 4-47 可以看出，展开期间星体姿态角速度小于 0.04 (°)/s。上述仿真结果表明，擒纵调速机构使反射器按设计要求展开起到关键作用，展开过程各类参数的设计是有效的。

从图 4-49 可以看出，反射器展开过程中根部杆件铰链所受约束反力不大，主要是受到约束反力矩作用，在设计天线反射器桁架杆件时应合理确定杆件的抗弯刚度。从图中可以分析出，约束反力矩的变化规律是自小臂连接位置处到中间位置不断增大。

　　根据图 4 - 52 和图 4 - 53，星载大型天线在轨展开全过程时间为 2 888 s，约合 48.1 min。根据图 4 - 52，展开过程中整星系统质心相对于天线收拢时星体质心发生了明显的偏移，展开到位时刻沿 X 轴、Y 轴和 Z 轴方向偏移量分别达到 368.4 mm，18.8 mm，34.3 mm，相对 X 轴的系统质心横偏量较大，应通过天线展开过程构型设计优化解决。由图 4 - 52 和图 4 - 53 可以看出：天线展开时间近 50 min，展开过程全星呈现为变结构、变构型和变质心系统，同时展开期间星姿态角变化较大，须采用变结构和鲁棒控制技术予以解决。

参 考 文 献

［1］ 周志成，曲广吉. 通信卫星总体设计与动力学分析［M］. 北京：中国科学技术出版社，2012.

［2］ 董富祥，周志成，曲广吉. 星载大型天线反射器桁架展开动力学建模仿真［J］. 航天器工程，
2012，21（4）：26-31.

［3］ 董富祥. 星载大型天线展开过程多体动力学建模及典型故障模式处理对策仿真研究［R］. 北京：
中国空间技术研究院博士后出站报告，2013.

［4］ 曲广吉. 航天器动力学工程［M］. 北京：中国科学技术出版社，2000.

［5］ 刘延柱. 高等动力学［M］. 北京：高等教育出版社，2001.

［6］ 洪嘉振. 计算多体系统动力学［M］. 北京：高等教育出版社，1999.

［7］ Garcia d J J, Bayo E. Kinematic and dynamic simulation of multibody systems the real-time chal-
lenge［M］. Beilin：Springer-Verlag, 1994.

［8］ 刘延柱. 空间机械臂逆动力学问题解析研究［J］. 上海交通大学学报，1995，29（4）：1-6.

［9］ 顾晓勤，刘延柱. 空间机械臂动力学与控制研究进展［J］. 力学进展，1997，27（4）：457-463.

［10］ 陆佑方. 柔性多体系统动力学［M］. 北京：高等教育出版社，1993.

［11］ Eberhard P, Schiehlen W. Computational dynamics of multibody Systems：history, formalisms, and
applications. Journal of Computational and Nonlinear Dynamics，2006，1：3-12.

［12］ Turcic D A, Midha A. Dynamic analysis of elastic mechanism systems, part I：applications. ASME
Journal of Dynamic Systems, Measurements and Control，1984，106：243-248.

第5章 空间大型天线展开故障机理及力学模型

随着航天技术的发展，航天机构大量出现并获得广泛应用，极大地提升并拓展了航天器的各项性能，例如姿态执行机构的进步使航天器从自旋稳定阶段进入三轴稳定阶段，折叠式太阳翼的出现大大增强了航天器输出功率，可展开天线的出现则使卫星地面接收终端大大减小，有力地推动了航天技术普及应用。现在，机构已成为各类航天器的不可或缺的重要组成部分。

航天器机构难以通过冗余设计提高产品可靠性，一旦失效极易形成单点失效事件，造成整星报废。由于空间环境的高真空、微重力、强宇宙辐射、高低温交变等特点，确保空间机构在如此严酷空间环境中可靠工作已成为航天科技必须解决的关键技术问题。鉴于空间机构可靠性研究涉及科学问题的复杂性及领域的广泛性，当前研究方法和手段仍难以满足复杂空间机构故障分析与机理演化探究需求。

本章对国内外航天器机构在轨展开故障情况进行介绍，采用统计方法分析航天器机构展开的各类故障模式，给出造成航天器机构展开故障的几类主要影响因素。结合星载大型周边桁架式网状天线展开机构工作原理和技术特点，分析了天线伸展臂和反射器各类展开故障模式及表现形式，从系统级提炼出影响天线可靠展开的3类典型故障模式，分析了这些故障模式的作用机理，并根据其作用机理建立了这些典型故障模式的力学模型和相应动力学方程。

5.1 国内外空间机构展开故障情况

为合理地确定天线在轨展开故障模式和建立天线在轨展开故障树，有必要根据国内外航天器机构在轨展开的故障情况，确定航天器机构的主要故障模式和影响因素。

表 5-1 为 1981 年至 2012 年 8 月根据公开资料得到的航天器展开机构故障统计数据。在所有 28 项故障中，太阳阵展开故障为 13 项，天线展开故障为 12 项（2 项太阳阵与天线同时展开失败故障不计入在内），其他 3 项分别为重力梯度杆展开故障，磁力计未能正常展开和系绳机构卡滞故障，其分布如图 5-1 所示。

表 5-1 1981 年至 2012 年 8 月航天器展开机构故障统计

卫星	时间	故障	故障原因
APPLE	1981	太阳阵卡滞	收拢期间误处理，导致天线卡滞
DE	1981	辨向天线展开失败	未知
FLTSATCOM	1981	UHF 天线展开失败	整流罩碎片打弯 UHF 天线杆

续表

卫星	时间	故障	故障原因
INSAT1A	1982	太阳翼展开失败	机械锁定装置失效
ERBS	1982	太阳阵展开失败	未知
TVSAT1	1987	未能展开太阳阵	展开锁定机构未能锁定
Galileo	1989	高增益天线展开失败	球与插槽接头处出现冷焊
Magellan	1989	太阳阵未能锁定	微开关未对齐
Macsat	1990	重力梯度杆展开失效	力矩裕度不足
CRRES	1990	磁力计未能正常展开	热覆盖膜与索具干涉
Ulysses	1990	自转航天器摇摆不定	天线杆热变形引起航天器质量偏心
Magellan	1990	太阳阵锁定失败	微开关未调整到位
Gamma 射线望远镜	1991	高增益天线卡滞	天线释放机构被隔热层挂住
ANIK－E2	1991	K 和 C 波段天线展开出现故障	热覆盖物或力学干涉
JERS－1	1992	雷达天线展开故障	展开销冷焊
Tether Satellite System	1993	系绳机构卡滞	螺钉与收回机构发生干涉
GOES 10	1997	太阳翼驱动机构发生故障	未知
LDREX	2000	LDREX 天线展开失败	索网钩挂
Telstar 14	2004	太阳阵展开失败	未知
MARSIS	2005	天线杆由于异常延迟展开	动力学仿真预测错误
Xinnuo2	2006	太阳翼和天线展开失效	未知
W2A	2009	卫星天线展开故障	展开到位未锁定
NewDawn	2011	C 波段反射器展开失败	天线转轴位置卡滞
Telstar 14R	2011	北太阳翼展开失败	线缆钩挂金属夹
SkyTerra 1	2011	天线展开故障	未知
Intelsat 19	2012	太阳电池帆板展开故障	天线展开铰链位置卡滞

　　图 5-2 为可展开机构故障模式百分比。根据表 5-1，在所有故障模式中电动机力矩裕度不足引起的故障有 1 项，铰链卡滞引起的展开故障有 7 项，锁定机构失效有 5 项，星箭分离冲击引起的失效有 1 项，隔热层引起的机械干涉和缆索钩挂有 5 项，索网钩挂有 2 项，动力学仿真预测错误有 1 项，未知原因有 6 项，其故障因素百分比如图 5-2 所示。铰链位置卡滞的 7 项故障中，热效应引起的故障为 2 项，真空环境引起的故障为 2 项，未知因素为 3 项。

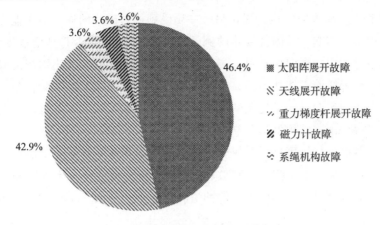

图 5-1　航天器故障影响因素统计

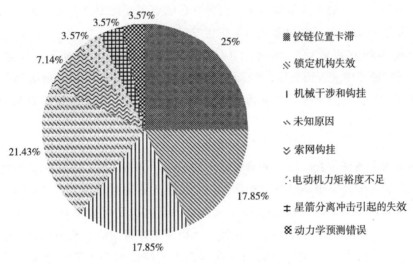

图 5-2　可展开机构故障模式

5.2　空间机构展开故障主要影响因素

根据以往空间机构展开失败的教训，影响空间机构可靠展开的主要因素如下：

（1）发射过程中动载荷、运输过程振动和火工品点火引起的冲击

影响空间机构可靠性的重要因素之一是航天器在整个飞行期间所经受的振动、冲击、噪声等各种复杂动力学环境的影响，其中振动、噪声的影响最为突出，几乎覆盖了发射、变轨、轨道飞行和再入等各个阶段。航天器在主动段受到火箭发动机发出的喷气噪声、脉动推力以及在稠密大气层高速飞行时产生的气动噪声激励，在变轨过程中受到航天器发动机工作的激励，星箭分离时航天器机构受到瞬态冲击，其可展附件如太阳阵和天线展开到位时相应机构受到锁定冲击等。

一般而言，发射期间航天器受到的动载荷最具破坏性。由于航天器可展附件的铰链机构较为脆弱，发射期间很容易受到发射时动态载荷的影响，例如 1973 年美国天空实验室

Skylab 发射过程中一副太阳阵被撕裂，另外一副受到撕裂碎片的影响而未能完全展开。

运输过程中振动引起天线附件故障的例子是 Galileo 探测器伞状高增益天线展开故障。在四次跨州运输过程中，横向振动引起高增益天线铰链位置处二硫化钼润滑膜破坏，使得航天器在轨展开时天线肋不能从中心支架位置处分离。经过几十年经验积累，发射期间航天器振动噪声问题和运输过程结构振动问题已经在工程界得到足够重视，并获得了较好的解决，现在已经很少出现结构振动引起机构展开故障的情况。

当前对航天器展开机构可靠性造成较大影响的动态载荷主要是火工品冲击，例如星箭爆炸分离、发动机点火、卫星附件的释放和展开等。到目前为止，有多颗航天器附件展开故障均怀疑与星箭分离时航天器所受到的冲击载荷有关，例如 Telstar 14 和 Intelsat 19 太阳翼展开故障等。

（2）空间热真空环境

航天器可展附件一般直接暴露在航天器外部，需要承受极端高低温、严重的太阳电磁辐射、高能粒子冲击、高真空和微重力等恶劣空间环境。

在进出地影期间或者运行期间，卫星的一侧暴露在太阳照射下，其温度大约为 +150 ℃，而在地影中或者面对空间暗面的部分温度为 -120 ℃。对于航天器机构的静止和旋转部件而言，高低温和大的温度梯度将使部件发生变形，引起铰链位置阻力矩、轴承摩擦和表面阻力增大。

（3）机构摩擦学设计失误导致润滑失效

真空环境对于铰链位置摩擦性能具有较大的影响。试验证明：在轨无润滑的金属表面会快速焊在一起，表现出很高的摩擦和磨损。早期航天器附件较少，寿命很短，常规润滑措施已经足够，现在卫星机构的复杂度大大增加，且其大型可展附件不可能采取冗余设计，因此在设计中难以采用电子部件可靠性保障措施来提高空间机构可靠性。空间极端温度环境下，太阳阵、万向节和扫描机构这些部件的可靠转动高度依赖于轴承位置处的润滑，因此在航天器设计中，需要进行大量摩擦学试验以确保航天器机构在低温和热真空环境下的操纵性能。

（4）火工品故障

火工品动作可靠性和由此引起的冲击直接影响到航天器机构的可靠性。火工品作用是辅助伸展臂、天线和太阳阵展开，开关阀门，推拉载荷及切断包带和螺栓。火工品引起的爆炸冲击及其碎片可能污染或损害航天器可展机构，导致其不能正常展开。

（5）不合理的材料出气设计

不合理的航天器出气设计将导致灾难性的机械故障。航天器进入太空后，由于航天器周围气压降低，轴承覆盖层的内外压不平衡，使覆盖层被推出，引起气球效应。航天器外覆盖层越松弛，气球效应就越明显。问题在于只要在空间中它就会保持充气状态，对于可展开附件而言，最大的危险是充气覆盖物与航天器展开机构发生缠绕，这将导致灾难性的后果，例如 1991 年 4 月热覆盖层阻碍了 Anik E2 卫星 C 波段天线正常展开。

（6）线缆、索网等柔性部件与运动部件意外钩挂

根据航天器机构展开故障统计数据，线缆或索网的钩挂已经成为航天器失效的重要失效方式。由于地面重力环境下很难有效评价机构在轨展开过程中线缆、索网的缠绕特性，这样就导致地面试验中成功展开的机械部件在轨展开失效。例如，2000 年 LDREX 天线在轨展开试验失败和 2011 年 Telstar 14R 卫星太阳翼展开故障，均与索网或线缆钩挂存在直接关系。

5.3　天线展开故障模式分析

5.3.1　伸展臂展开过程故障模式分析

5.3.1.1　伸展臂系统组成

天线伸展臂主要由压紧释放机构、铰链、驱动组件、锁定销和电路控制盒等部件组成。压紧释放机构由切割器、切割螺栓及两个点火头等组成。两个点火头互为备份，即只要有一个点火头起爆，就能把切割螺栓切断，但正常工作状态应是两个点火头同时起爆。点火头起爆后，推动切割器刀口，在刀口和砧之间，将切割螺栓剪断。切割螺栓在本身预紧力以及压簧作用下，迅速被拉出。锥套使切割螺栓不致于弹出去，以免伤及其零部件。切割螺栓剪断后，大臂在扭簧帮助下偏转一定角度，与支撑结构分离，完成释放过程。

驱动组件由电动机、减速器、测角传感器等三部分组成。电动机输出轴与减速器输入轴连接，测角传感器通过电动机转轴测量其转角。

锁定销由插销和压簧组成。在展开臂的合拢状态以及展开过程中尚未到位时，插销始终顶着一个与反射器支撑臂相连接的弧形导轨表面。当展开臂展开到位时，插销在压簧作用下，插入弧形导轨的一个侧面，使展开臂不能逆转。同时，弧形导轨的另一侧面已紧贴锁定销的定位面，此时展开臂被锁定。

微动开关用于给出展开臂是否到位锁定的信号。

5.3.1.2　伸展臂展开过程故障模式

根据伸展臂系统组成及其展开工作原理，伸展臂展开过程的主要故障模式如表 5 - 2 所示。

表 5 - 2　伸展臂展开过程典型故障模式

故障部件	故障	故障表征
抱箍	抱箍不解锁	遥控信号发出后抱箍无动作
	抱箍未展开到位	视频监控发现抱箍展开运动不到位
大小臂 压紧释放机构	点火器不打火	1）遥测电流信号异常； 2）视频监控展开臂不动作
	切割器未能切断压杆	1）遥测电流信号异常； 2）视频监控展开臂不动作

续表

故障部件	故障	故障表征
电动机	损坏	输出力矩为零
	电压不足引起驱动力矩不足	输出力矩小于设计值
谐波齿轮减速器卡死	根部铰链被异物卡滞	1）电动机电流增大； 2）测角传感器输出无变化
展开臂	展开臂与缆索发生干涉	1）电动机电流增大； 2）测角传感器输出无变化
大小臂转动关节	卡滞	1）电动机电流增大； 2）测角传感器输出无变化
锁定销	不能锁定	微动开关信号输出异常

根据以上展开臂典型故障模式，可建立展开臂各类典型模式的数学力学模型。

（1）电动机失效

正常情况：电动机电流符合预期规律，测角传感器输出其转动角速度符合预定设计规律。

故障现象：电动机失效存在两类情况，电动机损坏和电动机输出力矩不足。

1）电动机损坏：电流在短时间急剧增大，测角传感器输出值不变，之后电动机无力矩输出。电动机输出力矩：$M=0$。

2）电动机输出力矩小于正常值：电动机输出力矩 $M<M_{pre}$。

（2）传动铰链卡滞

正常情况：电动机电流符合预期规律，测角传感器测出其转动角速度符合预定设计规律。

故障现象：视频监控发现展开臂停止展开，电动机电流增大，电动机转角传感器输出不改变。

故障情况：空间环境引起铰链位置阻力矩增大，$M_{Rz} \gg M_{Normal}$。

影响铰链卡滞的因素可能为真空低温情况下铰链位置摩擦阻力增大导致伸展臂展开不到位。真空对天线关节的影响主要是润滑剂失效引起的冷焊，低温对铰链机构的影响主要是铰链配合间隙减小，润滑剂性能下降，增大铰链位置摩擦阻力。

（3）锁定机构失效

正常情况：锁定销进入滑槽，微动开关启动，并发出展开臂展开到位锁定信号。

故障现象：视频监控发现根部铰链、回转铰链或臂间关节到位后仍存在一定相对运动；微动开关未发出大臂到位锁定信号。

故障原因：锁定销受阻未能进入滑槽。

5.3.2 反射器展开过程故障模式分析

从天线展开机构构型上看，大型周边桁架式天线展开机构是由几十个首尾相连单元组成的封闭链状机构。由于反射器桁架机构采用链式设计，则在其展开过程中只要有一个单元出现故障就将造成整个反射器桁架出现展开异常。

根据大型周边桁架式天线机构组成和展开原理，可以得到大型反射器展开故障模式如表 5-3 所示。

表 5-3　反射器展开故障模式

故障部件	故障	故障表征
火工品	点火器不打火	1) 遥测电流信号异常； 2) 视频监控包带未切断
	切割器未能切断包带	1) 遥测电流信号异常； 2) 视频监控包带未切断
网面	张力索网阵与桁架连接部位松脱	视频监控张力索网阵与桁架分离
	索网与桁架发生缠绕	视频监控发现网面自身发生缠绕，或网面与桁架缠绕
	金属反射网被撕裂	1) 视频监控发现丝网发生断裂； 2) 索网阵遥测电性能异常
	展开到位金属反射网形面精度超差	天线电性能测试信号异常
电动机减速器单元	电动机损坏	电动机无电流信号输出
	减速器被异物卡滞	电动机电流增大，电动机测角传感器无输出
T 型五杆铰链	转动铰损坏	1) 电动机电流大于正常值； 2) 电动机测角速度传感器小于正常值
杆件	与包带干涉	视频监控发现杆件被包带阻碍
	杆件折断	视频监控发现杆件折断
斜杆拉索	断裂	1) 电动机转动，但电动机负载电流远小于正常值； 2) 绳索张力传感器输出为零
桁架同步齿轮卡滞	卷簧疲劳或者断裂	1) 视频监控显示天线初始展开速度低于正常值； 2) 绳索张力大于正常值
	擒纵调速机构损坏	1) 绳索张力遥测值大于正常值； 2) 测角传感器输出无变化； 3) 视频监控显示天线停止展开
	传动轮系损坏	1) 电动机电流遥测值大于正常值； 2) 测角传感器输出无变化； 3) 视频监控显示天线停止展开
斜杆滑移铰	卡滞	1) 电动机电流遥测值大于正常值； 2) 测角传感器输出无变化
	某些滑移铰无法锁定	1) 天线振动频率低于正常值； 2) 张力索网阵误差超差； 3) 反射器电性能异常

接下来将按照驱动机构、传动铰链、网面、锁定机构、杆件和拉索等类别，依次建立各个部件故障模式的相应模型。

5.3.2.1 驱动机构故障

驱动机构主要是指同步齿轮内的卷簧和电动机减速器单元。

（1）卷簧

卷簧是同步齿轮内使天线初始展开的动力源。卷簧常见故障包括：1）卷簧疲劳，引起输出力矩下降；2）卷簧断裂，输出力矩为零。

正常情况：

卷簧输出力矩可用下式表达：$M=k(\theta-\theta_0)$，其输出力矩与展开角度之间的关系如图 5-3 所示。

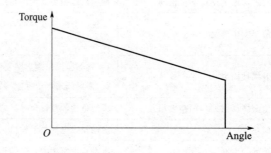

图 5-3　卷簧输出力矩与展开角度

故障情况：卷簧疲劳或者断裂。

故障现象：卷簧输出力矩减小，输出力矩 $M \ll M_{prd}$。

（2）天线主动驱动机构

电动机、减速器和测角传感器共同组成天线主动驱动机构。

电动机：

正常情况：力矩输出正常，测角传感器输出与正常值接近。

故障情况 1：电动机损坏。可能因素为真空及高低温环境下电刷磨损严重或落入异物。

故障现象：电动机无力矩输出或力矩输出远小于设计值，$M=0$，反射器桁架不能展开。

故障情况 2：电动机输出力矩小于正常值。

故障现象：电动机供电不足。

故障后果：天线反射器桁架不能锁定，反射网天线电性能无法满足设计要求。

减速器：

正常情况：减速器转速正常。

故障情况：齿轮润滑失效，阻力矩增大。

斜杆拉索：

主动拉索是天线展开第二阶段主要驱动力的来源。

正常情况：拉索张力正常。

故障情况：拉索断裂。

故障现象：1）视频监控发现天线尚未展开；2）展开过程中拉索张力传感器短时间内急剧降低到零。

故障后果：天线反射器展开失败。

5.3.2.2　传动铰链故障

传动铰链主要包括五杆铰链、同步齿轮铰链和斜杆铰链。

（1）T 型五杆铰链

正常情况：正常转动。

故障情况 1：转动铰卡滞。

故障机理 1：铰链热胀冷缩导致铰链卡滞；杆件热膨胀导致铰链间隙缩小。

故障现象 1：铰链阻力增大。

故障情况 2：转动铰被断裂的斜杆拉索缠绕。

故障现象 2：铰链阻力增大，绳索张力增大，而展开角速度传感器输出减小或者输出为零。

（2）同步齿轮铰链

正常情况：同步齿轮铰链正常转动。

故障情况：同步齿轮卡滞。

故障机理 1：同步齿轮表面二硫化钼润滑层被破坏，发生冷焊或多余物导致齿轮卡滞。

故障力学模型：$M_{rs} \geqslant M_P$，M_{rs} 表示阻抗力矩，M_P 表示驱动力矩。

故障机理 2：调速机构故障，可能原因是内部齿轮卡滞，或者擒纵机构失效。

故障力学模型：$M_{rs} \geqslant M_P$。

故障现象：视频监控发现天线停止展开，绳索张力增大。

5.3.2.3　索网故障

张力索网阵是金属反射网的支撑部件，其组成的离散网格使附着其上的反射网逼近理想的抛物面形状。

正常情况：张力索网阵按照预定管理方案展开，到位后与理想抛物面误差在设计范围内，反射网电性能满足设计需求。

故障情况 1：展开过程中柔性索网阵从桁架上松脱。

故障现象：监控视频发现柔性索网阵从桁架脱落。

故障情况 2：展开过程柔性索网阵发生大的振动，导致其与桁架发生缠绕。

故障现象：监控视频发现索网阵与桁架发生缠绕，斜杆拉索张力急剧增大，电动机测角传感器输出不变。

故障情况 3：展开过程中索网管理方案失效，索网自身缠绕在一起

故障现象：视频监控发现索网自身缠绕在一起，斜杆拉索张力急剧增大，电动机测角传感器输出不变。

故障情况 4：展开过程中金属反射网发生撕裂

故障现象：视频监控发现反射网发生撕裂，天线反射器在轨测试电性能远低于正常值。

5.3.2.4　锁定机构故障

锁定机构主要安装在斜杆铰链内，采用滚珠自弹起机构，天线展开机构共有 30 个这样的锁定机构。

正常情况：天线反射器桁架展开到位时，所有斜杆铰链均锁定。

故障情况：展开到位时仍有斜杆铰链机构未能锁定。

故障现象：无现象。

故障后果：部分斜杆铰链未锁定，对大型天线总体性能影响不大。由于同步齿轮铰链内部轮系逆传动为升速传动，产生的阻力极大，展开后可将其近似作为结构处理，因此对天线反射器展开到位时系统基频无太大影响。

5.3.2.5　薄壁杆件断裂

薄壁杆件是反射器桁架主承力构件，一般采用轻质复合材料制成。反射器展开过程中其同步齿轮副间隙将造成各单元展开不同步，进而使个别杆件受力较大，经反复多次展开后可能造成复合材料制成的杆件本身缺陷扩展，导致杆件断裂。

正常情况：展开过程中杆件发生较大变形；

故障情况：杆件发生断裂；

故障现象：视频监控发现承力杆件断裂；

故障后果：反射器展开失败，环形桁架无法起到支撑作用。

根据国外空间机构研制经验和教训，天线展开期间线缆与机构的缠绕也是造成机构运转异常的原因，设计对线缆的走线和固定均提出了相应要求，这里就不再展开叙述。

根据以往航天器空间机构展开故障统计数据，确定了几类影响航天器机构在轨可靠展开的因素。由于星载大型天线地面展开期间将进行严格的振动力学环境试验、冲击试验及火工品验证试验，且复合材料杆件为透气结构，不存在材料出气设计问题，因此结合天线展开故障模式分析，将热真空环境引起的铰链卡滞、杆件柔性变形及传动齿轮间隙引起的展开不同步及索网与桁架间的缠绕等三类故障模式作为天线展开过程的典型故障模式，以便对天线展开故障模式与处理对策开展进一步研究。

5.4　反射器展开过程典型故障模式作用机理及力学模型

5.4.1　铰链卡滞类型、作用机理及其力学模型

5.4.1.1　铰链卡滞的各类故障模式

根据航天器机构故障模式分析结果，铰链卡滞是引起航天器机构失效的重要因素。根据周边桁架式天线结构组成和工作原理，可将铰链卡滞分为三类情况：同步齿轮铰链卡

滞、T 型铰链卡滞和斜杆滑移铰链卡滞，如图 5-4 所示。

图 5-4　反射器桁架铰链卡滞故障模式

T 型铰链的全部活动关节都由转动铰组成，同步齿轮铰链的同步齿轮孔与转轴亦为转动铰，因此可以按照铰链运动功能将图 5-4 中反射器桁架铰链卡滞进一步归为四类卡滞故障：转动铰卡滞、同步齿轮啮合卡滞、擒纵轮系卡滞和滑移铰卡滞，如图 5-5 所示。

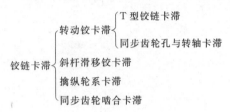

图 5-5　反射器铰链卡滞类型

同步齿轮啮合卡滞和擒纵轮系卡滞均属于传动轮系卡滞，需要结合同步齿轮齿形设计、齿轮传动系设计及齿轮啮合等相关试验参数，建立其轮系卡滞力学模型。这里主要以转动铰和滑移铰故障为主要对象，对其卡滞机理进行分析。

5.4.1.2　铰链卡滞故障的作用机理

根据航天器铰链卡滞故障调研结果，引发铰链卡滞的主要原因：1）空间热环境下杆件热变形引起的铰链正压力增大；2）润滑膜性能下降引起的铰链位置摩擦系数增大。

（1）空间热环境下杆件热变形引起的铰链正压力增大

热膨胀（收缩）后的杆件长度

$$L = L_0 + \Delta L_T \qquad\qquad (5.4.1-1)$$

式中，L_0 为杆件的原长，ΔL_T 为杆件膨胀/收缩长度，$\Delta L_T = L_0 \varepsilon \Delta T$。需要将杆件作为弹性体，分析杆件热膨胀或收缩对反射器桁架展开阻力的影响。

鉴于反射器桁架由热膨胀系数极低（-0.55×10^{-6}/℃）的碳纤维复合材料制成，另外根据参考文献 [12]，GEO 轨道上碳纤维杆的温度在 $-100 \sim 80$℃范围内，这样还可以进一步地选择合理时机使天线反射器桁架展开过程尽可能少地受到空间热环境的影响。因此，接下来将把润滑膜失效引起的摩擦系数增大作为铰链卡滞的主要因素。

（2）润滑膜性能下降引起的铰链位置摩擦系数增大

铰链润滑膜磨损后，铰链接触位置的摩擦系数将大幅增加，根据库伦摩擦定律，则铰链位置摩擦阻力矩将大大增加。铰链位置阻力或阻力矩计算公式参见 2.2.4 节。

根据参考文献 [14]，真空环境下正常运行时二硫化钼润滑膜覆盖的 Ti-6Al-4V 与暴露的高镍耐热合金的滑移摩擦系数为 0.04，且不发生显著的黏滞滑移现象。但多次运行后，配合位置处的润滑膜将会被磨损掉，引起局部摩擦系数急剧增大。无润滑情况下 Ti-6Al-4V 与高镍耐热合金间的摩擦系数为 0.31，相对运动次数大于 10 次后摩擦系数将快速上升至 1.1 左右。图 5-6 为二硫化钼润滑膜存在和不存在情况下，Ti-6Al-4V 与暴露的高镍耐热合金的摩擦系数随运动次数变化示意图。

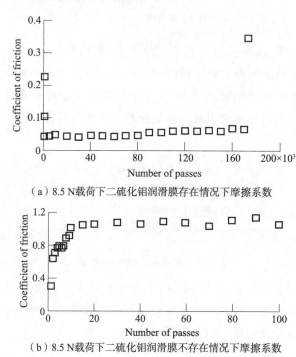

（a）8.5 N载荷下二硫化钼润滑膜存在情况下摩擦系数

（b）8.5 N载荷下二硫化钼润滑膜不存在情况下摩擦系数

图 5-6　Ti-6Al-4V 销与高镍合金在润滑和无润滑情况下摩擦系数[14]

发射前天线反射器需要在地面经历几十次各类力学试验以验证其设计参数，数值仿真和地面展开试验均表明：反射器展开期间桁架杆件和铰链均受到较大的约束反力（可达几百牛）和反力矩，这些约束反力和反力矩作用在销轴配合位置处，使销轴配合位置处润滑膜局部应力急剧增大，可能破坏销轴表面润滑膜。在地面潮湿环境中天线展开动力学试验将使这类磨损加剧，磨损产生的多余物如润滑膜碎片和金属碎屑可能增加铰链摩擦阻力，导致真正需要润滑时润滑膜不能提供预想的润滑特性。事实上，从星箭分离到卫星进入漂移轨道，一般需要数天时间。如果发射之前润滑膜即失效，在这数天时间内，收拢状态的天线反射器桁架始终处于压紧状态，根据数值仿真结果和试验结果，收拢状态下上紧的卷簧使销轴与孔间存在一定的约束反力和反力矩，将可能导致初始状态时销轴与孔之间发生卡滞，进而使天线初始状态无法正常展开。

5.4.1.3　铰链卡滞力学模型

（1）转动铰

转动铰工作原理为典型的孔轴配合，如图 5-7 所示。铰链位置阻力或阻力矩计算公式参见 2.2.4 节。天线展开过程中转动铰孔与销轴之间摩擦系数可能增大，使铰链销轴配合位置处摩擦阻力增大，导致转动铰链停止转动。铰链摩擦阻力的大小与铰链位置正压力及其表面的二硫化钼润滑膜的磨损程度均有关系，可以通过试验建立铰链摩擦阻力矩相应的力学模型。

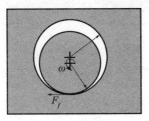　　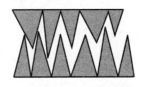

（a）转动铰　　　　　　　（b）摩擦表面微观示意图

图 5-7　转动铰工作原理示意图

一旦转动铰发生卡滞，则转动铰处相对运动将停止，此时铰链将转变为约束，其约束方程为

$$q_i - \theta_i = 0 \qquad\qquad (5.4.1-2)$$

式中，q_i 为该铰链对应的相对运动坐标，θ_i 为该处铰链卡滞时其转动的角度。

（2）滑移铰

滑移铰仅出现于斜杆接头位置处，一旦斜杆铰链发生卡滞该处将转变为约束，其力学模型为

$$q_i - h_i = 0 \qquad\qquad (5.4.1-3)$$

式中，q_i 为滑移铰对应的广义坐标，h_i 为滑移铰运动的距离。

5.4.2　展开传动不同步故障模式作用机理和力学模型

反射器实际展开过程中会出现展开不同步现象。展开不同步会带来以下后果：1）杆件受力尤其是横向受力增大，将加速复合材料杆件缺陷扩展，进而可能导致展开过程杆件断裂；2）加速斜杆中拉索的磨损，进而可能导致展开过程中拉索断裂。为避免反射器桁架展开过程中杆件和拉索断裂，除校核杆件强度和改善复合材料杆件和拉索检测方法外，还需要降低反射器展开不同步程度。

5.4.2.1 传动不同步作用机理

图 5-8 为反射器桁架展开过程中相邻单元同步齿轮的展开不同步示意图，其中黑点表示碳纤维杆与齿轮固结。根据天线反射器桁架地面试验数据，在电动机拖动拉索驱动天线展开期间，两个杆件在杆件与齿轮连接的根部即出现了展开角度不一致现象。由于反射器杆件与齿轮间为硬连接，刚度较大，因此反射器展开不同步的重要原因是同步齿轮铰链的锥型齿轮啮合间隙造成的，跨线轮阻力引起的不同桁架单元受力不均和杆件弯曲变形作为外部因素使这种不同步特性更加明显地表现出来。

在天线反射器处于收拢状态时，反射器同步齿轮位置处即存在一定的配合间隙，当天线开始展开时，各个卷簧位置处的驱动力矩相等，因此在卷簧驱动阶段天线各单元展开几

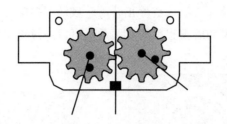

图 5-8　反射器桁架展开不同步示意图

乎同步，且各同步齿轮位置处仍保持着一定的啮合间隙。当电动机拖动拉索驱动天线展开时，各段拉索张力的显著差别使各同步齿轮展开速度不一致，进而使同步齿轮铰链啮合间隙从两端向中间逐次缩小，导致各单元同步齿轮展开角度不相同。由于绳索张力从两端向中间衰减，使得绳索两端展开速度最快，而绳索中段即远离小臂位置处反射器展开速度最慢，这样导致反射器单元由绳索两端向中间依次锁定，而且越到展开最后阶段绳索张力分配越不均衡，这样展开到最后阶段反射器桁架展开不同步现象最为严重。

通过分析与试验观察，认为天线反射器桁架展开不同步现象主要是由相互连接的不同桁架单元间同步齿轮副啮合间隙积累造成的。图 5-9 为考虑齿轮啮合间隙的齿轮配合示意图。

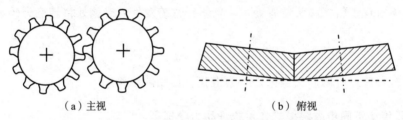

（a）主视　　　　　　　　　　（b）俯视

图 5-9　齿轮啮合示意图

5.4.2.2　反射器桁架展开不同步故障的力学模型

由于齿轮配合间隙的存在，同步齿轮的传动比不再严格保持为 1。当齿轮间存在啮合间隙时，主动轮转动，被动轮无输出，此时同步齿轮传动比为零；当齿轮间间隙消除后，主动轮和被动轮输出角速度相等，此时同步齿轮传动比等于 1。其传动比可以表示为

$$z=\begin{cases}0 & \Delta\theta>0\\1 & \Delta\theta=0\end{cases} \tag{5.4.2-1}$$

式中，z 为同步齿轮传动比，$\Delta\theta$ 为齿轮间隙角度。可以看出，同步齿轮的传动本质上是非连续的传动过程。同时，同步齿轮的传动不同步将导致各桁架单元锁定时刻也不同，这样反射器桁架的展开过程就成为一个拓扑构型不断改变的变拓扑过程。为了建立反射器桁架展开不同步力学模型，必须采用自动变拓扑技术进行建模。考虑到同步齿轮逆向转动为升速转动（升速比达到 7000），因此天线反射器桁架展开后同步齿轮仅能沿展开方向传动。反射器桁架配合示意图如图 5-10 所示。当同步齿轮的齿隙大于零时，两个反射器桁架杆各自自由转动，当同步齿轮齿隙小于零且具有进一步运动趋势时，两者按照相同的角速度运动。

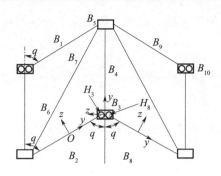

图 5-10　反射器桁架配合示意图

如图 5-10 所示，在无间隙情况下，物体 B_3 与 B_8 广义坐标间的关系为

$$q_{r3} - q_{r8} = \pi \tag{5.4.2-2}$$

式中，q_{r3} 和 q_{r8} 分别为转动铰 H_3 和 H_8 铰相对运动坐标。当间隙存在情况下，物体 B_3 与 B_8 广义坐标间的关系为

$$\pi - n\Delta\theta \leqslant q_{r3} - q_{r8} \leqslant \pi + n\Delta\theta \tag{5.4.2-3}$$

式中，$\Delta\theta$ 为齿轮间的间隙，n 为齿轮转动的圈数。可以看出，齿轮间隙存在的情况下，广义坐标间的约束关系为一定范围内的不等式约束，这使得 30 对同步齿轮铰链的啮合间隙存在相当大的随机性。同时，从该式还可以看出，为了降低反射器桁架展开的不同步性，需要改善齿形，提升齿轮制造的精度，以便将齿轮啮合间隙降低到合理程度，增强反射器桁架展开的同步性。同时通过增加驱动动力分布的均匀性，也可从外部提升反射器桁架各单元展开同步性。

齿轮啮合示意图如图 5-11 所示。为了表示齿轮的转动，需要建立齿轮的坐标系。当一个轮齿离开时，另外一个轮齿将会啮合，单副齿轮啮合间隙相对较小，但在不均匀驱动力作用下经过几十个同步齿轮传递后这种误差就被放大了，以至于在天线地面展开试验中可以清楚观察到这种展开不同步现象。为了对展开不同步进行建模，有必要提出一种等效方法对这类问题进行近似。

考虑到自电动机拖动绳索驱动天线展开时，反射器桁架才出现明显的展开不同步现象，因此拟采用传动比近似方法对反射器桁架齿轮传动间隙进行模化。假设同步齿轮间的传动比为 α，齿轮传动比分布示意图如图 5-12 所示。当两个电动机同时工作时，绳索从两端向中间进行对称收纳，其传动比规律按照从两端向中间次第减小的方式进行。

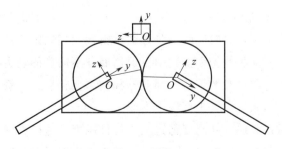

图 5-11　同步齿轮啮合示意图

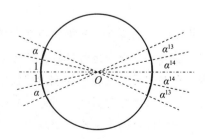

图 5-12　齿轮传动比分布示意图

考虑传动比后齿轮传动约束方程，对于奇数单元，铰链间相对运动广义坐标的关系可以表示为

$$q_{(i-1)*7+3} - \frac{1}{\alpha}q_{(i-1)*7+8} = \frac{1}{\alpha}\pi, \quad i=1, 3, \cdots, 29 \qquad (5.4.2-4)$$

式中，q 为反射器桁架转角坐标。

对于偶数单元，桁架铰链间相对运动的广义坐标关系可以表示为

$$q_{(i-1)*7+3} - \frac{1}{\alpha}q_{(i-1)*7+8} = \pi, \quad i=2, 4, \cdots, 30 \qquad (5.4.2-5)$$

5.4.2.3　桁架展开不同步动力学方程

天线展开不同步将带来传动比不等于1和反射器桁架不同步锁定问题。桁架不同步锁定属于典型的多体系统非连续性问题，需要采用多体动力学自动变拓扑技术实现。

在天线反射器展开过程中某桁架单元锁定时，需要同时改变桁架的约束方程和铰链相对运动坐标对时间一阶导数。本书采用基于铰相对坐标的递推方法建立系统动力学方程，为多体系统拓扑构型的切换创造了十分有利的条件。设桁架某单元锁定前，反射器桁架的动力学方程可表示为

$$\begin{bmatrix} \boldsymbol{G}^{\mathrm{T}}\boldsymbol{M}\boldsymbol{G} & \boldsymbol{\Phi}_{cj}^{\mathrm{T}} & \boldsymbol{\Phi}_{gc}^{\mathrm{T}} \\ \boldsymbol{\Phi}_{cj} & 0 & 0 \\ \boldsymbol{\Phi}_{gc} & 0 & 0 \end{bmatrix}\begin{bmatrix} \ddot{\boldsymbol{q}} \\ \boldsymbol{\lambda}_{cj} \\ \boldsymbol{\lambda}_{gc} \end{bmatrix} = \begin{bmatrix} \boldsymbol{z}+\boldsymbol{f}^{ey} \\ \boldsymbol{\gamma}_{cj} \\ 0 \end{bmatrix} \qquad (5.4.2-6)$$

式中，各符号意义与式（2.6.2-19）相同，不再赘述。当反射器桁架某个或者某些铰链锁定时，仿真软件自动记录下锁定时刻铰链的相对运动坐标，并将发生锁定的铰链及其同一个单元内所有铰链性质均改变为锁定铰，并且将这些铰链的铰相对坐标对时间一阶导数置零。该铰链锁定后，整个闭环四边形桁架单元将失去相应运动功能，该单元内各铰链也将失去自由度。天线拓扑构型改变后，反射器桁架的运动学递推关系应按照新生成的拓扑构型重新由软件自动推导。

原拓扑构型广义速度和加速度可以表示为

$$\boldsymbol{v} = \boldsymbol{G}_0\,\boldsymbol{v}_0 + \boldsymbol{G}_{\mathrm{old}}\,\dot{\boldsymbol{y}}_{\mathrm{old}} \qquad (5.4.2-7)$$

$$\dot{\boldsymbol{v}} = \boldsymbol{G}_0\,\dot{\boldsymbol{v}}_0 + \boldsymbol{G}_{\mathrm{old}}\,\dot{\boldsymbol{y}}_{\mathrm{old}} + \boldsymbol{g}_{\mathrm{old}} \qquad (5.4.2-8)$$

锁定后需要新的速度和加速度可以表示为

$$\boldsymbol{v} = \boldsymbol{G}_0\,\boldsymbol{v}_0 + \boldsymbol{G}_{\mathrm{new}}\,\dot{\boldsymbol{y}}_{\mathrm{new}} \qquad (5.4.2-9)$$

$$\dot{\boldsymbol{v}} = \boldsymbol{G}_0\,\dot{\boldsymbol{v}}_0 + \boldsymbol{G}_{\mathrm{new}}\,\dot{\boldsymbol{y}}_{\mathrm{new}} + \boldsymbol{g}_{\mathrm{new}} \qquad (5.4.2-10)$$

将锁定后的运动学递推关系和相关广义坐标对时间的一阶导数重新代入到锁定后反射器展开动力学方程中进行计算，即可获得考虑拓扑构型变化的反射器展开不同步的动力学方程。本书主要处理转动铰或滑移铰锁定为固结铰的情形，因此拓扑构型变化后，与锁定铰相关的广义坐标对时间一阶导数置零，而系统广义坐标保持不变。

T型铰链及同步齿轮铰链均由金属材料制成，其刚度远远大于杆件刚度，这样在建模时需要将这些铰链均作为刚体进行处理，同时反射器展开过程中杆件将发生明显的弹性变

形，因此在天线展开动力学仿真中需要将杆件模化为弹性体，这样才能较为准确地计算出反射器展开过程中杆件的受力。反射器杆件采用第 2 章介绍的模态叠加法或有限元离散方法进行建模，这样反射器展开过程中杆件的受力也可以较为准确地获得。由于杆件的基频很高（一般大于 60 Hz），且展开不同步主要引起桁架杆件静态变形，为了提高计算效率，一般只取其前面少数几阶模态参与计算即可。

5.4.3　反射器展开过程中索网缠绕故障机理和动力学建模

根据国内外工程经验，索网与桁架缠绕是航天器机构展开失效的重要因素。反射器展开过程中索网绝大部分时间内均处于自由松弛状态，仅展开到最后阶段索网才在短时间内迅速绷紧。在索网松弛期间它将做自由摆动，进而可能会与反射器桁架发生缠绕。反射器展开过程中索网一旦与桁架发生钩挂，即使通过星体姿态机动也难以摆脱这类故障，需要在设计阶段就采取预防措施控制天线展开速度，尽可能避免各类意外情况使索网与桁架发生缠绕。

（1）反射器展开过程中可能引起索网缠绕故障的几类工况作用机理分析

为了说明索网桁架缠绕故障机理，首先简要介绍反射器索网技术特点。图 5-13 为展开状态的反射器张力索网示意图，此刻索网处于预张紧状态。在反射器展开的绝大部分时间内，索网处于松弛和自由飘荡状态，索与索之间及索与桁架之间相互作用关系复杂，给其动力学建模与仿真带来了极大的挑战。由于地面试验难以准确揭示索网在轨展开过程中形态变化，因此必须通过天线索网耦合动力学仿真揭示反射器索网在轨动力学性态，并从天线设计方面提出索网与桁架防缠绕技术措施。

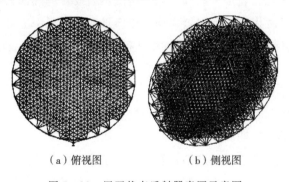

（a）俯视图　　　　　　　（b）侧视图

图 5-13　展开状态反射器索网示意图

图 5-14 为金属反射网示意图，它挂在前张力网的后面，起到反射电磁波的作用。金属反射网本身为连续分布，为了分析该部件结构动力学特性，该图已经将金属反射器网划分为不同的网格。

图 5-15 为镀金钼丝反射网示意图。从几何特征上分析，张力索网孔径的特征尺寸大于 T 型铰链特征尺寸，因此大孔径的索网与反射器桁架 T 型铰链突出部的钩挂是造成反射器索网桁架缠绕的重要故障模式。根据国外研究资料，镀金钼丝反射网孔径的特征尺寸很小，较 T 型铰链特征尺寸低一个数量级，不易和 T 型铰链突出部发生缠绕，因此在设

计上可以充分利用这一点，采取隔离措施将大孔径的前后张力索网及索网桁架彼此隔离开来。

图 5-14　金属反射网

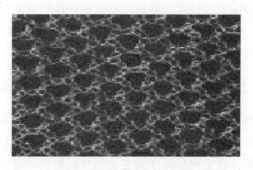

图 5-15　镀金钼丝反射网

根据天线反射器索网技术特点及国内外航天器索网桁架钩挂教训，认为以下四类因素是索网与桁架缠绕主要原因，如图 5-16 所示。

索网与桁架缠绕
- 索网折叠不当
- 反射器展开过程中铰链突然卡滞
- 展开过程中星体姿态突然改变
- 同步齿轮铰链擒纵机构振动周期设计不合理

图 5-16　索网与桁架缠绕主要影响因素

根据以往航天器机构在轨展开教训，索网折叠不当或者展开前索网折叠状态被改变是造成索网桁架缠绕的重要因素。反射器索网数量多且展开过程中大部分时间内处于松弛状态，展开前索网折叠不合理，则在桁架展开过程中索网将与自身或桁架突出部位发生缠绕。事实上如何管理一团松弛的索网，并使之能够抵御发射时的复杂过载，确保航天器入轨后索网有序展开历来都是航天器机构设计中的巨大挑战。为了解决这一技术难题，需要从数值仿真和试验两方面选出最优的索网管理方案。

图 5-17 为反射器展开期间索网运动示意图。如图 5-17（a）所示，t_i 时刻桁架通过绳索与桁架连接接头拖动其附近索网率先运动，由于绳索惯性效应，未被拖动的索网将停留在原先靠近小臂的位置。如果反射器展开过程中卫星姿态发生抖动（如图 5-17（b）所示），那么这些索网将可能会与桁架突出部位发生接触乃至缠绕。此外在卷簧驱动反射器展开期间，反射器桁架展开速度较快，如果反射器桁架遇到障碍突然停止，那么具有惯性的反射器索网将继续向前运动进而甩到反射器外桁架上，造成索网与桁架缠绕，如图 5-18 所示。因此从力学角度看，为避免卫星姿态突然变化和桁架展开突然停止引起的桁架索网缠绕故障，需要使反射器索网始终尽可能地保持在反射器桁架几何中心线对称位置，并保证反射器桁架与索网相对运动速度尽可能小。

（2）擒纵调速机构防缠绕的力学原理分析

为了保证桁架展开期间索网基本处于桁架几何中心线周围，并使索网与桁架相对速度

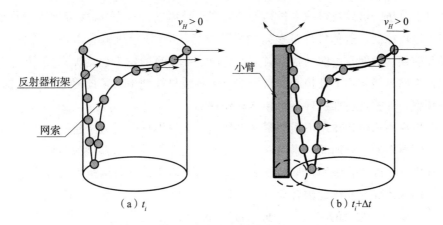

（a）t_i （b）$t_i + \Delta t$

图 5-17 反射器展开期间索网运动示意图

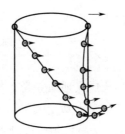

图 5-18 反射器展开期间突然停止

尽可能小，有必要引入擒纵调速机构，通过频繁的起停动作达到防止索网与桁架缠绕的目的。

擒纵调速机构可保证索网在桁架几何中心周围动态摆荡。在卷簧驱动桁架展开期间，擒纵机构的擒动作使桁架展开突然停止，而与之相连的索网则由于惯性继续向前摆动，如果这个摆动幅度过大，那么索网将会甩到小臂对面的桁架上去，造成索网与桁架缠绕，如果这个摆动的幅度较小，则可以使部分索网利用自身惯性将靠近小臂处于静止状态的索网带动起来，并因此把正在摆动这部分索网的摆幅降低下来，实现将整个索网中心向反射器新几何中心运动的作用。可以看出，避免索网摆动幅度过大是防止反射器索网甩上桁架的关键。

合理的擒纵机构振动周期是防止索网与桁架缠绕的核心技术参数。根据动能定理，索网摆动的幅度取决于桁架被擒住时刻索网的速度，索网速度又通过与桁架连接接头被桁架控制，因此只要降低桁架被擒住前一瞬间的展开速度，即可降低索网摆动的幅度。在卷簧驱动力矩和阻力矩一定的情况下，降低桁架展开时间长度，才能降低桁架被擒住前瞬时的速度，因此只有降低擒纵机构振动周期才能有效控制桁架被擒住前瞬时的速度。从理论上看，擒纵机构振动周期越小越有利于降低索网自由摆动幅度。然而从机构可制造性和成本看，擒纵机构振动周期不可能做到无限小，况且擒纵机构振动周期过小，也将导致单位时间内擒纵机构撞击次数过多，反而降低擒纵机构的工作可靠性。

　　根据以上分析，可以获得擒纵机构振动频率设计原则：1）在确保索网不缠绕前提下，振动频率应尽可能低，避免机件过多碰撞导致损坏；2）擒纵机构宜采用变周期设计。在反射器展开前期，索网自由摆动幅度较大，此时需要较高的擒纵机构振动频率；在反射器展开后期，索网已经基本上被拉起，与桁架发生缠绕可能性不大，此时应尽可能降低擒纵机构振动频率，保护其内部机件不因频繁动作损坏。

　　（3）在擒纵调速机构作用下桁架索网多体展开非线性耦合动力学建模

　　天线反射器桁架展开期间，索网一旦与之缠绕便会引发反射器展开故障。鉴于这类在轨故障极难排除，因此将索网桁架缠绕故障模式研究着重放在索网桁架防缠绕分析上。

　　桁架索网多体展开非线性耦合动力学方程为

$$
\begin{bmatrix}
\boldsymbol{G}^{\mathrm{T}}\boldsymbol{M}\boldsymbol{G} & 0 & \boldsymbol{\Phi}_{cj}^{\mathrm{T}} & \boldsymbol{\Phi}_{gc}^{\mathrm{T}} & \boldsymbol{\Phi}_{cnq_i}^{\mathrm{T}} \\
0 & \boldsymbol{M}_c & 0 & 0 & \boldsymbol{\Phi}_{cnq_c}^{\mathrm{T}} \\
\boldsymbol{\Phi}_{cj} & 0 & 0 & 0 & 0 \\
\boldsymbol{\Phi}_{gc} & 0 & 0 & 0 & 0 \\
\boldsymbol{\Phi}_{cnq_i} & \boldsymbol{\Phi}_{cnq_c} & 0 & 0 & 0
\end{bmatrix}
\begin{bmatrix}
\ddot{\boldsymbol{q}}_i \\
\ddot{\boldsymbol{q}}_c \\
\boldsymbol{\lambda}_{cj} \\
\boldsymbol{\lambda}_{gc} \\
\boldsymbol{\lambda}_{cn}
\end{bmatrix}
=
\begin{bmatrix}
\boldsymbol{z}+\boldsymbol{f}^{ey} \\
\boldsymbol{F}_j \\
\boldsymbol{\gamma}_{cj} \\
0 \\
\boldsymbol{\gamma}_{cn}
\end{bmatrix}
\qquad (5.4.3-1)
$$

式中，$\boldsymbol{G}^{\mathrm{T}}\boldsymbol{M}\boldsymbol{G}$ 为整星含反射器桁架系统广义质量矩阵，$\boldsymbol{M}_c$ 为索网节点等效质量矩阵，$\boldsymbol{\Phi}_{cj}$ 为桁架切断铰约束方程对应的雅可比矩阵，$\boldsymbol{\Phi}_{gc}$ 为同步齿轮传递约束方程对应的雅可比矩阵，$\boldsymbol{\Phi}_{cnq_i}$、$\boldsymbol{\Phi}_{cnq_c}$ 分别为与桁架和索网广义坐标相对应的索网桁架连接约束的雅可比矩阵。

　　通过对以上动力学方程进行积分，并配合计算机三维图形演示即可对星载大型天线在轨展开期间索网桁架缠绕特性评估，对于缠绕过程和缠绕后整星控制策略仿真还需要进一步结合索网桁架动接触仿真开展研究。

参 考 文 献

［1］ Robert L. F. NASA Space mechanisms handbook ［R］. Ohio：Glenn Research Center，1999.

［2］ Freeman M. T. Spacecraft On－Orbit Deployment Anomalies：What can be done ［J］. IEEE AES Systems Magazine，1993，4：1－15.

［3］ 董富祥. 星载大型天线展开过程多体动力学建模及典型故障模式处理对策仿真研究 ［R］. 北京：中国空间技术研究院博士后出站报告，2013.

［4］ 董富祥，周志成，曲广吉. 星载大型天线展开过程多体系统动力学建模仿真 ［C］. 航天与力学高峰论坛论文集，北京，2011：378－388.

［5］ 董富祥，周志成，曲广吉. 星载大型天线反射器桁架展开动力学建模仿真 ［J］. 航天器工程，2012，21（4）：26－31.

［6］ 董富祥，周志成，曲广吉. 国外大型空间网状天线在轨展开故障模式分析 ［J］. 航天器工程，2012，21（6）：119－124.

［7］ 董富祥，周志成，曲广吉. 大型天线展开多体动力学与故障对策仿真 ［C］. 2013 全国结构振动与动力学学术研讨会，广州，2013：131－137.

［8］ 马兴瑞，于登云，孙京，等. 空间飞行器展开与驱动机构研究进展 ［J］. 宇航学报，2006，27（6）：1123－1131.

［9］ 杨维垣. 空间机构分类及可靠性研究 ［J］. 航天器工程，1994（1）：31－39.

［10］ 陈道明，王力田，汪一飞. 通信卫星有效载荷技术 ［M］. 北京：中国宇航出版社，2001.

［11］ 于登云，杨建中. 航天器机构技术 ［M］. 北京：中国科学技术出版社，2011.

［12］ Meguro A，Mitsugi J. Ground verification of deployment dynamics of large deployable space structures ［J］. Journal of spacecraft and rockets，1992，29（6）：835－841.

［13］ Miyasaka A，Mitsugi J. Thermal distortion of over 10m diameter reflectors formed by truss structure ［J］. AIAA，1997，1－10.

［14］ Miyoshi K. Aerospace mechanisms and tribology technology case study ［J］. Tribology International，1999，32：673－685.

［15］ 宋剑鸣，冀有志，袁民，等. 北斗天线展开电动机及齿轮减速机构地面试验 ［J］. 空间电子技术，2001，111－119.

［16］ 蒋寿良. 东方红三号卫星通信天线展开机构及展开试验 ［J］. 空间电子技术，1994（3）：67－70.

［17］ 冯达武，赵人杰. 空间大型网状展开天线展开机构的研究 ［J］. 中国空间科学技术，1997（1）：64－70.

［18］ Vampola A L. Analysis of environmentally induced spacecraft anomalies ［J］. Journal of Spacecraft and Rockets，1994，31（2）：154－159.

［19］ Takano A. Tribology－related space mechanism anomalies and the newly constructed high－vacuum mechanism test facilities in NASDA ［J］. Tribology International ，1999，32：661 － 671.

［20］ 孔三江. 空间大型可展开天线与卫星间刚柔耦合多体动力学分析 ［D］. 西安：西北工业大学，2004.

［21］ 杨保华. 航天器制导、导航与控制 ［M］. 北京：中国科学技术出版社，2011.

［22］ Tafazoli M. A study of on－orbit spacecraft failures ［J］. Acta Astronautica，2009，64：195－205.

第6章 空间大型天线展开故障模式处理对策仿真

空间天线展开过程各类故障模式应急对策与预防措施的制定需要在透彻理解航天器总体设计、天线设计及制造技术的基础上，运用多学科知识确定可行的故障预防或排除方案。引起航天器机构展开故障的因素较多，同一类故障模式也可能是由不同的因素造成的，因此需要针对具体的故障模式，分析造成这些故障模式的作用机理，并针对不同机理引起的故障模式制定合理的天线在轨展开故障预防及处理措施，确保以最小的代价使航天器天线反射器机构避免或摆脱故障，正常可靠展开。

本章主要从航天器机构摩擦学和多体系统动力学角度对空间大型天线在轨展开故障进行分析探讨。鉴于大小臂驱动机构均为电动机主动驱动关节且这类机构技术成熟度较高，其可靠性得到过多次飞行验证，因此本章将集中研究反射器展开故障模式处理对策及预防措施。根据空间大型天线展开故障模式分析结果，确定反射器铰链卡滞、传动比导致桁架传动不同步引起的故障及索网与桁架间缠绕等三类故障为系统级主要故障模式。三类典型故障模式中只有铰链卡滞故障可通过在轨故障排除措施解决，其他两类故障一旦发生就难以挽救，因此对后两类故障主要从故障预防方面提出相应措施。

6.1 桁架铰链卡滞故障处理对策仿真

根据大型周边桁架式天线展开原理，当铰链卡滞时，可在铰链热控措施的基础上采用以下方式排除铰链卡滞故障：反射器展开角度较小时，采用姿态机动方式排除铰链卡滞故障；反射器展开角度较大时，采用增大电动机驱动力矩的方式排除铰链卡滞故障。相对而言，滑移铰位于斜杆之间，且为金属与复合材料杆件接触，受力及摩擦系数均不大，不易出现卡滞故障。因此，主要侧重转动铰卡滞情况处理对策研究。桁架铰链卡滞情况下故障排除措施及其原因如下：

（1）反射器展开角度较小（<3°）时，采用姿态机动方式排除铰链卡滞

反射器桁架展开角度很小时其接近奇异位置（见第3章图3-35），此时通过增加电动机输出力矩的方式增大绳索张力，并不能使反射器展开驱动力矩的增加超过其阻力矩的增加量，同时进一步增加绳索张力还会使铰链位置受力更大，破坏铰链位置脆弱的润滑膜，增大铰链位置处摩擦系数。因此，在反射器展开角很小的情况下，一般仅能使用星上推力器通过整星姿态机动方式使反射器铰链摆脱卡滞。

根据国际经验，在该状态下常用的处理对策为将该处铰链朝向太阳，利用铰链温度上升增大铰链间隙，降低铰链配合位置处受力，并启动姿控发动机使整星作姿态机动，以获得摆脱铰链卡滞所需要的力矩。需要指出的是，在实施星体姿态机动时，不仅需要考虑姿

态机动能否使反射器桁架摆脱卡滞状态，还需要保证卫星其他部件可以正常工作，尽力避免星体姿态机动引起索网与桁架缠绕或者其他部件在此期间受到破坏。

（2）反射器展开角度较大（≥3°）时，采用增大电动机驱动力矩的方式排除铰链卡滞故障

这种情况宜采用同时增加两个电动机输出力矩的方式使反射器桁架摆脱卡滞，同时增加两个电动机输出力矩主要是为了避免反射器桁架展开不同步现象进一步加剧，降低天线反射器桁架受力不均衡。

6.1.1　同步齿轮铰链卡滞处理对策仿真

根据反射器桁架动力学仿真和试验结果，反射器展开期间距离小臂最远的铰链受到的约束反力最大，这意味着发射前多次地面展开试验中该处铰链润滑膜受到的力也最大，从而使该处润滑膜最容易被破坏，为此选定该处铰链作为展开过程中容易出现卡滞的铰链。图 6-1 为俯视情况大型周边桁架式天线各单元编号及 15 号单元物体和铰链编号示意图。在图 6-1（a）中，桁架单元按照逆时针顺序从小臂位置开始编号，图 6-1（b）中物体和铰链编号次序与以上各章节物体编号次序相同。接下来，将按照反射器桁架收拢位置卡滞和展开 30°卡滞两种情况对天线展开故障对策进行分析仿真。

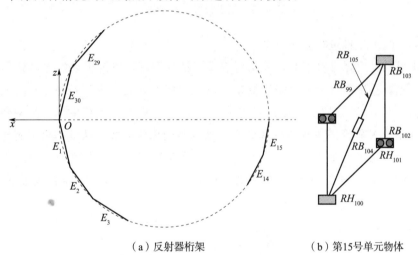

（a）反射器桁架　　　　　　　　（b）第15号单元物体

图 6-1　反射器桁架单元和 15 号单元物体编号

6.1.1.1　收拢状态下 15 号单元同步齿轮铰链齿轮与支撑孔卡滞

图 6-2 为反射器处于收拢状态下整星构型。假设此刻卫星南北太阳翼法线方向与星体 Z 轴平行，并锁定。为较准确考核整星姿态机动对铰链摆脱卡滞效果，需要将铰链和桁架分开模化。为评估故障处理对策的合理性与有效性，需要根据天线展开动力学仿真结果计算出卡滞铰链位置处摩擦力矩的大小。根据天线展开动力学仿真计算，铰链卡滞情况下反射器桁架处于收拢状态时，铰链 RH_{101} 位置处的约束反力为 3.48 N，设其有效摩擦力半径为 0.005 m，摩擦系数为 1.1，则其摩擦阻力矩为 0.019 N·m。假设卫星采用姿控10 N

推力器进行姿态机动，相邻两个推力器推力中心距离为 2.36 m，且其推力矢量与各坐标轴平行，姿态推力器输出推力为常数，忽略推力器的推力波动。下面将通过数值仿真分析给出铰链 RH_{101} 卡滞情况下，卫星沿哪个轴作姿态机动可有效帮助天线反射器摆脱铰链卡滞故障。

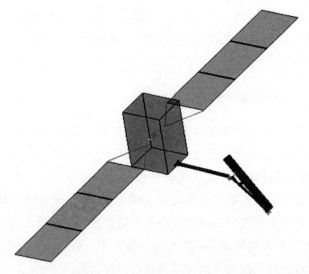

图 6-2　收拢状态下整星构型

（1）星体绕 $+X$ 轴进行姿态机动

为了获得最优故障排除策略，采用对卫星三轴分别进行姿态机动的方法评估这些对策可行性。首先对整星进行 $+X$ 轴姿态机动，以确定能否帮助反射器铰链 RH_{101} 展开。控制策略为启动一对 10 N 姿控推力器并使之作用 3.2 s，以产生一个绕星体 $+X$ 轴的力偶。图 6-3 为星体沿 $+X$ 轴姿态机动时星体姿态角速度时间历程曲线。从该图可以看出，整星沿 $+X$ 轴作姿态机动时，星体不仅滚动方向存在一定角速度，而且在俯仰和偏航方向角速度也发生一定的变化，这是由于整星主惯量轴方向与卫星滚动、俯仰和偏航轴不一致造成的。

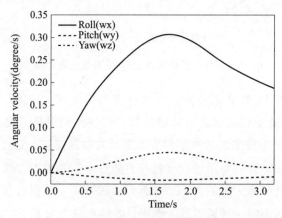

图 6-3　星体沿 $+X$ 轴姿态机动期间星体角速度时间历程曲线

　　图 6-4 为星体沿＋X 轴姿态机动期间南太阳翼与星体约束反力和反力矩时间历程曲线。从图中可以看出，星体姿态机动期间南太阳翼与星体间的力矩变化很大，最大值甚至超过 12 N·m，这对于太阳翼与星体间连接铰链和太阳翼板间铰链而言将是个考验，有必要对太阳翼与星体间连接铰链和导电滑环处结构强度进行校核，避免星体姿态机动过大导致太阳翼受力超出准许范围而破坏。

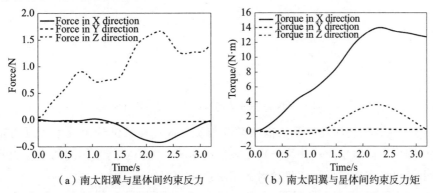

（a）南太阳翼与星体间约束反力　　　　　（b）南太阳翼与星体间约束反力矩

图 6-4　星体＋X 轴姿态机动期间南太阳翼与星体间约束反力与反力矩时间历程曲线

　　图 6-5 为星体姿态机动期间铰链 RH_{101} 受力时间历程曲线。从图中可以看出，初始时刻铰链 RH_{101} 受力最大，但整个过程变化不大，因此可认为解脱铰链所需的摩擦力矩不变，而沿铰链＋X 轴方向约束反力矩的变化量最大值为 0.026 N·m，大于铰链卡滞力矩 0.019 N·m。

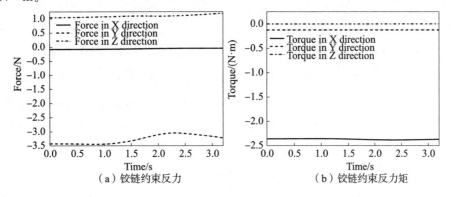

（a）铰链约束反力　　　　　　　　（b）铰链约束反力矩

图 6-5　星体＋X 轴姿态机动期间铰链约束反力与反力矩时间历程曲线

（2）星体绕－Y 轴进行姿态机动

　　考虑到太阳翼已经展开，为避免星体姿态机动破坏太阳翼及其连接铰链，考虑采用沿－Y 轴姿态机动的方法摆脱铰链卡滞。控制策略为启动 10 N 姿控推力器并使之作用 3.2 s，以产生一个绕星体－Y 轴的力偶。

　　图 6-6 为星体绕－Y 轴姿态机动期间星体姿态角速度时间历程曲线。可以看出，在 10 N 推力器作用下卫星沿其俯仰轴产生一定角速度，而沿滚动和偏航方向角速度则较小。

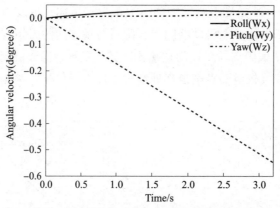

图 6 - 6　星体沿-Y 轴姿态机动期间星体姿态角速度时间历程曲线

　　图 6 - 7 为星体姿态机动期间，南太阳翼与星体间连接铰链约束反力和反力矩时间历程曲线。从图中可以看出，星体绕−Y 姿态机动期间，太阳翼与星体间约束反力和约束反力矩均较小，可以有效降低姿态机动对太阳翼产生的损伤。

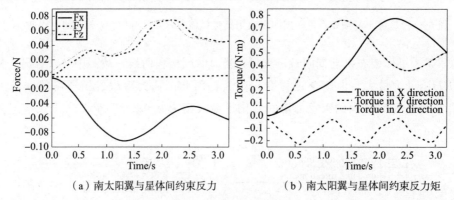

（a）南太阳翼与星体间约束反力　　　　　　（b）南太阳翼与星体间约束反力矩

图 6 - 7　星体沿-Y 轴姿态机动期间南太阳翼与星体间约束反力和反力矩时间历程曲线

　　图 6 - 8 为星体姿态机动期间 RH_{101} 铰链位置处约束反力和反力矩时间历程曲线，图中的约束反力和反力矩已经被投影在物体 RB_{101} 的体坐标系上。星体姿态机动期间铰链反力矩的变化量约 0.005 N·m，小于使铰链摆脱卡滞所需要的 0.019 N·m，因此通过−Y 轴姿态机动不能使同步齿轮铰链 RH_{101} 摆脱卡滞。

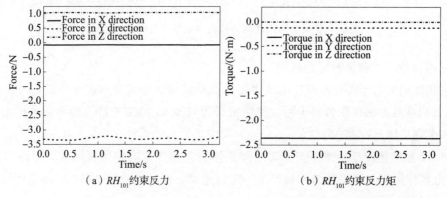

（a）RH_{101}约束反力　　　　　　　　　（b）RH_{101}约束反力矩

图 6 - 8　星体沿-Y 轴姿态机动期间铰链 RH_{101} 处约束反力和反力矩时间历程曲线

（3）星体绕＋Z 轴进行姿态机动

为了使反射器桁架 RH_{101} 铰链摆脱卡滞，星体绕＋Z 轴作姿态机动，姿控推力器作用时间仍为 3.2 s。图 6-9 为星体沿＋Z 轴姿态机动时星体姿态角速度时间历程曲线。从图中可以看出，由于太阳翼和伸展臂柔性的影响，星体沿＋Z 轴姿态角速度变化较大。

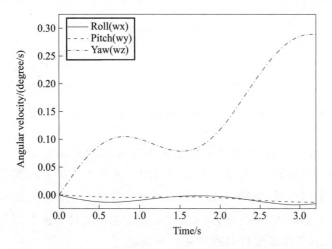

图 6-9　星体沿＋Z 轴姿态机动期间姿态角速度时间历程曲线

图 6-10 为南太阳翼与星体连接铰链处约束反力和反力矩时间历程曲线。从图中可以看出，南太阳翼驱动铰链约束反力沿 X 轴方向变化较大，但总体值很小。但太阳翼沿＋Z 轴约束反力矩最大值超过 12 N·m，需要引起注意。

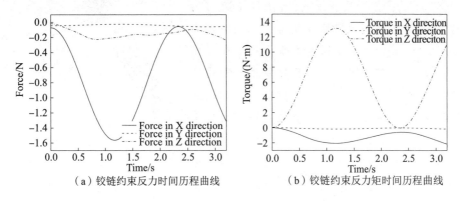

（a）铰链约束反力时间历程曲线　　　　　（b）铰链约束反力矩时间历程曲线

图 6-10　星体沿＋Z 轴姿态机动期间南太阳翼与星体间约束反力和反力矩时间历程曲线

图 6-11 为沿星体＋Z 轴作姿态机动时铰链 RH_{101} 的铰链约束反力和反力矩时间历程曲线。从图中可以看出，初始时刻铰链约束反力最大，RH_{101} 沿＋X 轴约束反力变化最大值超过 0.070 N·m，大于摆脱铰链卡滞需要的 0.019 N·m，同时该值也大于星体绕＋X 轴姿态机动时产生的铰链约束反力，因此从动力学角度考虑，星体绕＋Z 轴作姿态机动为最优控制策略。

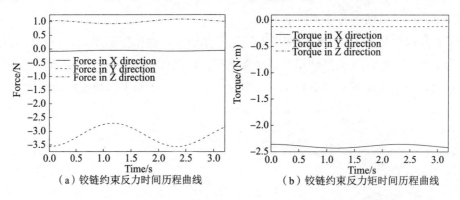

（a）铰链约束反力时间历程曲线　　　　　　（b）铰链约束反力矩时间历程曲线

图6-11　星体沿+Z轴姿态机动期间铰链RH_{101}的约束反力和反力矩时间历程曲线

6.1.1.2　展开30°时15号单元同步齿轮铰链齿轮与轴孔配合失效

图6-12为反射器展开30°时整星构型示意图。为了显示方便，该图未绘出索网。从该图可以看出，反射器桁架已经远离奇异位置，其展开动力主要由直流电动机提供。为了保证可靠驱动，反射器采用双电动机驱动方式，由于绳索滑轮摩擦力的存在，绳索张力从小臂连接位置处向距小臂最远处对称衰减。设两电动机输出端的绳索拖动力为100 N，绳索与滑轮摩擦系数为0.001，跨线轮阻力为0.784 N。假设此时铰链RH_{101}发生卡滞，拟采用增加绳索张力的方法使反射器桁架摆脱卡滞。

展开30°时反射器桁架的铰链RH_{101}受力为78.9 N，如果由于摩擦该铰链发生卡滞，则摩擦力矩为0.4340 N·m，将电动机绳索张力从100 N增加至110 N，则铰链RH_{101}处的等效驱动力矩将从29.7 N·m增加到32.8 N·m，摩擦阻力矩则增加至0.4834 N·m，驱动力矩足以克服铰链约束反力增加引起的摩擦力矩增加，使铰链RH_{101}摆脱卡滞。

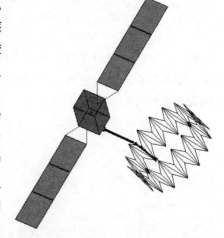

图6-12　反射器桁架展开30°时整星构型

对于反射器展开角度超过30°的同步齿轮铰链齿轮装配孔与齿轮轴卡滞问题，均可采用增加电动机输出力矩的方法摆脱铰链卡滞故障。

6.1.2　T型铰链卡滞处理对策仿真

T型铰链均由转动铰组成，其基本特征为轴孔配合，工作原理与同步齿轮孔轴配合相同，这里不再对其卡滞原理进行赘述。每个T型铰链上面共有4个转动铰，构造简单，可靠性高。以图6-1中第15号单元的RH_{100}为对象，研究其在收拢和展开30°情况下，铰链卡滞故障对策仿真结果。

6.1.2.1　收拢状态时T型铰链中的转动铰卡滞

收拢状态T型铰链卡滞时，整星构型如图6-2所示。由于收拢状态电动机拖动无助于铰链摆脱卡滞，因此仍需采用星体姿态机动的方法来使反射器桁架的 RH_{100} 铰链摆脱卡滞。经过计算获得收拢状态下铰链 RH_{100} 卡滞情况下该处约束反力为 3.53 N，对应的摩擦阻力矩为 0.019 N·m，假设采用的故障排除策略及参数与同步齿轮铰链相应策略和参数相同。首先分析整星沿星本体 $+X$ 轴进行姿态机动时，铰链 RH_{100} 能否摆脱卡滞。图 6-13 为星体绕 $+X$ 轴姿态机动期间，铰链 RH_{100} 约束反力和反力矩时间历程曲线。可以看出，约束反力以初始时刻为最大，整个过程中铰链约束反力矩沿 X 轴变化量为 0.007 N·m，不足以使铰链位置摆脱卡滞。

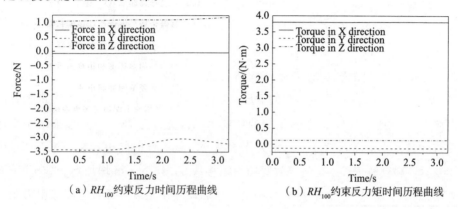

（a）RH_{100} 约束反力时间历程曲线　　　　（b）RH_{100} 约束反力矩时间历程曲线

图 6-13　星体 $+X$ 轴姿态机动期间铰链 RH_{100} 约束反力和反力矩时间历程曲线

图 6-14 为星体绕 $-Y$ 轴姿态机动期间，铰链 RH_{100} 约束反力和反力矩时间历程曲线。从该图可以看出，星体绕 $-Y$ 轴姿态机动期间，铰链 RH_{100} 产生的约束反力变化不大，而铰链 RH_{100} 上沿 $+X$ 轴的约束反力矩变化量小于 0.003 N·m，不足以使反射器桁架摆脱卡滞。

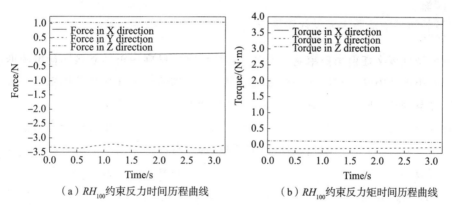

（a）RH_{100} 约束反力时间历程曲线　　　　（b）RH_{100} 约束反力矩时间历程曲线

图 6-14　星体 $-Y$ 轴姿态机动期间铰链 RH_{100} 约束反力和反力矩时间历程曲线

图 6-15 为星体绕 $+Z$ 轴姿态机动期间，铰链 RH_{100} 约束反力和反力矩时间历程曲线。从图中可以看出，星体姿态机动期间，铰链 RH_{100} 约束反力变化较为明显，同时其约束反力矩沿 $+X$ 轴变化量超过 0.019 N·m，可以帮助天线摆脱卡滞。

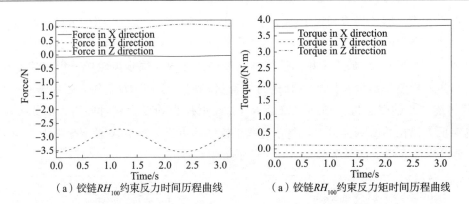

（a）铰链RH_{100}约束反力时间历程曲线　　　（a）铰链RH_{100}约束反力矩时间历程曲线

图 6-15　星体$+Z$轴姿态机动期间铰链RH_{100}约束反力和反力矩时间历程曲线

6.1.2.2　展开 30°时 15 号单元 T 型铰链轴孔配合卡滞

展开 30°时，15 号单元 T 型铰链的RH_{100}铰链卡滞，此时可采用增大绳索张力的方式使铰链摆脱卡滞。展开 30°时反射器桁架的铰链RH_{100}受力为 78.9 N，如果由于摩擦阻力矩过大使该铰链发生卡滞，则摩擦力矩为 0.4340 N·m，此时将电动机绳索张力从 100 N 增加至 110 N，则铰链RH_{100}处的等效驱动力矩将从 25.45 N·m 增加到 28.54 N·m，摩擦阻力矩增加至 0.4834 N·m，可见这种情况下驱动力矩足以克服铰链摩擦阻力矩，从而使铰链RH_{100}摆脱卡滞。

此外，温度梯度、多余物均可能引起同步齿轮啮合卡滞。为避免热膨胀系数不一致导致的齿轮啮合卡滞，建议在材料选择和温度控制方面采取相应措施；多余物可能由环境不洁净或机械磨损造成，建议对装配间洁净度、温度及湿度进行严格控制，并通过降低啮合表面粗糙度方法避免齿轮啮合卡滞。

6.1.3　斜杆滑移铰链防卡滞设计建议

斜杆滑移铰链工作原理如图 6-16 所示。从图中可以看出，尽管反射器桁架展开过程中斜杆受力不大，但一旦斜杆滑移铰链混入杂质将增加斜杆滑移铰链摩擦阻力，影响天线反射器的可靠展开。

为降低可能混入的杂质对斜杆滑移铰链运动特性的影响，减小滑移摩擦系数，提升其运动可靠性，并考虑到反射器桁架杆件的壁厚较薄，考虑采用以滚动约束替滑移约束的方法提升滑移铰链展开可靠性，该方案还可避免反射器斜杆端部应力集中。

图 6-17 为设计改进后的斜杆滑移铰链工作原理图。采用双排滚动轴承代替滑移铰，既可以减小铰链斜杆相对运动摩擦力，又可以降低杂质混入影响天线展开的风险。此外双排滚动轴承设计可以保证斜杆定心性，提升斜杆相对滑移运动的平稳性。

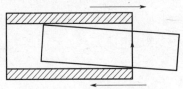　　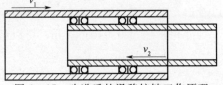

图 6-16　滑移铰链工作原理　　　图 6-17　改进后的滑移铰链工作原理

6.2　桁架传动不同步现象仿真评价与设计建议

6.2.1　正常驱动和一侧动力装置损坏情况下反射器传动不同步仿真

图 6 - 18 为电动机牵引斜杆拉索驱动反射器桁架展开示意图。从该图可以看出，两电动机经过谐波减速器之后，拖动斜杆拉索将驱动力传递给反射器桁架。

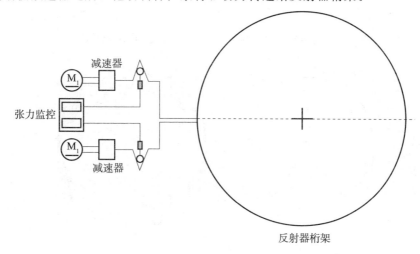

图 6 - 18　电动机驱动拉索示意图

正常情况下，两电动机输出拉力相同，经过各个反射器桁架单元跨线轮和防跳线装置摩擦力衰减后，绳索施加在反射器桁架上的驱动力力偶关于小臂与反射器桁架最远端连线（图中点划线）对称，进而使反射器桁架不同步构型沿中轴线对称。如果反射器展开过程中一侧电动机驱动装置损坏，那么绳索张力不均匀和齿轮传动间隙将使反射器桁架出现严重的不对称，进而使反射器桁架受力陡然增大。下面主要通过动力学仿真，评估一侧动力装置失效情况下反射器桁架展开不同步对天线反射器的影响。

图 6 - 19 为双侧电动机同时工作时动力绳运动方向示意图。从图中可以看出，双侧电动机驱动情况下动力绳的收纳方向是对称的。图 6 - 20 为一侧电动机损坏情况下，另一侧电动机驱动时动力绳收纳方向示意图。可以看出，这种情况绳索主要由单侧电动机进行收纳，将导致拉索作用在反射器桁架上的力偶沿绳索收纳方向更快衰减。

根据试验结果，卷簧驱动期间反射器展开基本保持同步，至卷簧驱动末期反射器已经展开约30°。自电动机开始驱动反射器展开时，由于各单元绳索张力的差异，反射器展开开始出现不同步。下面将以反射器展开30°为起点开展电动机驱动下反射器展开动力学仿真。为了说明问题，假设考虑齿轮啮合间隙后，主从动齿轮的传动比为0.95。

图 6 - 21 为两侧驱动装置正常工作情况下反射器桁架展开构型示意图。可以看出，考虑同步齿轮传动间隙后，展开状态的反射器桁架构型的俯视投影不再是圆形。但由于两侧电动机输出拉力相同，反射器俯视图仍为对称的形状。

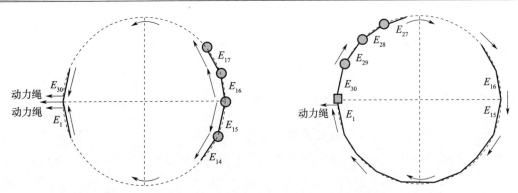

图 6-19　正常驱动情况下动力绳运动方向示意图　图 6-20　单侧电动机驱动情况下动力绳收纳方向示意图

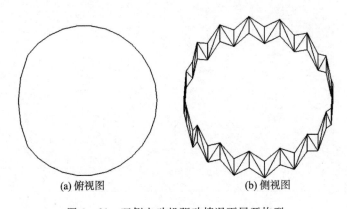

(a) 俯视图　　　　　　　　　　　　　(b) 侧视图

图 6-21　双侧电动机驱动情况下展开构型

　　图 6-22 为单侧电动机驱动情况下反射器桁架展开构型图。从图中可以看出，此时反射器桁架展开过程俯视投影明显偏向一边。这主要是由于一侧电动机停止工作，单侧收纳绳索导致反射器受力不对称造成的。

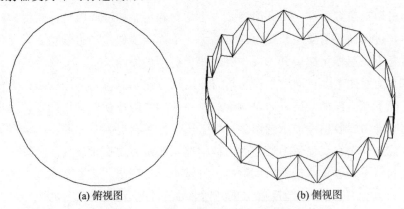

(a) 俯视图　　　　　　　　　　　　　(b) 侧视图

图 6-22　单侧电动机驱动情况下展开构型

6.2.2　桁架传动不同步对天线展开可靠性影响分析与设计建议

　　反射器桁架展开过程中单侧动力装置失效对反射器桁架展开可靠性具有一定影响。下面将结合反射器桁架驱动装置设计对天线展开可靠性进行分析说明。

为避免一个电动机失效后反射器桁架展开不同步的影响，可考虑将两套机械驱动装置进行并联设计，并设立切换开关。这类设计可以提高驱动机构可靠性，降低一个电动机停止工作后的风险，但对电动机的输出力矩提出了增加一倍的要求。可靠性改进的设计如图 6 - 23 所示。

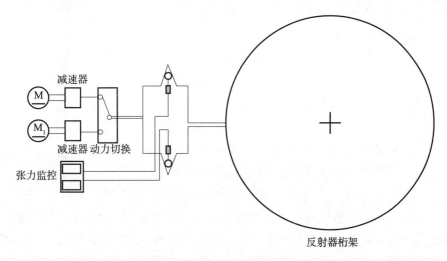

图 6 - 23　电动机驱动设计改进示意图

采用动力装置平行备份设计，可增加动力系统的可靠性，可以较有效解决一侧驱动装置失效引起的反射器桁架展开不同步导致的杆件受力过大问题，降低了复合材料杆件损坏的风险。但动力切换装置的增加又提高了系统的复杂度和重量，并对电动机输出力矩提出更高要求。在实际设计中，需要根据电机可靠性权衡双电机驱动方案和以上设计方案的优缺点，进行最终选型。此外，优化同步齿轮传动比、增大卷簧驱动下天线预展开口径及提升电机驱动阶段拉索张力均匀性等措施均可有效降低天线展开不同步性，增强天线的在轨展开可靠性。

6.3　桁架展开过程中索网缠绕故障仿真分析及设计建议

下面将依次讨论索网管理装置设计、天线展开过程中铰链突然卡滞、卫星姿态机动和调速控制机构等因素对反射器索网桁架缠绕特性的影响，并根据数值仿真结果给出天线展开过程中防止索网桁架缠绕的设计建议。

6.3.1　索网与桁架缠绕故障仿真分析

6.3.1.1　索网折叠方案对桁架索网缠绕的影响

为了讨论索网折叠方案对桁架索网缠绕特性的影响，有必要介绍一下反射器索网设计流程。首先根据任务分析与航天器总体技术要求得到展开状态大型天线反射面理想抛物面形状，然后根据天线电性能要求，通过找型方法获得展开状态下预张力索网构型。为了评估索网折叠方案对桁架索网缠绕特性的影响，需要获得收拢状态索网构型，这时需要通过动力学或静平衡分析获得收拢状态索网初始构型。

　　图6-24为无索网管理装置情况下根据静平衡原理计算获得的索网在重力场中平衡构型示意图。从图中可以看出，索网在自由下垂状态下其纵向尺寸大于收拢状态桁架纵向尺寸，如果不对索网进行有效管理，那么在卫星运输、发射和展开过程中索网可能会发生较大幅度摆荡，从而使索网与卫星其他部件或者反射器桁架自身缠绕在一起，造成天线反射器在轨展开故障。为降低反射器索网与其他部件缠绕风险，需要通过索网折叠技术将索网装进收拢状态反射器桁架箍桶内。

　　图6-25为以索网自由下垂状态为初始构型，不计重力、铰链位置摩擦阻力和擒纵机构影响的反射器展开各个时刻构型，假设在其展开过程中其左侧竖杆始终与地面固结。

图6-24　索网在重力场自由下垂构型

从该图可以看出，由于索网的惯性作用和柔性大变形特点，松弛状态索网的运动总是滞后于反射器桁架的运动，但当索网完全被反射器桁架拉动后，索网便具有了不易受桁架约束的大范围摆荡，在摆荡过程中索网极易与反射器桁架突出部发生接触，造成索网与桁架的缠绕。这说明对于索网这类柔性大变形的编织物而言，必须采取措施抑制其自由摆荡，方可确保其有序展开，避免其与反射器桁架发生缠绕。

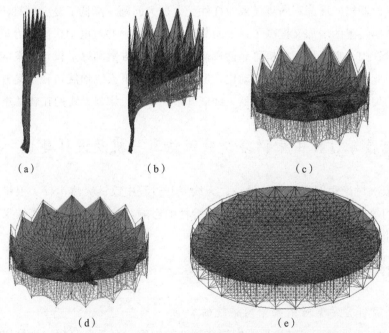

（a）　　　　　　　　　　（b）　　　　　　　　　　（c）

（d）　　　　　　　　　　　　（e）

图6-25　不考虑重力和擒纵机构情况下反射器索网各个时刻构型

　　为保证反射器索网有序展开，拟采用二次折叠技术对索网初始状态进行管理，将索网折叠在收拢状态的桁架箍桶内。图6-26为索网折叠技术方案示意图。图中硬点表示自始至终与桁架相连接的点，图中二次悬挂点表示初始时刻与桁架连接的悬挂点，但天线桁架抱箍解脱后，这些二次悬挂点与桁架间的约束也将解除。硬点和二次悬挂点位于桁架竖杆的同一位置，为了演示方便，图中将它们分开绘制。假设金属反射网上这样的二次悬挂点共有六个，均匀分布在索网上，如图 6-27 所示。图 6-27 给出了上索网部分硬点和全部 6 个二次悬挂点分布示意图。

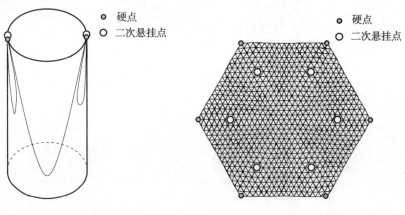

图 6-26　索网折叠技术　　　　　　图 6-27　二次挂网位置的示意图

经过柔性索网静平衡计算，获得考虑索网二次折叠方案后的索网初始构型如图 6-28 所示。从图中可以看出，采用二次折叠方案后，索网就被约束在收拢状态反射器桁架内，可以有效降低运输、发射或展开等因素引起的索网摆荡幅度，减小索网桁架缠绕风险。

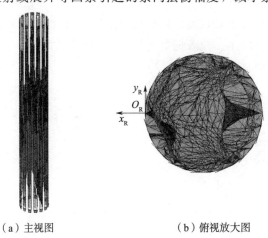

（a）主视图　　　　　　　　（b）俯视放大图

图 6-28　折叠后索网的初始构型

图 6-29 为采取索网管理措施后反射器索网在无重力情况下不同时刻索网的构型。从图中可以看出，采取索网二次折叠管理措施后，反射器展开过程中索网自由摆荡幅度大大降低了，而且可以明显看出反射器展开超过 1/3 后，索网基本上被桁架完全拉起，使得索网摆荡幅度进一步缩小，进而使索网与桁架缠绕的风险大大降低。因此，在反射器展开过程中，索网与桁架容易发生缠绕的阶段为从反射器收拢位置到展开 1/3 阶段，这个阶段也基本上与卷簧驱动阶段吻合，因此索网桁架防缠绕设计的关键是避免卷簧驱动阶段反射器索网摆荡幅度过大。

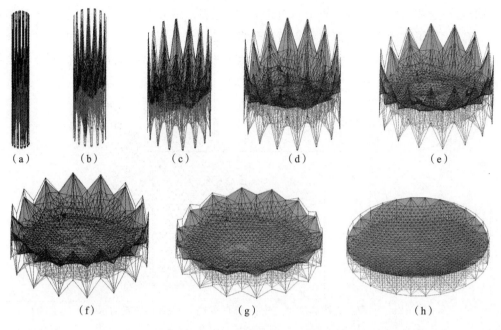

（a）　　　　　（b）　　　　　（c）　　　　　　（d）　　　　　　　（e）

（f）　　　　　　　　　（g）　　　　　　　　　（h）

图 6-29　二次折叠方案后反射器索网构型

　　图 6-30 为采用索网二次折叠措施情况下反射器桁架一侧竖杆与绝对坐标系固结情况下反射器展开不同时刻构型俯视图。可以看到，展开过程中与桁架连接处的索网随着桁架的展开而被拉开，而由于二次悬挂点已经和桁架解脱，因此索网仅受到张紧部分索网张力的作用，其位置变化相对较小，随着反射器桁架展开幅度的增大，二次悬挂点附近索网被张紧，使之位形也发生明显的变化。

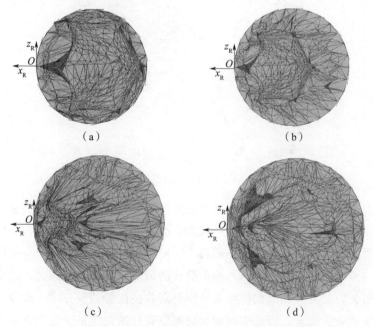

（a）　　　　　　　　　　　　　　（b）

（c）　　　　　　　　　　　　　　（d）

图 6-30　反射器桁架展开过程中索网不同时刻构型

图 6-31 为采取索网二次折叠措施情况下星载大型天线不同时刻在轨展开构型。可以看出，在星体姿态不控和无扰动情况下索网二次折叠措施对降低索网自由摆荡幅度效果明显，同时在反射器展开的中期和后期，由于索网已经逐渐被拉起，其自由摆荡幅度更被显著降低，可以减小索网与桁架间的缠绕可能性。

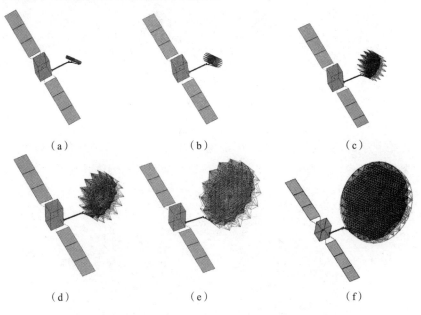

图 6-31　星载大型天线在轨展开不同构型

6.3.1.2　反射器桁架铰链突然卡滞对桁架索网缠绕的影响

　　根据第 4 章反射器展开动力学仿真结果，如果不对反射器展开速度加以控制，反射器将在短时间内展开，整星姿态也将快速变化，在此过程中反射器桁架铰链一旦突然卡滞，而索网由于惯性继续以较快速度向前飞行，索网与桁架边缘突出部位将可能发生接触并发生缠绕。下面将通过数值仿真对该风险进行评估，选择反射器在卷簧驱动下展开至3.2°时铰链突然卡滞情况进行分析仿真研究。图 6-32 为反射器在卷簧驱动下自然展开至 3.2°时整星构型。

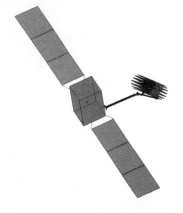

图 6-32　铰链卡滞时刻整星构型

　　图 6-33 为铰链卡滞后整星不同时刻的构型。从图中可以看出，铰链卡滞时反射器桁架展开突然停止，而索网仍然继续向前运动，直至其与反射器桁架外缘发生接触。这时索网与桁架突出部位将可能发生缠绕，造成反射器展开故障。为避免反射器铰链卡滞引起的索网与桁架缠绕，有必要降低索网与桁架相对运动速度。为降低反射器展开过程中索网与桁架相对运动速度，希望反射器索网与桁架保持基本相同的步调，为了在技术上做到这一点，可以引入同步齿轮擒纵调速机构。将该图与图 6-25 中无调速控制机构下反射器展开

构型比较，可以发现在无索网管理装置和调速机构的情况下，索网会发生明显的大幅度飘荡，极易与反射器桁架突出部位发生接触，导致索网与桁架的缠绕。

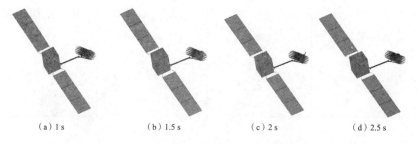

（a）1 s   （b）1.5 s   （c）2 s   （d）2.5 s

图 6-33 铰链卡滞后整星各个时刻的构型

6.3.1.3 铰链卡滞情况下星体绕＋Z轴姿态机动对桁架索网缠绕特性的影响

下面主要研究铰链卡滞情况下，星体姿态机动对索网桁架缠绕特性的影响。假设铰链卡滞时反射器展开角为 3.2°，并假设星体姿态机动时索网相对于桁架的速度为零。图 6-34 为星体绕＋Z轴姿态机动时，10 N 姿控推力器点火 3.2 s 反射器索网各个时刻构型俯视图。

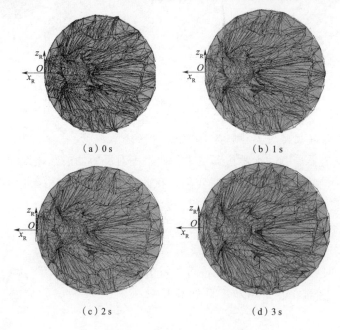

（a）0 s   （b）1 s

（c）2 s   （d）3 s

图 6-34 星体姿态机动期间索网构型

从图中可以看出，由于姿控推力器点火引起的星体姿态机动角速度较小，反射器索网与桁架并未发生缠绕，说明当反射器桁架在小角度卡滞时，在索网相对于桁架无相对运动速度的情况下，星体短时姿态机动不易引起索网桁架缠绕。

6.3.1.4 擒纵机构周期对反射器桁架展开可靠性的影响

为了避免铰链突然卡滞造成反射器索网与桁架发生缠绕，有必要增加反射器展开调速机构。在实际的反射器桁架中，主要通过擒纵调速机构来控制反射器桁架与索网的相对运动速度。

　　擒纵调速机构的调速控制作用将使反射器桁架做间歇性展开运动。反射器展开过程中，擒纵机构的纵动作使反射器桁架在驱动装置下向前运动一步，将带动与桁架连接的索网，使反射器索网具有一定的向前速度；当擒纵机构执行擒动作时，反射器展开动作会突然终止，由于惯性索网仍保持向前运动的速度，如果该速度较大，则索网可能会向前撞在反射器桁架上，如果该速度过小，则会导致反射器擒纵动作过多，给擒纵机构动作可靠性造成不利影响。因此，合理的擒纵机构动作周期是避免反射器桁架与索网缠绕的关键技术参数之一。

　　根据前面研究，反射器超过约 1/3 后，索网已经基本上被拉起，索网自由摆动幅度较小，与桁架缠绕可能性大大降低，此时可以增大擒纵机构动作周期，降低擒纵机构频繁动作引起的机构故障。因此，擒纵机构应采用变周期设计，以同时兼顾展开前期动作周期短和后期动作周期长的需求。鉴于反射器展开后期擒纵动作周期对索网桁架缠绕特性影响不大，因此本书主要研究反射器展开前期擒纵机构动作周期设计对反射器展开可靠性的影响。

　　擒纵周期为 0.1 s 时，反射器展开过程中各个时刻的构型俯视图如图 6-35 所示。与图 6-31 比较可以看出，考虑擒纵机构情况下反射器索网几乎始终停在反射器桁架几何中心位置。这是由于擒纵机构使反射器桁架不断在展开运动和停止运动间反复切换，从而使索网不断地在反射器桁架几何中心前后做微幅往复摆动，这样既保证了索网远离小臂，又将其运动控制在一定范围内，避免了反射器桁架展开过快引起索网与桁架缠绕。此外从图中还可以看出，擒纵周期取 0.1 s 时，索网仍能从反射器中突出进而可能与桁架发生缠绕。

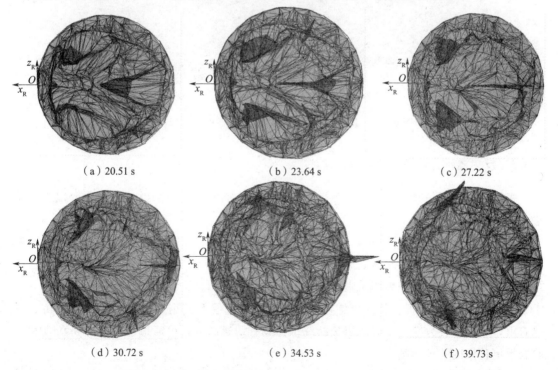

（a）20.51 s　　　　　　　　　（b）23.64 s　　　　　　　　　（c）27.22 s

（d）30.72 s　　　　　　　　　（e）34.53 s　　　　　　　　　（f）39.73 s

图 6-35　擒纵周期为 0.1s 时反射器不同时刻构型

　　擒纵周期为 0.05 s 时，反射器展开过程中各个时刻构型如图 6 - 36 所示。从图中可以看出，当擒纵周期取 0.05 s 时可保证反射器索网始终处于反射器几何中心位置。这说明在本算例中，在反射器展开前期擒纵调速机构振动周期小于 0.05 s 时，可有效降低意外因素造成的索网与桁架缠绕的风险。为了确保安全，建议在反射器展开初期将擒纵振动周期减小至 0.02 s 以下。

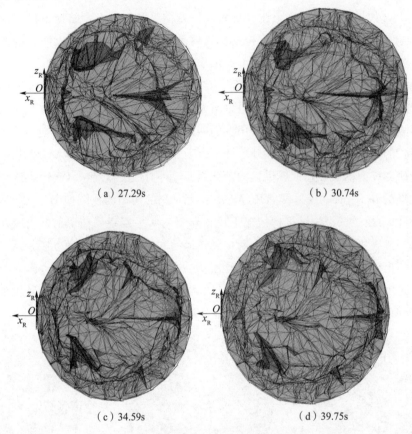

　　　　　　（a）27.29s　　　　　　　　　　　　　　（b）30.74s

　　　　　　（c）34.59s　　　　　　　　　　　　　　（d）39.75s

图 6 - 36　擒纵周期为 0.05 s 时反射器不同时刻构型

6.3.2　反射器张力索网防缠绕设计建议

　　根据以上分析仿真结果，为避免反射器桁架与索网缠绕，需从设计方面采取以下预防措施：

　　1）采用分层隔离设计方式，将细网孔金属反射网置于大网孔的前后张力网之间，避免竖向拉索及上下索网间发生互缠绕，如图 6 - 37 所示。为了说明金属反射网作用，这里单独将其绘出，实际工程中张力索网与金属反射网紧密贴合，无如此明显分界间隙。

　　2）采用索网二次折叠技术措施，以降低索网自缠绕及其桁架缠绕风险。通过仿真可以看出，索网折叠方案对于索网桁架缠绕特性具有明显影响，可通过进一步分析仿真和试验获得更佳索网管理方案。

　　3）采用变周期擒纵调速机构，特别要降低包带解锁瞬间索网大幅摆荡幅度，降低展

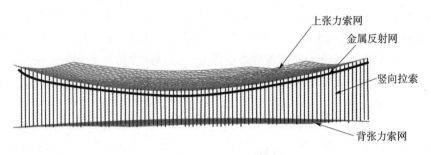

图 6 - 37　金属反射网隔离设计示意图

开全过程反射器桁架与索网相对运动速度，避免反射器桁架突然卡滞导致的索网与桁架缠绕。在反射器展开初期采用振动频率高的擒纵调速机构，使展开过程中索网始终保持微幅摆动，并始终处于反射器的几何中心位置，以远离小臂避免星体姿态改变引起索网与桁架的缠绕，随着反射器不断展开，索网自由振动幅度大大缩小，可以降低反射器擒纵机构工作频率，避免擒纵机构频繁动作引起的卡滞风险。

4）采用网囊设计，减小小展开角情况下星体姿态机动引起的索网摆动幅度，从而降低索网桁架缠绕的风险。采用网囊设计即收纳背面张力索网于反射网网囊中，避免展开过程中背面张力索网大幅自由摆荡；由于反射器展开至 1/3 位置时，索网已经基本被拉起，网囊长度的设计只要保证桁架展开 1/3 后全部落下即可。

5）采用软约束设计，既保证收拢状态索网能够抵御发射过程中的振动冲击过载，又可使正面张力索网分步展开，避免反射器索网与桁架间的缠绕。通过增设张力网囊的方法将收拢状态反射器背网和中间拉索收纳于网囊中，使容易发生缠绕的下索网和中间拉索随着反射器的展开而被拉出，进而从物理上避免了反射器下索网和拉索与反射器桁架突出部位接触，提高天线展开可靠性。

6）设计阶段降低反射器桁架突出物、装调过程中消除天线多余物并关注火工品爆炸后多余物管理，切实提升天线防缠绕可靠性。

在反射器桁架与索网间设计软约束机构，该软约束机构在反射器桁架展开前起到抵御发射过程冲击、星箭分离冲击和太阳翼展开冲击，避免索网自动散开的功能，同时其还需要满足火工品起爆时可靠解脱索网二次折叠点的要求。软约束机构可采用压缩弹簧设计。火工品起爆前，软约束机构处于锁紧状态，确保反射器索网相对于反射器桁架位置不变；火工品起爆后，弹簧弹出，释放约束机构，使索网与桁架间的软约束起作用，确保反射器桁架展开过程中反射器索网可以从反射器桁架上依次解脱。

从以上分析可以看出，反射器展开过程中不仅需要处理索网自身的模化及动力学建模问题，而且需要处理索网与金属反射网、索网与反射器桁架、索网与软约束机构的动接触问题，力学模型复杂，计算规模大，仿真结果可靠性需要通过试验验证。

6.4　典型故障模式初步处理对策

以上根据反射器展开过程三类故障模式及其不同的作用机理，开展了其各自相应处理对策及故障影响数值仿真，提出了相应初步处理对策，这些对策可总结如下：

1）针对同步齿轮铰链卡滞、T 型铰链卡滞和斜杆滑移铰链卡滞等三类铰链卡滞故障，提出润滑膜失效是造成铰链卡滞的重要影响因素，并以此分析得到润滑膜失效导致的铰链卡滞易于出现于距离小臂的远端位置。通过反射器转动铰故障对策数值仿真，指出在收拢状态或者展开小角度（<3°）时，当最远端转动铰链发生卡滞时，最优控制策略为使星体绕 +Z 轴作姿态机动；当发射器展开角度较大（≥3°）时，通过增加斜杆绳索张力有利于使反射器转动铰链摆脱卡滞。针对斜杆滑移铰链工作特点，指出采用双排滚珠滑道约束设计以避免摩擦力过大和杂质混入引起的铰链卡滞。

2）根据天线反射器桁架地面试验数据，认为反射器展开不同步的主要原因在于同步齿轮铰链的锥型齿轮啮合间隙。在电机拉索驱动反射器展开阶段，各单元绳索张力的差异与齿轮啮合误差的联合作用会使反射器展开不同步现象更加明显。针对反射器展开不同步现象，提出采用传动比近似的方法对反射器展开不同步现象进行模化，并研究了两电动机正常工作和一端电动机无动力输出情况下反射器桁架受力情况，最后针对展开不同步现象，提出了动力装置可靠性改进设计建议，并进一步提出优化同步齿轮传动比、增大卷簧驱动下天线预展口径、提升电机驱动阶段拉索张力均匀性等降低天线展开不同步现象的处理措施。

3）根据天线反射器桁架与索网设计特点，指出大孔径的索网与反射器桁架铰链突出部的钩挂是反射器索网桁架缠绕的主要故障模式，进一步提出索网折叠不当、反射器展开过程铰链突然卡滞、星体姿态突然改变和擒纵机构振动周期设计不当是造成索网桁架缠绕的主要因素。

针对索网折叠造成索网桁架缠绕故障模式，通过数值仿真指出采用六点二次折叠措施可以有效降低索网与桁架缠绕风险；针对反射器桁架铰链突然卡滞引起的索网桁架缠绕，通过开展数值仿真，认为增设调速机构，降低反射器桁架的展开速度可避免这类故障模式的出现；通过数值仿真分析了小角度情况下星体姿态机动对索网桁架缠绕的影响，表明在星体短时姿态机动期间，索网与桁架缠绕风险不大；针对同步齿轮间歇动作开展了分析仿真，研究表明索网与桁架的缠绕易于出现在从收拢至反射器展开 1/3 期间，同时研究表明擒纵调速机构可使索网基本在反射器几何中心周围进行摆荡，这样可最大限度保证索网与桁架不发生钩挂，最后通过数值仿真给出了本算例索网与桁架防缠绕擒纵机构振动周期最大取值范围。同时，在设计研制阶段即注重降低天线突出物、消除尖锐物和多余物，并减小包带解锁瞬间索网摆荡幅度是避免天线索网缠绕故障的基本措施。

参 考 文 献

［1］ 董富祥. 星载大型天线展开过程多体动力学建模及典型故障模式处理对策仿真研究［R］. 北京：中国空间技术研究院博士后出站报告，2013.

［2］ 董富祥. 刚柔耦合多体系统碰撞动力学建模理论与实验研究［D］. 上海：上海交通大学，2010.

［3］ 董富祥、周志成、曲广吉. 国外大型空间网状天线在轨展开故障模式分析［J］. 航天器工程，2012，21（6）：119-124.

［4］ Tafazoli M. A study of on‑orbit spacecraft failures［J］. Acta Astronautica，2009，64：195-205.

［5］ Wise M，Saleh H J，Haga R A. Health scorecard of spacecraft platforms：Track record of on‑orbit anomalies and failures and preliminary comparative analysis［J］. Acta Astronautica，2011，68：253-268.

［6］ Ellery A，Kreisel J，Sommer B. The case for robotic on‑orbit servicing of spacecraft：spacecraft reliability is a myth，Acta Astronautica，2008，632-648.

［7］ 陈统，徐世杰. 航天器附件展开动力学仿真. 航天控制，2005，23（1）：79-83.

［8］ D·M·哈兰，R·D·罗伦茨. 航天系统故障与对策［M］. 北京：中国宇航出版社，2007.

［9］ U. S. NASA Advisory Counsil. Satellite rescue and repair，NASA‑TM‑108713［R］. Washington：A task force of the NASA Advisory Counsil，1992.

第7章 空间大型天线展开多体动力学软件

经过几十年的发展，在多体动力学领域已经形成了几个成熟的商品化多体动力学仿真软件，例如 ADAMS，DADS，SIMPACK 等，这些软件在航空航天、高速列车、汽车、兵器等众多工业领域均得到了广泛应用，大大提升了这些领域新产品设计效率，降低了新产品研发周期和成本。

尽管这些商品化多体动力学软件在众多工业领域得到了广泛应用，但在星载大型天线展开多体动力学和故障对策仿真方面，尚存在以下几类问题，是当前成熟商品化软件难以有效解决的：1）动力学逆问题求解。在大小伸展臂展开动力学和星体姿态机动摆脱天线故障仿真中，往往需要由研究对象相对运动规律反求驱动力或驱动力矩，这需要软件具备动力学逆问题求解能力。对于大小臂展开这类动力学逆问题，已知参数为部件间相对运动规律，且真实外力与广义外力之间的关系与作用点的位置、作用点方向余弦矩阵均存在直接关系，难以写成通用表达式，给商业软件动力学逆问题的解决带来了困难。2）初始位置冗余约束与奇异约束并存问题。在处理冗余约束时，商业软件采用矩阵相关性分析方法将奇异约束雅可比矩阵相关项去掉，造成系统自由度增加，无法获得正确的仿真结果。3）适应间歇机构求解的可重启的积分器。在擒纵机构控制下同步齿轮机构以一定周期转动特定角度的方式，进行间歇动作连续工作。数值积分器需要具备随着擒纵轮的摆动和停止启动和停止积分器的功能。鉴于商品化软件尚不具备这类功能，为了实现天线反射器展开过程中动力学方程组长期稳定积分，需要自行设计积分器。4）天线展开不同步问题。由于齿轮间隙和杆件的柔性变形，反射器桁架在展开过程中会出现不同步锁定现象，这要求软件系统必须具备自动变拓扑预处理和仿真功能，这些是目前常规商业多体动力学软件所不具备的。5）索网桁架耦合动力学仿真与索网接触缠绕问题。星载大型天线反射器展开过程中不仅涉及刚体、小变形弹性体和大变形柔性索网耦合动力学仿真问题，还面临柔性索网之间及索网与桁架接触缠绕问题数值仿真，目前商业化多体动力学仿真软件均不具备这类问题求解能力。此外星载大型天线展开时间长、系统自由度大，商品化多体动力学仿真软件在开展这类问题仿真时常常出现内存溢出现象，使仿真难以持续下去。

为了满足当前和未来大型空间天线设计、分析和验证需求，提升大型天线在轨展开故障预防和决策处理能力，有必要开发专用的星载大型天线展开多体动力学与故障对策仿真软件。

7.1 大型空间天线展开多体动力学与故障对策仿真软件框架结构

大型空间天线展开多体动力学与故障对策专用仿真软件（Multibody Dynamics and

Anomaly Countermeasure Simulation of Large Satellite Antenna Deployment，MDACSL-SAD）是基于 MATLAB 平台的大型多体动力学仿真软件，其前处理模块、动力学仿真模块、结果后处理模块及数据流间的关系如图 7-1 所示。

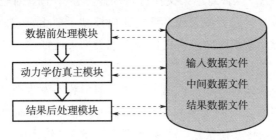

图 7-1 MDACSLSAD 软件框架结构图

7.1.1 数据前处理模块

数据前处理模块主要对原始数据例如物体的有限元模型、几何模型或者材料、位置信息进行预处理，生成 MDACSLSAD 软件仿真和动态演示所需要的各类中间数据文件。数据前处理模块主要由动力学参数前处理子模块和几何参数前处理子模块等两类模块组成。

7.1.1.1 动力学参数前处理子模块

MDACSLSAD 软件具有处理刚体、基于模态离散的小变形柔性体、基于结构单元离散的小变形柔性体和大变形柔性索网耦合动力学仿真能力，这些不同对象的输入参数各异，在使用 MDACSLSAD 软件开展动力学仿真前，需要软件对这些不同对象提供的原始参数进行预处理以获得多体动力学仿真软件可用的中间数据文件。

对刚体而言，仅需提供物体的质量、静矩、惯量及相应的连体基即可，但是有时部件级设计或制造单位提供的参数采用的连体坐标系不便总体使用，这时需要将刚体惯量矩阵由当前连体基转换到新的连体基上去。

对于基于模态离散的小变形弹性体而言，仿真前可以获得的往往是物体的 CAD/CAE 模型。为了开展刚柔耦合多体系统动力学仿真，需要使用 CAE 软件例如 NASTRAN、ANSYS 或 ABAQUS 给出物体模态、质量、刚度和节点变形前位置矩阵，然后利用 2.5.1 节柔性体模型降阶方法获得柔性体降阶后模态参数，之后根据 2.5.2 节计算出该柔性体 14 项基本参数矩阵，以备柔性多体动力学仿真使用。以当前常用的 PAT-RAN/NASTRAN 软件为例，其柔性体数据处理流程如图 7-2 所示。对于采用结构有限元离散的小变形弹性体而言，则需要提供其单元类型、节点位置、单元节点编号、材料属性等信息，然后利用 2.5.2 节公式获得柔性体中间数据文件。

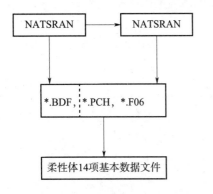

图 7-2 小变形弹性体数据前处理模块

对于柔性索网而言，需要提供节点位置、节点拓扑关系、材料密度、应力应变曲线等输入数据，经过柔性体前处理程序获得索网类物体中间数据输入文件。

7.1.1.2　几何参数前处理子模块

为方便 MDACSLSAD 软件对结果文件进行动态演示，需要对物体几何数据进行预处理。通过观察可以发现，星载大型天线系统的几何模型主要由顶点、直线、三角形、四边形和多边形等基本图形元素组成，这样在描述携带大型天线的卫星系统时只需少数几类几何单元即可对整个物体进行描述。

在多体动力学结果后处理动态演示中，刚体几何形状不发生改变，仅需要描述刚体外轮廓即可，对于柔性体而言，则需要将每个单元和节点均准确地描述出来。为充分利用 CAD/CAE 软件输出的物体几何信息，直接利用 PATRAN 输出的 BDF 文件对物体几何模型进行描述，这样在 PATRAN 输出的 BDF 模型中顶点、直线、三角形和四边形等四类几何图元分别对应着有限元模型中的集中质量单元、梁单元、三角形和四边形板壳单元。

以柔性体为例，MDACSLSAD 软件在几何参数前处理阶段需要完成读取柔性体节点文件、几何单元拓扑文件和材料属性文件，然后根据物体几何坐标系与其质心参考系间关系，将生成的物体节点数据文件处理为新的节点数据文件，并存入计算机，然后将系统中几何单元数据和材料属性数据进行统计和归类，形成系统单元数据、系统材料属性数据、系统几何特性统计数据、系统面拓扑统计数据文件，并存入计算机硬盘。

图 7-3 为大臂收拢状态天线反射器几何图形。可以看出，整星几何体主要由星本体六面体单元、太阳翼连接架线单元、太阳翼矩形单元和组成反射器的线单元、三角形和四边形面片单元组成。根据目前有限元模型和星体模型情况，将图形几何单元分为 5 类，如表 7-1 所示。由于六面体由点、线、三角形和四边形等不同几何图元组成，为了便于计算机处理，将其划分为两个层次，首先是面单元，然后是面单元包含的点和线单元。以长方体为例，它有六个面组成，而每个面又有四个顶点组成，这样通过体-面数组和面-顶点数组就可以将整个长方体描述出来。

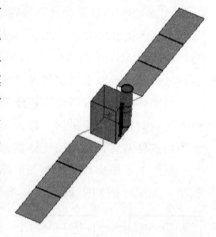

图 7-3　大臂收拢状态整星几何图形

表 7-1　几何图形单元分类

编号	顶点单元类型	顶点/面个数
1	Vertex	1
2	Line	2
3	Triangle	3
4	Rectangle	4
5	hexahedron	6

7.1.2　动力学仿真模块

　　动力学仿真模块主要由前处理子模块、输入输出子模块、求解器控制参数子模块、数值积分子模块、自动变拓扑子模块、运动学递推子模块、约束矩阵生成与违约修正子模块、广义质量矩阵和广义外力生成子模块、奇异约束自处理子模块、柔性索网子模块等部分组成，其主程序框架结构示意图如图 7 - 4 所示。

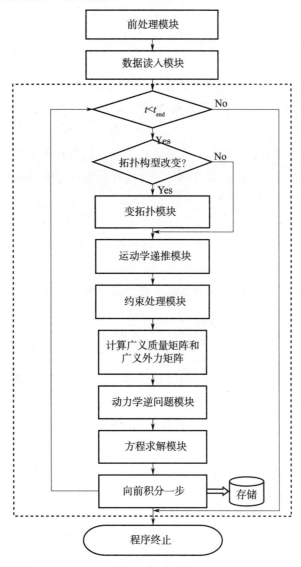

图 7 - 4　MDACSLSAD 软件主程序流程图

7.1.2.1　数据读入模块

　　数据读入模块主要负责读入星载大型天线展开多体动力学基本数据文件。数据读入模块需要依次读入系统总体参数，关键标志位、重力场数据、动力学逆问题相关参数、零物体运动学参数、所有物体的质量和惯量及柔性体基本参数、铰链参数、变拓扑参数、切断铰数据、奇异铰替代方案、同步齿轮约束参数、力元参数、铰链摩擦模型、擒纵参数、绳索拖动参数等基本数据。下面对主要输入参数进行说明。

（1）总体参数

总体参数用于告知软件处理对象的系统级信息，其主要包括物体数量、铰链数量、切断铰数量、力元数量、约束数量、绳索驱动数量及拓扑构型矩阵。

（2）系统标志位

该参数包括动力学逆问题标志 ID_InvDyna、重力场标志 ID_Grg、物体外力标志 ID_OtFc、铰链驱动力或力矩标志 ID_HgFc、变拓扑标志 ID_ChgTopo 等。当考虑这些标志位代表的因素时，在输入数据文件时将相应的标志位置 1。

以重力场标志位为例，如果需要考虑重力场的影响，则将重力场标志位 ID_Grg 置 1，然后进一步将重力场坐标阵读入计算机内存，如果不必考虑重力场的影响，则将重力场标志位 ID_Grg 置 0。

当需要求解系统动力学逆问题时，需要将动力学逆问题标志 ID_InvDyna 置 1，然后读入铰链编号及相应铰链广义坐标对时间一阶导数，并通过数值积分和差分获得广义坐标和广义坐标对时间一阶导数。

（3）零物体参数

为增强 MDACSLSAD 软件的通用性，可以选择运动规律已知的非惯性运动物体作为零物体，但此时需要读入该物体初始时刻相对惯性参考系矢径、方向余弦矩阵等数据及速度、角速度时间历程。为了方便，通常情况下还是选用惯性坐标系作为零物体。

（4）物体参数

该参数包括物体的性质 ID_BodyProp、刚体输入参数、柔性体参数文件路径及柔性体常数矩阵等。如果 ID_BodyProp=1，则表示读入的物体为刚体，接下来需要进一步读入刚体质量、静矩和惯量；如果 ID_BodyProp=2，则表示物体为基于模态离散的小变形弹性体，需要读取柔性体数据储存路径，并进一步将柔性体数据储存路径中 14 个基本数据文件读入计算机内存；如果 ID_BodyProp=3，则表示物体为基于有限元离散的小变形弹性体，需要读取柔性体数据储存路径，并将相关常数矩阵读入计算机内存；如果 ID_BodyProp=4，则表示物体为大变形柔性索网阵，需要读取柔性体数据储存路径，并将相关常数矩阵读入计算机内存。

（5）铰链参数

该参数主要包括内外接铰点矢量坐标阵、安装方向余弦矩阵及铰链摩擦模型及相应摩擦参数，目前铰链摩擦模型主要采用库伦摩擦模型。星载大型天线运动关节主要由转动铰、滑移铰、同步齿轮啮合副等组成，转动铰摩擦参数包括铰链编号、动静摩擦系数、转动铰摩擦力有效作用半径等参数，滑移铰摩擦参数包括铰链编号、动静摩擦系数、滑移铰两接触点距离初始量及变化性质。

（6）变拓扑参数

该参数包括发生拓扑变化的铰链编号、变拓扑前后铰链性质，对于闭环构型或某些含控制环节的多体系统而言，还需要输入受拓扑构型变化牵连的其他铰链编号。当变拓扑标志位等于 1 且动力学仿真过程中铰链性质发生改变时，需要启动变拓扑模块，其主要完成约束性质的切换和相应铰链广义坐标对时间一阶导数的突变，这里不考虑系统拓扑构型变换引起的局部冲击现象。

在星载大型天线展开过程中，系统拓扑构型改变主要发生在运动部件展开到位锁定时刻，因此在软件中仅需考虑运动铰链切换为锁定铰链的情况即可。大小伸展臂属于链状开环拓扑构型，其展开到位锁定时刻仅转动铰角速度发生突变，这时软件仅需对该锁定铰约束性质和其相应的广义速度处理即可。在反射器展开过程中，当某个单元的斜杆发生锁定时，则需要对整个单元内所有运动铰链对应的广义速度进行切换处理，避免切换后系统动力学方程出现速度违约。

（7）同步齿轮约束参数及力元参数

同步齿轮约束参数包括该同步齿轮连接的两相邻物体的编号、传动比等，力元参数包括力元的性质、连接物体编号、作用点位置及安装方向余弦矩阵。在本软件中，力元性质主要包括弹簧力元和卷簧力元。

（8）绳索拖动参数

在星载大型天线反射器展开动力学仿真中，绳索拖动参数包括绳索拖动方式（单侧还是双侧拖动）、绳索与滑轮摩擦系数、防跳线装置阻力、绳索穿过的斜杆编号等数据。

7.1.2.2 运动学递推与约束处理模块

运动学关系递推模块和广义质量矩阵生成模块的实现技术均已十分成熟，这里不再赘述。约束处理与违约修正模块用于生成切断铰约束模块和同步齿轮约束模块，并进行违约检查和修正，如果发现方程违约，启动违约修正机制。对于奇异铰约束，通过几何替换将其替换为非奇异铰约束。在动力学积分过程中，本软件采用违约直接修正方法对切断铰位移和速度违约同时进行修正。

7.1.2.3 广义外力矩阵

在星载大型天线展开动力学仿真过程中，广义外力模块需要处理绳索驱动力、铰链摩擦力或力矩、定义在物体上的广义外力及定义在铰链上的驱动力或驱动力矩。在天线反射器绳索驱动阶段，绳索张力求解模块负责计算各段绳索张力，并将各段绳索作用在竖杆上的力进行合成。为满足动力关节相对运动仿真需要，软件还设计了定义在铰链上的广义外力，使用者直接将电动机输出力矩施加在大小臂驱动关节上即可对天线大小臂展开过程进行仿真。

7.1.2.4 数值积分模块

数值积分模块用于完成系统微分代数方程组积分。MDACSLSAD 软件是基于 MAT-LAB 平台开发的，可以使用 MATLAB 平台上自带的所有常微分方程及微分代数方程数值算法，然而 MATLAB 上积分器无法满足间歇机构动力学仿真要求，因此作者开发了适应擒纵调速机构的可重启变步长积分器。由于擒纵调速机构在短时间内速度变化剧烈，为避免多步法引起的数值振荡，该积分器采用单步法进行数值积分。

由于天线反射器系统自由度较大，鉴于计算机内存有限，为满足长时间数值仿真要求，采用每积分一步或几步将计算结果写入计算机硬盘的方法，生成的数据文件采用二进制或文本格式文件进行保存。

7.1.2.5　柔性索网求解模块

柔性索网求解模块包括柔性索网静平衡构型求解、索网桁架耦合动力学仿真及索网接触与缠绕三大功能模块。

柔性索网静平衡求解功能子模块用于计算反射器收拢状态时索网阵和金属反射面静平衡构型，为反射器桁架与索网耦合动力学仿真提供初始条件，可用于索网折叠方案有效性评估。

索网桁架耦合动力学仿真功能子模块主要对天线展开期间索网桁架耦合动力学特性进行数值仿真，具备桁架与索网间及索网与索网间接触判断、接触约束方程生成、缠绕条件判断等功能，用以识别反射器展开过程中桁架索网缠绕危险点，评估索网管理方案及桁架防缠绕技术方案的可行性。

7.1.3　后处理模块

结果后处理模块由仿真数据后处理子模块和动画演示子模块两部分组成。

7.1.3.1　仿真数据后处理子模块

图7-5给出了仿真数据后处理子模块流程。仿真数据后处理子模块通过读取动力学仿真模块生成的中间数据文件，获得系统广义坐标和广义速度时间历程数据，经进一步处理获得动力学仿真过程中各物体质心位置、速度、加速度及各物体角速度和角加速度、各物体方向余弦矩阵、各铰链约束反力、系统机械能等结果时间历程数据。

MDACSLSAD软件采用递推算法建立的多体系统动力学方程含有最少的广义坐标，具有方程维数小、求解速度快的特点，但是铰链约束反力的求解则较为复杂。下面以反射器桁架为例，介绍基于递推算法的MDACSLSAD软件铰链约束反力求解过程。

图7-6为两单元反射器桁架铰链约束反力计算流程图。图中虚线位置为切断铰位置，可以看出每个单元有两个切断铰。在反射器铰链约束反力计算中，首先计算D和F共四个切断约束反力，然后按照铰链编号顺次计算物体B_1的内接铰约束反力，然后计算物体B_2内接铰约束反力，但物体B_2存在外接铰且约束反力未知，这使得物体B_2内接铰约束反力无法直接获得。为了计算物体B_2内接铰约束反力，需要知道其外接物体B_3内接铰H_3的

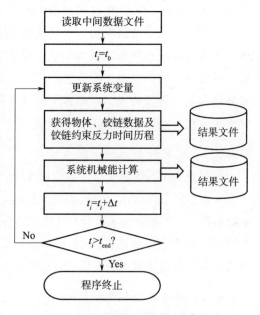

图7-5　仿真数据后处理流程图

约束反力，但 B_3 有 3 个外接物体且外接铰位置处约束反力未知，因此需要进一步向上追溯，直至找到没有外接物体或者只有切断铰的物体，例如物体 B_6、B_8 和 B_{10}。假设按照图中顺序首先找到 B_6，则根据其加速度和作用在其上的切断铰约束反力和外力，采用隔离法可获得物体 B_6 内接铰约束反力，接下来按照相同方法计算 B_7、B_8 分支和 B_9、B_{10} 分支处各铰约束反力，然后返回顺次计算物体 B_3 和 B_2 内接铰位置处约束反力。该分支计算完毕后，按照相同方法计算 B_4 和 B_5 分支处内接铰约束反力，至此将整个多体系统拓扑结构遍历一遍，获得所有铰链约束反力。

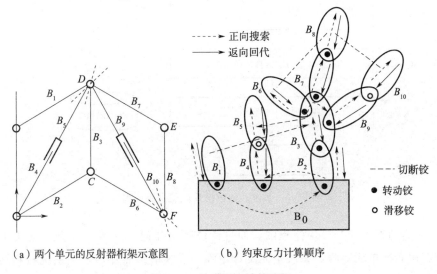

（a）两个单元的反射器桁架示意图　　　（b）约束反力计算顺序

图 7-6　约束反力计算流程

7.1.3.2　动画演示子模块

为了直观判断初始条件或动力学仿真结果的合理性，需要将动力学仿真结果用动画方式演示出来。为了提高计算机演示速度，将动态演示子模块按照功能分为静态场景和动态演示两部分。

静态场景部分由非运动部件组成，目的在于为活动部件提供一个演示环境。在大型天线反射器地面展开过程中，不动的零重力补偿装置及实验室布置等均是天线反射器活动的静态场景。由于静态场景相对于参考坐标系位置和姿态保持不变，这样在动画演示子模块中不需要对其坐标进行重新计算和存储，可大大降低计算机内存需求和减少图形重绘时间。

动态演示部分由系统几何数据计算子模块和绘图与动画生成子模块两部分组成。图 7-7 为系统几何数据计算子模块流程图。系统几何数据计算子模块主要是将各个物体的几何顶点数据（Body_Vertex）、几何单元数据（Body_ELEM）和几何特征数据（Body_MAT）读取出来，并汇总生成系统几何顶点数据（Sys_Vertex）、系统单元数据（Sys_ELEM）、系统单元统计数据（Sys_Gmty_Stat）和系统材料数据（Sys_Mat），并写入计算机硬盘，然后读取多体动力学仿真结果文件，获得物体质心位置、方向余弦矩阵、几何特征点在体坐标系中的初始位置、模态坐标等参数，接下来计算出各个时刻这些特征点时间历程数据，并将其写入计算机磁盘。

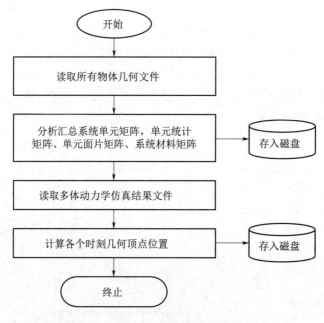

图 7-7　系统几何数据计算子模块流程

图 7-8 为动画生成子模块流程图。通过读取系统几何单元数据计算子模块生成的数据文件，获得系统单元矩阵、系统单元统计矩阵、系统单元面片矩阵、系统材料矩阵、节点绝对位置矩阵，然后调用几何图形演示子程序，绘制出 t_i 时刻物体的几何图形，并将其存入 avi 文件中，接下来时间步长增加 Δt，重复上述过程直至 $t_i \geqslant t_{end}$。

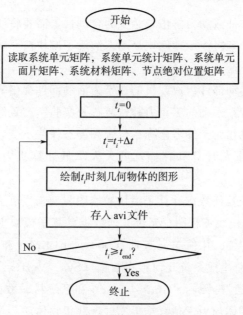

图 7-8　动画生成子模块流程

7.2　大型天线展开多体动力学模型参数定义和数据结构

为方便星载大型天线多体系统模化及软件内部各模块数据交互和管理，有必要根据星载大型天线多体系统特点及故障处理仿真需求，设计合理的软件数据结构。从应用角度看，MDACSLSAD 软件内部数据可分为动力学仿真和几何图形演示两类数据，共包括系统标志位、拓扑构型数组、物体（包括刚体、小变形弹性体和大变形柔性索网）、铰（虚铰、转动铰、滑移铰、固定铰）、切断铰、变拓扑参数、约束（同步齿轮约束和奇异铰替代约束）、外力（作用在物体上的外力和作用在铰链上的驱动力）、力元（线簧、卷簧和阻尼器力元）、绳索滑轮驱动、数值解法和擒纵机构参数。

7.2.1　系统标志位

系统标志位均用二进制数据表示，用于标志系统是否需要考虑某类因素的影响，它包括重力标志位、动力学逆问题标志位、摩擦力标志位、物体外力标志位和擒纵机构标志位等。当这些标志位取 1 时，软件将会把相应标志位对应的影响因素考虑在内。

7.2.2　拓扑构型数组

软件中采用内接物体数组描述星载大型天线展开多体系统的拓扑构型，并以此为基础生成描述系统拓扑构型的其他数组或矩阵，例如关联数组、关联矩阵和通路矩阵等。

7.2.3　物体类

根据星载大型天线展开机构工作原理和技术特点，其物体类主要包括刚体、小变形弹性体和大变形柔性索网。

（1）刚体质量惯量参数

对于刚体，其主要输入参数为物体质量、相对于连体坐标系的惯量、静矩或质心在体坐标系中的位置。通常情况下，刚体的质量、静矩和惯量参数由 CAD/CAE 软件直接给出，当这些软件中刚体的坐标系原点位置和方向与多体系统模型定义的体坐标系原点位置和方向不一致时，就需要对其进行相应的变换。

（2）弹性体参数

根据弹性体小变形建模理论，对于采用模态离散和有限元离散的小变形弹性体而言，需要定义的基本参数为柔性体前处理所需要的 14 个基本数据，分别为 m，$\pmb{\gamma}^{(1)}$，$\pmb{\gamma}^{(2)}$，$\pmb{\gamma}^{(3)}$，$\pmb{\Gamma}^{(1)}$，$\pmb{\Gamma}^{(2)}$，$\pmb{\Gamma}^{(3)}$，$\pmb{\Gamma}^{(4)}$，M_a，K_a，C_a，$\pmb{\Phi}'$，$\pmb{\Psi}'$，$\pmb{\rho}_0'^{\,k}$。

对于大变形索网，需要初始时刻柔性索网节点位置和速度、各个节点处的斜率、单元和材料特性等参数。

（3）物体运动学参数

除了定义物体质量、惯量参数外，还需要定义物体的质心位置相对于参考坐标系的位置、速度、加速度，方向余弦矩阵、角速度、角加速度及物体浮动坐标系相对于参考系的方向余弦矩阵。对于小变形弹性体，还需要定义表示柔性体变形的广义坐标，例如模态坐标、模态坐标对时间一阶导数和二阶导数等参数，以利于程序运行过程中调用。

（4）铰链参数

铰链参数除定义前面输入参数中讲过的内容外，还需要定义其外接铰的个数、编号、约束反力是否已经求解标志等。

（5）几何形状参数

为满足柔性多体动力学动画演示要求，需要定义物体的几何参数，这些参数包括几何图元矩阵（包括点、线、面、体）、相对于其未变形时刻质心坐标系的节点位置矩阵、多面体面片节点编号矩阵、图元材料矩阵（指明图元的颜色、线型和透明度等参数）、物体几何图元类型统计矩阵。几何形状参数前处理软件包设有与有限元软件的接口，可满足柔性小变形弹性体及大变形柔性索网动态演示需要，未来将进一步开发与计算机图形交换标准的接口程序。

7.2.4 铰类

星载大型天线内主要存在四类铰：虚铰、固定铰、转动铰和滑移铰。这些铰基本参数如表 7-2 所示。

表 7-2 铰的基本参数

物理量	维数和大小	物理意义
Hinge _ type	1×1	铰链类型
Hg _ Frd	1×1	铰的自由度数
B_α, B_β	1×1	铰链内外接物体编号
N_α, N_β	1×1	铰点对应的柔性体节点编号（仅限柔性体）
ρ'_α, ρ'_β	3×1	铰点在内外接物体上的位置矢量坐标阵
C^Q, C^P	3×3	铰的安装方向余弦矩阵
q_k, $\dot{q}_k$, $\ddot{q}_k$	Hg _ Frd$\times1$	铰相对坐标、相对速度和相对加速度
μ_s, μ_d	1×1	铰链的静摩擦系数和动摩擦系数
R_r, h_0	1×1	转动铰摩擦半径，滑移铰重合量初值
H _ Mk	1×1	滑移铰重叠量标志（1，0，−1）
Hg _ FM	6×1	铰链约束反力和反力矩
Hg _ Frc	6×1	铰链摩擦力和力矩
Hg _ DFM	$7\times t_m$	铰链驱动力或力矩时间历程

7.2.5 切断铰类

天线反射器属于典型多闭环机构非树系统，在进行多体动力学模化时需要将闭环切开，引入切断铰。切断铰类数据需要在铰类数据基础上，增加与物体固结的特征矢量，约束雅可比矩阵和约束方程对时间二阶导数的右端项。

7.2.6　约束类

在 MDACSLSAD 软件中，约束类数据用于描述同步齿轮约束，其参数包括同步齿轮传动比、约束铰的编号和约束方程初始角度，未来软件还将根据工程问题求解需要对约束类库进行拓展，使之具备处理更复杂的约束的能力。

7.2.7　外力类

外力指作用在物体上的外力或外力矩，其参数包括作用物体的编号、物体上外力的数量、外力作用点的位置、作用方向及作用方向性质（相对于惯性坐标系方向不变，还是相对于体坐标系不变）、作用力大小或作用力时间变化历程。

7.2.8　力元类

力元类包括弹簧阻尼器或卷簧阻尼器的作用物体编号、连接点位置、初始长度、力元的刚度和阻尼参数等。在星载大型天线展开多体动力学仿真中，力元类用于卷簧驱动阶段天线反射器展开动力学仿真，同时还用于评估阻尼器参数选择对天线展开过程和到位时刻冲击的影响。

7.2.9　绳索滑轮类

在 MDACSLSAD 软件中，绳索滑轮类用于描述电动机拖动绳索给反射器桁架施加的驱动力，其参数主要包括反射器桁架单元个数、绳索驱动方式（一端驱动还是两端同时驱动）、绳索作用在竖杆上的编号、绳索滑轮间摩擦系数、绳索通过跨线轮的阻力、绳索张力时间历程等。

7.2.10　同步齿轮调速机构类

同步齿轮调速机构类包括同步齿轮传动轴对应的铰链编号、擒纵调速机构振动周期、擒纵轮周节角、擒纵传动机构传动比和齿轮轴转动位置误差等参数。

7.2.11　算法参数

算法参数用于控制动力学仿真的起止参数定义、积分算法选择、时间步长、结果输出控制等。

在 MDACSLSAD 软件中，动力学仿真起止参数定义有两类方法：起止时间定义和运动参数终止定义。起止时间定义是通过定义积分器开始和终止时间来控制动力学仿真至什么时候终止；而运动参数终止定义则通过多体系统运动部件或铰链运动参数来控制动力学仿真至什么时候为止，例如在星载大型天线反射器展开动力学仿真中，当反射器最外侧横杆转动 90℃时，反射器即展开到位，显然这类情况下选用横杆转动角度作为仿真终止参数更为合适。

鉴于星载大型天线展开过程时间长、系统自由度多，结果输出控制可以将动力学仿真结果输出到计算机硬盘上，避免长时间数值积分造成计算机内存溢出。

7.3 软件正确性考核验证

为了确保软件系统的正确性和可靠性，需要在软件开发全过程开展功能模块、接口模块和系统级程序集成测试与正确性考核验证。下面结合仿真算例对数据前处理模块和动力学仿真模块正确性考核验证进行说明，鉴于在这些验证中已经用到结果后处理模块，所以不对结果后处理模块进行单独考核。

7.3.1 前处理模块正确性考核验证

从功能上分，前处理模块正确性验证主要包括动力学参数前处理模块正确性考核验证和几何参数前处理模块考核验证两部分内容。

（1）动力学参数前处理模块考核验证

动力学参数前处理模块主要是完成小变形柔性体 14 个基本参数文件的生成。这里以柔性太阳翼为例，对动力学参数前处理模块正确性进行说明。图 7 - 9 表示柔性太阳翼几何模型。

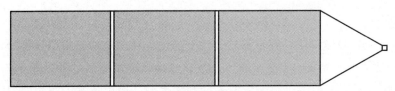

图 7 - 9　柔性太阳翼几何模型

表 7 - 3 为柔性太阳翼质量、惯量参数与 PATRAN/NASTRAN 输出结果的比较。可以看出，动力学参数前处理后获得物体的质量、惯量数据与有限元软件输出结果吻合，证明了动力学参数前处理模块的正确性，另外对柔性太阳翼模态质量矩阵和模态刚度矩阵进行验证，可以发现前处理获得的模态质量矩阵对角线元素基本均等于 1，模态刚度矩阵对角线元素与 NASTRAN 模态分析获得的其前六阶特征值基本一致，进一步从理论上证明了动力学参数前处理模块的正确性。

表 7 - 3　柔性太阳翼质量、惯量数据

	PATRAN/NASTRAN 有限元	前处理模块
质量/kg	78.89	78.89（对应广义质量矩阵中的 M11）
惯量/（kg·m²）	[879.91　　0　　　0; 　　0　37.40　　0; 　　0　　0　917.32];	[879.91　　　0　　　0; 　　0　　37.40　　0; 　　0　　　0　917.32];（对应-$\Gamma^{(1)}$）

（2）几何参数前处理模块考核验证

几何参数前处理模块通过自定义图形或对 CAD/CAE 软件图形读入的方法对各类物体几何参数进行前处理，以满足 MDACSLSAD 软件后期动态演示需要。这里重点介绍 CAE 软件中有限元离散的柔性体几何图形正确性考核验证。

图 7 - 10 为大臂回转基座在 PATRAN 中有限元模型和其在 MDACSLSAD 中几何图形演示，其中 PATRAN 模型左边连线为多点约束。可以看出，除多点约束外，MDAC-SLSAD 软件图像与 PATRAN 中图像是一一对应的，这证明了本软件几何参数前处理模块的正确性。有限元模型中多点约束非真实几何图形，因此在 MDACSLSAD 软件中无需对其进行描述，这进一步说明 MDACSLSAD 软件具备更灵活的图形演示能力。

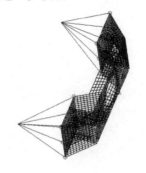

　　（a）PATRAN　　　　　　　　　（b）MDACSLSAD软件

图 7 - 10　大臂回转底座 PATRAN 与 MDACSLSAD 模型比较

7.3.2　动力学仿真模块正确性验证

MDACSLSAD 软件具有对任意拓扑构型刚体、小变形弹性体和柔性大变形索网阵开展耦合多体系统动力学仿真的能力，下面将采用三个典型算例对软件仿真能力和仿真结果正确性进行说明。

（1）柔性绳索自由下摆过程动力学仿真

首先验证软件求解树形链状拓扑构型多体系统动力学仿真求解能力。图 7 - 11 为一段理想的轴向不可伸长柔性绳索。绳索在重力作用下自由下摆，不计空气阻力、绳索弯曲刚度和其自身阻尼对柔性绳索动力学特性的影响。假设绳索由凯夫拉纤维制成，其截面积 $A=1.6\times10^{-5}$ m²，密度 $\rho=1.44\times10^3$ kg/m³，长度 $L=1$ m，弹性模量 $E=1.45\times10^{11}$ Pa，重力加速度 $g=9.8$ m/s²。由于绳索密度小、弹性模量大，下摆过程中绳索轴向伸长可忽略不计。根据参考文献[9]，轴向不可伸长柔性绳索可模化为由多段刚体和球铰连接而成多体系统，在本算例中该段绳索被离散为 50 段刚体。

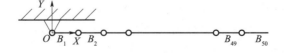

图 7 - 11　柔性绳索初始构型

绳索下摆过程中第一段绳索 B_1 绕 Z 轴角速度时间历程曲线如图 7 - 12 所示。可以看出，第一索段 B_1 在前期运动角速度与单摆运动情况较类似，但随着后面各绳段摆动幅度的增大，第一索段 B_1 运动角速度开始出现大幅度非线性剧烈变化。

图 7-13 为绳索在重力作用下自由摆动期间系统动能、重力势能和总机械能时间历程曲线。可以看出在不计空气阻力和绳索材料阻尼情况下，系统总机械能守恒，符合物理规律。

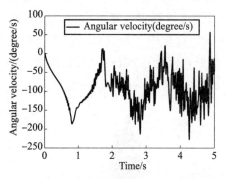

图 7-12　第一段绳索角速度时间历程曲线　　图 7-13　绳索下摆过程中系统机械能时间历程曲线

图 7-14 为绳索自由下摆期间不同时刻位形。从图中可以看出，初始时刻绳索为直线，在重力作用下绳索自由下摆，至最左侧位置，之后绳索在重力作用下自由回摆，由于绳索惯性和柔性变形，其各段曲率变得很大。

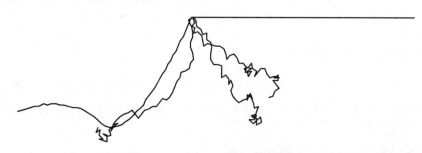

图 7-14　绳索下摆过程中的位形

（2）四连杆机构动力学仿真

本算例用于验证软件对闭环非树状柔性多体系统求解能力。图 7-15 为平面四连杆机构初始状态示意图。物体 B_1 截面几何尺寸 $h=w=0.01$ m，长度 $L=1$ m，密度 $\rho=2.7\times10^3$ kg/m^3，弹性模量 $E=70$ GPa，物体 B_2 和 B_3 的几何尺寸和材料参数与 B_1 物体完全相同。设四连杆机构在重力场中自由下摆，重力加速度 $g=9.8$ m/s^2。对物体 B_1 进行有限元分析，获得其前四阶模态频率如表 7-4 所示。切断铰选择 B_2 与 B_3 连接位置处，如图 7-15 虚线所示位置。

图 7-16 为由本软件和 ADAMS 软件仿真获得的物体 B_1 绕 X 轴角速度时间历程曲线。通过比较可以看出，两者仿真结果完全吻合，进而验证了软

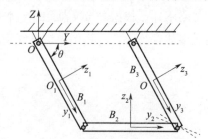

图 7-15　四连杆机构初始构型示意图

件仿真结果的正确性。

图 7-17 为四连杆机构在重力作用下系统动能、重力势能和总机械能时间历程曲线。可以看出，四连杆机构在重力作用下系统总机械能守恒，再次从能量守恒角度证明了软件 MDACSLSAD 的正确性。

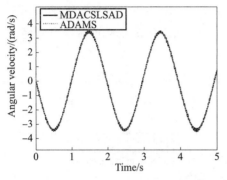

图 7-16　物体 B_1 角速度时间历程曲线

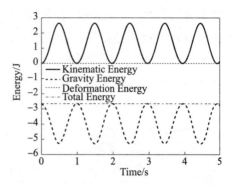

图 7-17　四连杆机构机械能时间历程曲线

表 7-4　物体 B_1 各阶频率

阶数	1 阶	2 阶	3 阶	4 阶
频率/Hz	8.17	8.17	5.03e+01	5.03e+01

（3）空间飞网多体动力学仿真

下面将用算例来验证软件在大变形柔性索网动力学仿真方面的求解能力。图 7-18 为由弹性柔索纵横编织而成的 10 m×10 m 索网。为方便索网展开，在索网的四个角上各固结一个质量为 3 kg 的集中质量块，初始时刻每个集中质量块沿 $-Y$ 轴以 $v_0=2$ m/s 的速度运动。柔性索网的质量 $m=2.34$ kg，弹性模量 $E=1.0\times10^8$ Pa，截面积 $A=8.0\times10^{-8}$ m²，不计重力、空气阻力、索网弯曲刚度和阻尼。

图 7-19 为飞网运动过程中各个时刻的构型。可以看出，初始时刻索网为一平面索网阵，在四角集中质量带动下，靠近角点索网首先被拉起，随着角点附近索网的运动，中心索网逐渐被拉起，使整个索网具备向前运动速度。

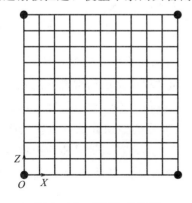

图 7-18　飞网初始构型

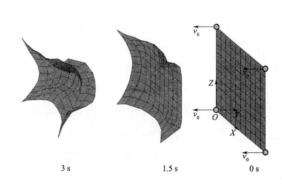

图 7-19　飞网运动过程中的构型

图 7-20 为飞网运动过程中系统能量时间历程曲线。可以看出，飞网运动过程中系统总动能先减小后增加，其弹性势能则先增加再逐步减小，整个过程中系统总机械能守恒。这时由于在飞网运动过程中，初始时刻仅四个角点集中质量块具有初始速度，在其带动下索网网孔间距被拉大，使集中质量动能转变为索网弹性变形能，进而使整个索网运动起来。索网被拉起之后，其弹性变形能在较短时间内减小至零附近，说明对于轴向几乎不可伸长索网而言，索网能量主要集中于其动能上，这样采用刚体球铰模型对这类索网进行模化时并不会带来较大的计算误差。

图 7-21 为飞网运动过程中其 3 个方向总动量时间历程曲线。可以看出，不计重力的情况下飞网系统总动量沿惯性坐标系三轴方向分量均保持不变，再次验证了仿真软件的正确性。

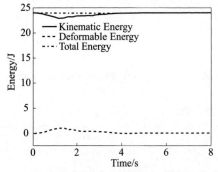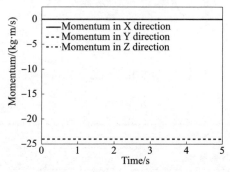

图 7-20　飞网运动过程中能量时间历程曲线　　　图 7-21　飞网运动过程中系统总动量时间历程曲线

7.4　软件特色功能

与当前商品化多体系统动力学仿真软件相比，星载大型天线展开多体动力学与故障对策专用仿真软件具有以下突出特点：

（1）强大的动力学逆问题求解能力

该功能主要体现在以下两个方面：已知运动规律和阻力矩情况下，可帮助计算驱动控制力矩，适用于航天器机构开环控制；已知电动机输出力矩的情况下，可根据试验测得的航天器关节运动学规律，识别关节等效阻力矩，为航天器展开机构试验测试和安全裕度评估提供依据。

（2）奇异构型处理算法

对于奇异构型引起的雅可比矩阵亏秩问题，已经提出了很多解决方案，如罚函数法、约束稳定和违约修正结合的方法，这些方法虽能处理运动过程中系统构型奇异问题，但面对初始时刻静止状态下系统构型奇异问题却难以凑效。从数值上看，初始位置雅可比矩阵奇异意味着系统出现额外的冗余约束，如果采用选独立坐标的数值算法，直接去除这些"冗余约束"，则相当于增加了系统的自由度，这需要计算机从多种运动可能性中将需要的真实运动自动选择出来。由于初始位置为静止状态，难以提供自动选择所需要的有效信息。

为了解决这个问题，软件可从天线反射器设计角度，直接引入基于几何的替代约束解决大型天线初始位置雅可比矩阵奇异及展开过程中系数矩阵条件数差等问题。

（3）可反复重启的积分器

为避免被动卷簧过快释放引起的航天器机构故障和到位冲击，航天器机构中已经开始出现防止卷簧快速释放的擒纵机构。星载大型天线展开多体动力学仿真软件提供的可反复重启的积分器工具恰能对这类机构进行建模，满足含擒纵装置的间歇机构动力学仿真要求。

（4）适应开环和闭环机构的自动变拓扑仿真能力

齿轮传动误差和桁架的变形导致各反射器桁架展开不同步，并使反射器桁架展开过程不同时锁定，这将使机构拓扑构型发生改变。MDACSLSAD 软件采用递推方法建立多体机构系统动力学方程，为这类机构自动变拓扑切换和数值仿真提供了有力条件。该功能模块可有效用于开闭环机构运动过程锁定动作仿真，避免过多人为的判断造成的负担和误差。

（5）高效准确的索网桁架耦合动力学仿真能力

适用于大型天线在轨展开过程桁架柔性索网耦合动力学分析仿真，可以解决索网与刚体、小变形柔性体耦合动力学仿真问题。鉴于反射器丝网面是通过拟合理想抛物面形状设计而来，为获得收拢状态反射器索网构型并对不同索网折叠方案进行评估，索网静平衡构型计算能力对软件而言也是必不可少的。

（6）灵活、实用的结果后处理演示功能

软件不仅具备与常规商品化软件类似的显示各部件质心相对于惯性参考坐标系运动轨迹的能力，而且还能够演示出各部件相对于任意指定参考坐标系的运动轨迹，例如某类通信卫星天线展开过程中，可给出反射器系统质心相对于小臂安装点坐标系的运动曲线和轨迹，这可为航天器设计和控制提供有力帮助。

（7）基于动网格的航天器机构接触碰撞动力学仿真功能

为适应空间站和航天器在轨服务中机械臂捕获、转移、对接或连接等过程动力学仿真需要，迫切需要解决航天器多体机构接触碰撞动力学问题。当前商业软件中，常用的刚体恢复系数模型和弹簧阻尼模型均难以对碰撞过程碰撞力和动力学响应进行准确求解，基于动网格的附加约束方法是进行航天器复杂机构接触碰撞动力学准确仿真的有效方法，MDACSLSAD 软件还可结合试验进行准确的航天器机构接触碰撞动力学仿真。

（8）控制系统仿真子模块

绝大多数航天器均是在控制系统作用下完成姿态稳定与机动、机构展开、天线扫描与定向等动作，软件具备控制系统仿真接口子模块，使软件具备航天器动力学与控制系统联合仿真功能。

（9）高画质动态演示功能和快速接触搜索算法

在 MATLAB 平台上开发的动态演示功能模块可基本满足结果可视化需求，但在图像质量和演示速度方面尚难以满足要求，软件正进一步努力以提升其视觉效果和流畅度。此外基于动网格的航天器机构接触碰撞动力学仿真功能，也需要软件对碰撞前物体几何干涉进行粗检测，以提升航天器多体机构系统碰撞动力学接触点搜索效率。

参 考 文 献

［1］ 周志成，曲广吉．通信卫星总体设计与动力学分析 ［M］．北京：中国科学技术出版社，2012.

［2］ 董富祥．星载大型天线展开过程多体动力学建模及典型故障模式处理对策仿真研究 ［R］．北京：中国空间技术研究院博士后出站报告，2013.

［3］ 董富祥．刚柔耦合多体系统碰撞动力学建模理论与实验研究 ［D］．上海：上海交通大学，2010.

［4］ 洪嘉振．计算多体系统动力学 ［M］．北京：高等教育出版社，1999.

［5］ 曲广吉．航天器动力学工程 ［M］．北京：中国科学技术出版社，2000.

［6］ Stiller E，LeBlanc C. 基于项目的软件工程——面向对象研究方法 ［M］．北京：机械工业出版社，2002.

［7］ Sommerville I. 软件工程 ［M］．北京：机械工业出版社，2003.

［8］ 袁家军，于登云，陈烈民．卫星结构设计与分析（上）［M］．北京：中国宇航出版社，2004.

［9］ 李宾，李映辉，殷学纲．大垂度柔索的动力学建模与仿真 ［J］．应用数学与力学，2000，21（6）：640－646.

［10］ Dong Fuxiang, Hong jiazhen, Zhu Kun, Yu Zhengyue. Numerical and experimental studies on impact dynamics of a planar flexible multibody system ［J］. Acta Mechanica Sinica，2010，26（4）：635－642.

［11］ Dong Fuxiang, Hong Jiazhen, Zhu Kun, Yu Zhengyue. Initial conditions of impact dynamics ［J］. Journal of Shanghai Jiaotong University，2010，15（3）：368－371.

［12］ 董富祥，洪嘉振．球与细长圆锥杆纵向碰撞问题的动力学分析 ［J］．上海交通大学学报，2009，43（10）：1662－1666.

［13］ 董富祥，洪嘉振．多体系统动力学碰撞问题研究综述 ［J］．力学进展，2009，39（3）：352－359.

［14］ 朱焜，洪嘉振，董富祥，余征跃．柔性圆柱杆接触碰撞问题试验研究 ［J］．动力学与控制学报，2009，7（2）：125－128.

［15］ 董富祥，洪嘉振，朱焜，余征跃．基于附加约束柔性多体系统碰撞动力学建模理论和试验研究 ［C］．中国力学学会学术大会 2009（CCTAM2009），郑州，2009.

第8章 空间大型可展开天线地面试验

大型空间可展天线具有生产数量少（最多只有几十件）、可靠性要求高、很难备份、在轨故障无法维修等特点，难以通过大批量生产、使用和改进来考验和提升产品可靠度。电子元器件可通过成千上万甚至更多子样试验获得其可靠性数据，并对其可靠性进行改进，而对高价值、生产数量少的空间可展天线而言，则很难利用这类方法来确保其在轨展开可靠性。为了保证大型空间天线在轨可靠展开，不仅需要从设计上重视提升天线展开可靠性，制定天线在轨展开故障对策预案，也需要通过地面试验对天线各项设计缺陷进行提前暴露。

完善充分的地面试验是降低大型空间天线在轨展开故障风险、确保天线在轨正常展开的重要措施和手段。在设计阶段，地面试验可为天线展开机构设计参数选取和材料选择提供参考和验证，有助于将空间环境引起的天线部件级展开故障降到尽可能低的水平；天线完成制造装配后，地面试验可帮助进一步暴露空间机构设计、制造和装配缺陷，并可通过地面零重力展开试验验证天线展开机构功能，为天线在轨动态特性预测提供参考依据；当天线在轨展开出现故障时，地面展开试验可帮助摸清故障机理，实现故障复现，为天线在轨展开故障对策提供依据。

本章首先介绍大型空间机构摩擦学试验、力学环境试验和热真空试验，然后将对大型空间机构零重力展开试验方法进行阐述，分析比较了各种试验方法在大型空间机构试验方面的优缺点。针对空间大型天线技术特点，介绍了大小臂伸展臂、周边可展桁架式天线反射器地面零重力补偿试验装置，并对空间大型天线地面试验局限性进行了讨论。

8.1 引言

8.1.1 大型空间机构试验验证

空间机构在轨可靠工作对航天任务的成功往往起到关键作用。与电子器件不同，空间机构往往很难通过备份设计来提高整机的可靠性，因此其一旦发生故障极易形成单点失效事件，造成整个航天器报废，例如太阳翼导电滑环的失效将使航天器失去能源供应，三轴稳定卫星动量轮失效将导致整星姿态失稳，反射面天线无法展开将使预计通信服务无法正常提供，导致巨额经济损失和负面政治影响。为了确保空间机构在轨工作可靠性，需要在地面创造条件，对空间机构设计、制造及装配正确性和可靠性进行试验验证，充分暴露材料、设计及制造缺陷。

一般而言，空间机构产品要经历设计、研制、试验验证、储存、运输、发射、在轨服务和寿命终止等几个阶段。可见空间机构入轨服务前，其需要承受运输颠簸、发射过程中高过载、起飞和跨音速飞行阶段的噪声、振动、火箭级间分离冲击、整流罩内压力衰减等环境考验；航天器入轨后，空间机构往往直接暴露在高真空、高低温交变、强宇宙射线、微重力和微流星体冲击等严酷空间环境中。为了确保空间机构能够经受严酷空间环境的考验，需要在地面创造条件开展空间机构试验。空间机构试验不仅可验证其设计有效性，且其试验数据也是空间机构在轨展开健康状态判读的重要参考依据，同时其试验数据也可为空间机构在轨展开故障原因排查和对策制定提供有力支撑。

空间机构试验包括机构摩擦学试验、力学环境试验、热真空试验、空间抗辐照试验、电磁兼容性试验、检漏试验、展开功能试验及其他相关试验，下面首先介绍与空间机构展开功能密切相关的摩擦学试验、力学试验和热真空试验，然后对空间机构地面零重力展开试验装置及试验方法进行阐述。一般而言，摩擦学试验属于部件级试验，在机构部件设计研制阶段即开展这类试验。工程实践发现：力学环境试验后开展热真空试验更能有效暴露航天器机构的潜在缺陷，便于排除早期故障，因此一般将热真空试验放在力学环境试验后进行。

8.1.1.1　空间机构部件级摩擦学试验

真空环境下固体表面吸附的气膜、污染膜或氧化膜会部分或全部消失，形成清洁的材料表面，这样运动机构相互接触表面将在一定压力和温度条件下形成黏着或冷焊。黏着或冷焊将增大航天器活动部件运动阻力，导致空间机构动作异常或故障，如美国伽利略木星探测器天线展开失效、日本 JERS-1 卫星的 SAR 天线展开异常，均与空间机构润滑失效有关。

为避免空间机构铰链表面出现黏着或冷焊，在设计阶段就需要选择不易发生黏着或冷焊的配偶材料作为运动副表面接触材料，工程上通常采用在接触表面涂覆固体润滑剂或液体润滑液，使运动表面形成材料膜层，起到保护部件运动表面及有效降低部件运动表面间摩擦力和材料磨损的作用。不同机构部件对于润滑剂的性能要求是不同的，如高速转动的动量轮要求润滑剂摩擦系数足够小，寿命足够长，而太阳翼导电滑环润滑剂在选择时则要求其满足低速运转和导电性要求。

空间机构润滑剂主要包括液体润滑剂和固体润滑剂。液体润滑剂主要包括矿物油、硅油、聚苯乙醚、聚氟多酯及油脂等物质，固体润滑剂包括固体润滑膜类（如二硫化钼、二硫化钨）、软金属类（如铅、金、银）和高分子材料类（如聚四氟乙烯、玻璃纤维增强聚合物）等三类润滑剂。润滑剂对温度、压力和湿度等因素较为敏感，因此在空间机构运输和储存过程中需要对相应环境温度和湿度进行严格限定。固体和液体润滑剂各具优点和缺点，Roberts 和 Todd 对其性能进行比较，如表 8-1 所示。为确保空间机构润滑剂或润滑系统最优，需要在地面开展空间机构摩擦学试验，以评估和验证润滑剂或润滑系统对部件表面摩擦特性的影响。

鉴于很多空间机构在轨寿命长达十多年（例如通信卫星太阳翼驱动机构和动量轮等），为了保证其可靠性，需要开展空间机构在轨飞行试验对其性能进行验证，然而在轨飞行试验成本高、耗时长、效率低，难以适应大量航天器空间机构摩擦学试验需求。为此，需要在地面创造条件开展空间机构加速寿命试验，对空间机构摩擦学特性进行评估验证。

开展空间机构地面加速寿命试验有利于快速评估润滑方式，选择润滑剂，检测润滑膜变化情况，制定空间机构装配工艺和储藏条件，帮助改进润滑系统设计。空间机构摩擦学加速寿命试验需要考察各类参数，例如表面相对运动速度、温度、湿度、真空度、表面污染、润滑方式、润滑膜厚度、表面粗糙度、接触压力等因素对关节铰链运动过程中润滑变化的影响。

表 8-1　固体和液体润滑剂性能比较

固体	液体
蒸发现象可忽略不计	需要考虑液体蒸发现象
工作温度范围宽	黏着、爬行和高温挥发性均与温度有关
表面污染可控，偶尔会有小的碎片	必须密封
潮湿空气中寿命较短	对空气或真空不敏感
碎屑引起摩擦噪声	摩擦噪声很低
摩擦性能与运动速度无关	运动速度和黏性影响摩擦性能
使用寿命由润滑膜决定	寿命与润滑膜摩擦性能下降有关
导热性能差	导热性能好
一般情况导电	电气绝缘

为开展空间机构摩擦学试验和加速寿命试验，需要在专用摩擦仪器上开展相应研究工作。这些专用摩擦设备包括超高真空摩擦试验仪、偏心轴承摩擦试验仪、螺旋轨道滚动接触试验仪、四球摩擦试验仪、真空销盘摩擦计、球在板上测试仪和滚动测试仪。图 8-1 为 NASA 刘易斯研究中心的测试真空滑动摩擦的 UHV 摩擦试验仪。使用 UHV 摩擦试验仪可在室温下进行空气、氮气和真空环境的试件摩擦学试验。现代的空间机构摩擦学试验设备已实现真空压力 10^{-9} Pa，温度达 $-150 \sim 100$ ℃，并将水蒸气、氧气、氮气和碳氧化物等气体对机构表面摩擦性能的影响考虑在内。

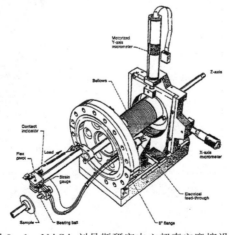

图 8-1　NASA 刘易斯研究中心超真空摩擦设备

8.1.1.2 力学环境试验

装配好的空间机构需要经历分系统级力学环境试验和整星级力学环境试验，其主要目的包括以下几个方面：1）验证空间机构的结构设计正确性，考核其结构在各个飞行环境工况下对所受到的动态载荷作用的承受能力；2）暴露其在制造、装配过程中可能存在的缺陷，减小早期失效率，提高可靠性；3）为空间机构动力学的模态和响应分析以及模型修正提供试验参数；4）为空间机构部件摩擦学测试力学环境条件制定提供依据。力学环境试验主要包括振动力学环境试验、噪声试验、冲击力学环境试验和加速度环境试验等。

（1）振动力学环境试验

振动力学环境试验需要在地面再现航天器飞行过程中所经受的振动环境。按照振动环境的性质，振动试验可以分为正弦振动试验和随机振动试验。振动环境试验是在振动台上完成的，将试验件通过夹具和振动台相连，通过数字振动控制系统对振动台按规定的幅值或谱值要求施加振动，同时数据采集系统采集相应的响应数据，并完成前期的数据处理。垂直方向和水平方向的振动试验状态示意图如图 8-2 和图 8-3 所示。

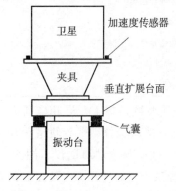

图 8-2　垂直方向振动试验示意图

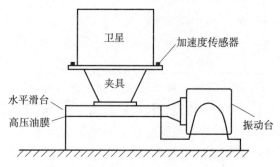

图 8-3　水平方向振动试验示意图

从图 8-2 和图 8-3 可以看出，振动试验设备包括振动台、水平滑台、试验夹具、振动控制系统、数据测量与采集处理系统和辅助设备（如气源、油源和冷却系统）。一般需进行三个方向的振动试验，纵向振动试验在振动台上进行，实施垂直激励；横向振动试验在振动台与水平滑台的组合系统上进行，实施水平激励。图 8-4 为 ASTRA 2F 通信卫星开展横向振动试验示意图。

正弦振动试验用于模拟运载具发射过程中引起的显著振动效应，其试验条件由环境规范及星箭耦合分析结果确定。每个激振方

图 8-4　ASTRA 2F 通信卫星 X 方向振动力学试验

向的试验分为预振级、特征级、验收级和鉴定级。通常情况下，运载方提供的试验条件在某些频率处是比较保守的，用这种试验条件进行振动试验，往往会造成航天器在这些频率处响应过大，造成空间机构结构损坏。为此，就需要将试验条件进行下凹处理。加速度下凹控制方法主要有两种：一是在航天器基频附近（一般取 $f\pm3\,\mathrm{Hz}$ 范围内）将试验条件预先主动下凹，主要是避免因卫星结构共振引起整星过试验；二是响应限幅下凹控制，以避免因局部谐振引起的星上个别设备或部件过试验。其基本方法是监控空间机构危险部位的响应，使其不超过规定的值，以此来控制振动台的输入，达到下凹控制的目的；正弦振动试验中，一般会同时采取这两种控制方法。对于复合材料制成的空间结构而言，为避免过试验引起的结构疲劳或潜在损伤，开始采用新的力限控制技术，进行预先下凹控制，避免过试验。

随机振动试验环境包括发射动载条件下传递到空间机构上随机振动加速度，其振动输入频率范围较宽，一般在 $10\,\mathrm{Hz}$ 到 $2000\,\mathrm{Hz}$。随机振动的试验条件包括试验频率范围、试验谱型及量级、试验持续时间和方向等。随机振动试验的激励常以加速度功率谱密度曲线形式表示，这里不再细述。

（2）噪声试验

航天器在飞行过程中受到强烈噪声的影响，很多结构失效和破坏都与之相关。在火箭飞行初始阶段，高速气体从发动机喷管喷出，并被地面反射，造成周围空气扰动，诱发火箭结构振动；在火箭发射上升期间，当火箭在大气层内加速到高速时，空气扰动紊流诱发一定结构振动；在火箭接近或者跨过声速时火箭突出位置产生空气激波且不稳定。火箭外部波动压力诱发火箭结构振动，并通过对接环传递给卫星及其上的空间机构，整流罩内部空气压力波动则直接作用在航天器表面，诱发具有大面积质量的机构部件如太阳翼、固面天线振动。起飞阶段喷气引起的空气扰动噪声以低频为主，具有很强的方向性并高度相关，高空大气附面层噪声则集中在高频，在周向和轴向呈弱相关性。

早期人们用振动台模拟航天器因噪声引起的振动环境，但振动台模拟毕竟不同于真实的噪声模拟，即使采用多点激励也难以弥补振动环境与噪声环境的差异，并且不可避免地在局部产生过试验和欠试验的情况。因此，噪声引起的振动应首选噪声环境模拟。与噪声能量相关的波动压力可以引起结构部件在宽频（$20\,\mathrm{Hz}\sim10\,\mathrm{kHz}$ 及以上）范围内结构振动，这类振动很容易引起结构部件发生疲劳。

航天器飞行中所受的噪声环境比较复杂，难以在地面噪声试验中再现，因此发展了等效声场技术。只要保证航天器在等效声场下的响应与飞行状态的响应相当，即可认为等效声场符合要求。通常用混响试验设备或行波试验设备来模拟等效声场。实际常用的是混响试验设备，它由混响室、声源系统、气源系统、控制系统、响应测量系统及辅助装置组成。

一般在混响声场中进行噪声环境试验，其试验参数包括声压级谱、总声压级和混响时间，其中，声压级谱又分为倍频程和三分之一倍频程两种。通常，在正式试验前后分别安排低声压级的声试验，通过两次声压级完全相同试验的响应数据比较来检查试验件结构状态的变化情况。

（3）冲击力学环境试验

空间机构所经受的冲击主要是由各种火工装置工作产生的，如运载火箭级间分离、星箭分离、航天器各舱段分离、星载各类可展开构件解锁分离等。用于各种分离解锁的火工品不同，所造成的爆炸冲击环境也存在差异。火工品爆炸时，冲击能量在瞬间传递，所产生的位移、速度和加速度的突然变化有可能造成航天器结构以及仪器设备的损伤，因此需在地面开展相应冲击试验，以获取航天器的冲击载荷响应特性及验证航天器仪器设备抗冲击载荷的能力。

爆炸冲击环境的特点是幅值高，持续时间短，一般在 20 ms 内衰减到 0。在火工品附近，冲击加速度最高可达 $1000 \sim 100\ 000g$，它以应力波的形式传递到航天器各个部位，其幅值也随距离增大迅速衰减。模拟爆炸冲击环境的设备主要有落下式冲击试验机、电动振动台、火工装置、撞击设备和分离冲击设备。利用上述试验设备得到的冲击环境效果差别较大，因此冲击环境试验选用何种模拟设备应综合考虑各种因素。

分离冲击试验的目的包括：获取舱段和组件在包带或爆炸螺栓解锁分离冲击环境下的冲击加速度数据；验证分离机构结构设计和工艺的合理性，检验试验件所有分离面功能的可靠性；获取试验件在失重、自旋环境下分离的运动参数。

火工品冲击失效模式主要包括：

1）与高应力有关的失效，例如薄长结构的屈曲，结构塑性变形，脆弱部件断裂；

2）高加速度引起的失效，引起的继电器震颤、电位计滑移、螺栓松动；

3）与超差位移有关的问题，例如焊料接口断裂、印刷电路板或波导断裂；

4）瞬态电气故障，仅发生在冲击环境作用期间例如电容器、石英振荡器、混频器。

部组件分离冲击试验的方法主要有自由落体法和摆式法。自由落体法是将试验件在规定高度旋转后释放，试验件在自由下落过程中处于失重状态，此时进行分离解锁操作。这种方法除了考核试验件在旋转和失重环境下分离结构的可靠性外，还可得到分离姿态参数和冲击加速度值。摆式法较为简单，首先将试验件用柔性缆绳悬挂，使纵轴处于水平状态，然后实施分离操作。这种方法也可消除重力影响，并可检验分离结构的可靠性，同时获得冲击加速度响应数据。部组件试验条件主要包括旋转角速度、分离操作程序和允许过载加速度限等。

整星级冲击试验包括星箭分离冲击试验、太阳翼及天线的爆炸解锁冲击试验。星箭分离冲击试验一般在力学试验之前进行，太阳翼及天线的解锁分离冲击试验一般在力学试验之后进行。通常采用正样火工品起爆作为冲击源，获取星上火工品爆炸冲击的动力学特性，并验证整星及其部组件抗冲击环境的能力。

（4）加速度环境试验

加速度环境试验一般利用离心机使机构产生要求的加速度，并持续一定时间，试验后对机构铰链、电性能和运动功能进行检验，试验及原理相对较为简单，这里不进行深入介绍。

8.1.1.3　空间机构热真空试验

空间热真空环境对空间机构工作可靠性影响较大，其效应主要体现在以下几个方面：

（1）材料真空出气效应

材料真空出气效应可能导致覆盖层与展开部件发生干涉。航天器在发射过程和入轨后，由于压力的快速降低，材料内气体将会排出。这样覆盖在空间机构表面上的隔热覆盖层可能由于内外压差使隔热层膨胀，产生"气球效应"，当机构展开时，处于膨胀状态的隔热层很可能将展开件绊住。例如 1991 年发射的加拿大 Anik－E2 卫星，C 波段天线即是由于热覆盖层阻碍未能正常展开，后来采取多项措施使该问题得到解决。

（2）黏着与冷焊效应

工程实践已经证明，真空中摩擦系数大于大气环境中摩擦系数，特别是当其润滑膜遭到破坏的情况下问题更加严重。黏着与冷焊效应将增大关节运动阻力，该问题在摩擦学部分已经讲过，这里不再详述。

（3）高低温环境引起的材料膨胀或收缩

对于铰链而言，高低温环境引起的部件热胀冷缩将改变关节铰链配合误差，影响机构关节阻力矩，使其在轨与地面常温状态不同。Intelsat V 通信卫星在轨飞行过程中，北太阳翼展开时间要比正常展开时间更长，而南太阳翼则正常展开，经研究发现展开时间的差别是低温和真空环境中摩擦力显著增大引起的。

此外，空间热真空环境下机构材料和润滑剂性能可能退化，真空压力差效应也会增大空间机构密封部件液体或气体泄漏风险，进而给空间机构运动造成不良影响。

为充分评估空间机构在热真空环境下的功能，验证空间机构的热模型的正确性，需要开展空间机构热真空试验。热真空试验是在真空与一定温度条件下验证航天器及其组件各种性能与功能的试验，由冷浸、热浸和变温过程组成。冷浸是使航天器处于规定的试验最低温度，并停留规定的时间；热浸是使其处于试验的最高温度，并停留规定的时间。从室温开始降至规定的试验最低温度，实行冷浸，再上升到试验最高温度，实行热浸，最后回到室温，称为一个温度循环。

试验类型分为鉴定级试验和验收级试验。1）鉴定级热真空试验：用以验证航天器在规定的压力与鉴定级温度条件下是否满足设计要求。温度条件是最高温度比最高期望温度高 10 ℃，最低温度比最低期望温度低 10 ℃，温度循环若干次。2）验收级热真空试验：用以在规定的压力与验收级温度条件下，暴露材料和工艺缺陷。温度条件是最高（或最低）温度为最高（或最低）期望温度，温度循环若干次。鉴于空间机构在低温真空环境下摩擦阻力更恶劣，试验中往往倾向于将试件暴露在低温环境下更长的时间，而高温环境则有利于验证金属、陶瓷和聚合物蠕变或蠕变破坏，通过高低温循环试验则可以对空间机构整个轨道周期故障模式进行充分暴露。为了确保空间机构中所有部件在整个飞行期间始终处于可靠工作状态，一般要求地面鉴定级机构真空试验温度范围为热模型计算最低温度±10 ℃，验收级热真空试验温度范围为热模型计算最低温度±5 ℃，真空度保持在 1.33×10^{-3} Pa 以下。试验过程中对空间机构工作状态进行实时监控，检验其各项性能指标是否满足设计要求。

图 8-5 为美国 GEO-1 卫星准备热真空试验时场景。航天器热真空试验模拟的三个基本条件是太阳辐射、真空和冷黑环境，其试验模拟设备主要由试验真空容器、热沉、真空抽气机组、冷却和加热系统、控制和数据采集处理系统及其他特殊需求的机构所组成。真空容器是热真空环境试验设备的主体，通常有圆柱形、箱形、球形、圆锥形等结构，一般采用不锈钢制造。热沉是由铜、铝或不锈钢组成的管板结构，内表面涂黑漆，对太阳光的吸收率不小于 0.95，半球向发射率不小于 0.90，表面温度低于 100 K，用于模拟空间冷黑环境。真空抽气机组用于获得需要的真空条件，加热系统一般选用太阳模拟器、红外模拟器或热电阻进行加热。

图 8-5　美国 GEO-1 卫星准备热真空试验

8.1.2　大型空间机构微重力试验技术

航天器机构总装完成后，需要在地面试验环境中进行功能试验。由于地面试验环境中重力场不同于空间机构在轨工作的微重力，将导致空间机构铰链动力学功能参数不同于工作参数，此外对于大型柔性空间可展机构而言，其直接在重力场环境下展开将破坏其结构。为了能够在地面对空间机构在微重力环境下功能进行测试和直观评价，并对空间机构可靠性进行评估，需要开展微重力模拟技术研究。到目前为止，微重力模拟方法主要包括自由下落法、抛物线飞行法、中性浮力法、气浮法和悬吊法。

8.1.2.1　自由下落法

自由下落法是利用物体自由下落产生微重力环境的一类专用试验设备，主要有落塔、落管和落井等三种形式，可用于开展部件分离、流体物理、燃烧、材料科学、生物技术和液体管理等领域试验研究，具有重复性好、微重力水平高、数据采集方便、费用低、易于操作、干扰小等优点，但同时也存在着可利用微重力时间段短、回收舱段过载大和试验舱空间有限问题。

表 8-2 为世界主要落塔技术参数。可以看出，落塔试验最长微重力时间为 10 s。落塔试验回收段过载一般达十几个 g，有可能对空间机构脆弱的铰链部分造成损伤。限于落

塔或落管内径，试验舱容积普遍较小，难以满足较大空间机构展开动力学试验验证需要。

落塔主要由实验室主体结构、真空泵系统、提升设备、释放系统、试验舱、减速回收系统、测量系统和其他辅助设施组成。试验时将研究对象放入试验舱，然后释放系统将试验舱释放，由舱内数据测量系统对试验结果进行测量和记录，自由落体后试验舱在减速回收系统作用下将速度降低为零。落塔试验常采用两种方式：1）试验舱体由主体结构顶部自由下落；2）试验舱由落塔底部向上弹射，以获得更长的微重力时间。图 8-6 为中国科学院力学所国家微重力实验室的 116 m 落塔照片。

表 8-2　世界主要落塔技术参数

落塔名称	类型	有效高度/m	微重力时间/s	可实现的微重力环境/g
NASA Glenn Reasearch Center	落塔	24.1	2.2	10^{-4}
NASA Lewis Research Center in Cleveland	落井	132	5.18（自由下落） 10（向上弹射）	$10^{-6} \sim 10^{-5}$
NASA Marshall Space Flight Center	落管	100	4.275	$10^{-5} \sim 4 \times 10^{-2}$
德国不莱梅 ZARM	落塔	123	4.74（自由下落） 9.3（向上弹射）	$10^{-6} \sim 10^{-5}$
西班牙 INTA	落塔	22	2.1	10^{-3}
日本 JAMIC	落井	490	10	10^{-5}
中国科学院 热物所	落塔	40	2.8	$7.5 \times 10^{-3} \sim 1 \times 10^{-1}$
中国科学院 力学所	落塔	116	3.6	$10^{-5} \sim 10^{-3}$

图 8-6　中科院力学所落塔和落仓

8.1.2.2　抛物线飞行法

　　抛物线飞行法是指利用改装的客机或运输机进行抛物线飞行创造微重力环境的方法。大型客机每个架次可以进行十几个到几十个抛物线飞行，每次抛物线飞行可获得几十秒、精度达 $10^{-3}g$ 的微重力环境。目前世界上投入使用的失重飞机主要有美国的 KC - 135 及 DC - 9，法国的 A300 和俄罗斯的 IL - 76。图 8 - 7 为大型飞机抛物线飞行过程示意图。可以看出，每个抛物线飞行由爬升阶段、失重飞行阶段、下降阶段和平飞阶段组成。在实际飞行过程中，飞机首先以 45°角爬升约 20 s，此时测试对象受到约束 2g 的重力加速度，至抛物顶端附近时，可以维持约几十秒的零重力环境，然后飞机再以 45°倾角下降，之后平飞一段时间，完成一个试验循环。

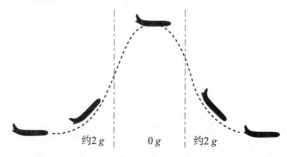

图 8 - 7　大型飞机抛物线飞行过程示意图

　　与自由下落的落塔试验相比，抛物线飞行试验虽存在着试验费用高、微重力精度不及自由下落试验高的缺点，但其具有试验舱空间大、人员可以现场参与、微重力时间较长、飞行过程无冲击过载、试验效率高等优点，可以很好满足较大型空间机构展开初期试验验证需求。同时，抛物线飞行可以创造出 $1/6\,g$ 和 $1/3\,g$ 的月球和火星表面重力加速度，使其满足更广泛的空间机构试验需求。日本 JAXA 在 LDREX 天线在轨展开试验失败后，对其展开机构进行了相应修改，为了验证新设计的有效性，又在大型客机 A300 上开展了大型天线微重力飞行展开试验，试验取得了预期效果。图 8 - 8 为日本 JAXA 模块化天线单元桁架抛物线飞行试验示意图。图 8 - 9 为德国航天中心复合结构和自适应系统研究所一个团队在 A300 飞机上开展可充气伸展臂展开试验场景。

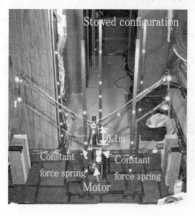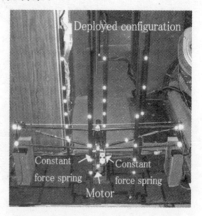

图 8 - 8　日本模块化天线单元桁架空间微重力试验

图 8 - 9 A300 飞机上开展可充气伸展臂展开试验

8.1.2.3 水浮法

水浮法也称为水下模拟失重方法,利用水的浮力与重力平衡原理模拟空间失重环境,其原理是通过调整水下试验装置所佩带的配重使之达到重力与浮力相平衡,实现失重效应的模拟。与自由下落法和抛物线飞行法相比,水浮法具有模拟时间长、操作空间大、无过载等优点,适用于开展原尺寸模型试验,可保证模拟试验的逼真性,缺点是与真实微重力环境存在较大差异、对部件密封性要求高、加上配重后系统总质量较大,且水的黏性阻力会对物体运动特性造成较大影响。该方法适用于航天员空间活动训练模拟、大型空间结构在轨组装地面模拟与在轨支持、各种机构和可伸展柔性构件设计合理性及可靠性评估、空间机械臂地面模拟操作和空间机器人在轨维修与服务等空间任务。

水浮法空间机构试验需要在中性浮力水池内进行。中性浮力设施一般由水池、供水系统、潜水呼吸系统、浮力配置系统、安全救生系统以及照明、测试、通信等配套系统组成。为了使测试对象在水下达到重力和浮力的平衡,有时还需要在测试对象上增加配重,配重的使用将改变试验对象的质量分布,在试验设计时需要认真考虑以便将这种影响降到最低。图 8 - 10 为马歇尔航天飞行中心的中性浮力水池示意图。自 1968 年开放以来,该水池支持多项空间任务,例如空间实验室、舱外活动结构装配试验、空间站和哈勃空间望远镜等多项任务,现在该模拟器已经退役,其主要功能已经转移到约翰逊中心。

图 8 - 11 为 Ranger TSX 空间机器人在中性浮力水池中进行舱外活动模拟训练示意图。在该设施中可以对空间臂控制器算法、任务规划和人与机器人合作等项目进行模拟检验。

对于需要在轨组装的大型可展开空间结构而言,在中性水池进行模拟训练有助于帮助航天员适应空间工作环境。图 8 - 12 为航天员在中性水池中模拟装配大型空间结构件。

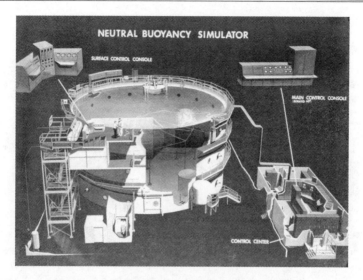

图 8-10　中性浮力水池模拟器系统示意图

图 8-11　Ranger TSX 舱外活动模拟

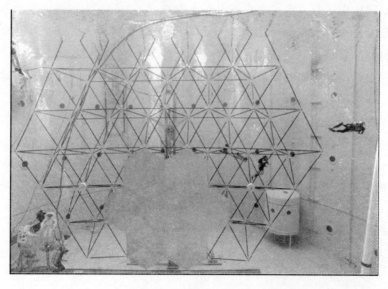

图 8-12　大型空间可展开结构在轨拼装模拟试验

8.1.2.4　在轨飞行试验

空间机构在轨飞行试验主要是通过试验卫星、航天飞机、空间站和运载火箭等开展专门或搭载空间机构在轨试验。在轨飞行试验是检验空间机构是否达到设计功能及可靠性的最佳手段，可全面检验分析仿真模型和地面试验的有效性和充分性，但这类试验也存在着硬件要求和成本高，难以进行多次试验的缺点。

美国多次利用航天飞机开展大型空间结构在轨展开和工程应用在轨试验。图 8 - 13 为航天飞机上进行 50 m 环柱状天线在轨展开试验示意图。

图 8 - 13　美国 50 m 环柱状天线在轨展开试验示意图

为了确保 ETS - 8 上大型桁架式网状天线在轨可靠展开，日本 JAXA 于 2000 年末利用阿里安 - 5 火箭搭载反射器小尺寸部分模型开展了在轨展开试验，试验过程中索网与反射器桁架发生钩挂导致试验失败（见图 8 - 14（a）），之后研究人员对天线展开机构进行改进，于 2006 年 10 月利用阿里安 - 5 火箭搭载反射器小尺寸部分模型 2（LDREX - 2）再次开展在轨展开试验，验证了改进设计的有效性，天线成功展开，如图 8 - 14（b）所示。

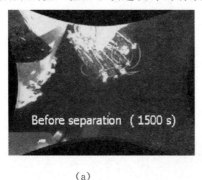
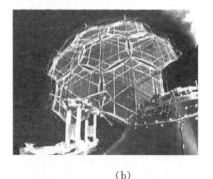

（a）　　　　　　　　　　　　　　　　　　（b）

图 8 - 14　大型可展开反射器部分模型在轨试验

8.1.2.5　气浮法

气浮法是利用承载平台与气垫单元间空气层托举物体并使之与其重力平衡的试验方法。与水浮法相比，气浮法具有所需设备相对较少、试验成本低、摩擦阻力小、结构简单等优点，但气浮法仅可在气垫位置用集中力提供竖直方向重力补偿，且对承载平台水平度要求高，仅适用于铰链轴向反力可卸载的空间机构展开问题。

气浮式零重力补偿装置主要由高精度的气浮平台、气浮轴承、空气压缩机和储气罐等设备组成。工作时气浮轴承向下喷气，形成一层气膜将空间机构托在平整光滑的平台上，使得轴承可以在水平面自由漂移，实现对机构重力的补偿。气浮轴承通过轴与轴承之间气压始终抵消自重和负载力的作用，使轴处于悬浮的状态，这样轴受到的摩擦力和黏附力几乎可忽略不计。气体静压导轨工作原理与气浮轴承类似，利用气压使动导轨悬浮在定导轨面上的一定距离，实现试件的重力卸载。卫星气浮试验台依靠压缩空气在静压气浮轴承与轴承座之间形成的气膜，使被测结构浮起，可有效模拟卫星在外层空间所受扰动力矩很小的力学环境。

8.1.2.6　悬吊法

悬吊法是通过绳索悬吊系统给试验物体施加一个通过其质心的集中力来抵消其全部或部分重力的一种重力补偿方法。悬吊法具有结构简单、成本低、适应性强和维护方便等优点，但也存在着绳索倾斜或晃动影响补偿效果及难以实现精确复杂空间运动补偿等缺点。

按照试验部件运动特征，悬吊法可以分为可转动悬臂法、滑轮式配重悬吊法、二维滑轨式悬吊法和绳索悬吊法。按照有无支架约束分，悬吊法可以分为气球悬吊法和支架悬吊法。按照运动过程是否受控，悬吊法可以分为被动悬吊和主动控制重力补偿两种方法。在实际试验中，常采用气浮或磁性悬吊方式降低滑块与导轨间摩擦阻力。下面详细介绍可转动悬臂法、滑轮式配重悬吊法、导轨直接悬吊法和气球直接悬吊方法。

（1）可转动悬臂悬吊法

可转动悬臂悬吊法是利用可转动悬臂和常力弹簧测试空间转动机构功能的试验方法。试验中试件转动轴必须保持竖直，且其质心仅能在水平内运动，以确保准确卸载其自身重力。该方法可较准确卸载试件重力，常用于转动部件例如伸展臂、固面反射面天线展开试验。图 8-15 为某固面天线展开试验示意图。试验时调整天线展开轴、悬臂转动轴与水平面保持垂直，然后将中间含有弹簧的吊索与反射器连接，调整弹簧秤至规定值，接下来手动展开反射器观测多个展开位置，将弹簧秤示数误差控制在规定范围内。

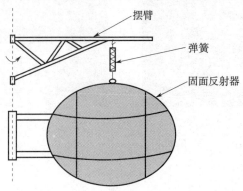

图 8-15　某固面天线展开试验示意图

（2）配重悬吊法

配重悬吊法是选用滑轮和配重平衡空间机构重力的一种补偿方法。与可转动悬臂悬吊法相比，该方法允许被测试空间机构质心在竖直方向有上下运动，但当机构质心沿竖直方向加速度较大时，难以对物体重力进行准确卸载。该方法具有试验系统成本低、可重复性好的特点，但配重过程较复杂且对轨道水平要求较高。图 8 - 16 为某模块化天线地面滑轮试验原理示意图。

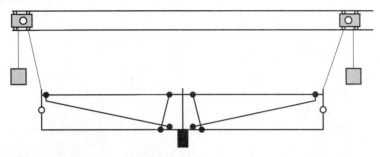

图 8 - 16　某模块化天线滑轮悬吊展开试验示意图

（3）导轨直接悬吊法

导轨直接悬吊法可以实现试件在二维平面内较大范围运动，具有搭建快捷、成本低等优点，但对导轨水平度要求较高，与配重法或气浮法结合可以使滑块与导轨间摩擦力大大降低，适合大尺寸太阳翼、天线地面展开试验。

图 8 - 17 为 Astra 2F 卫星太阳翼采用导轨悬吊装置直接展开试验示意图。可以看出，为对帆板重力进行有效补偿，悬吊线通过每块太阳帆板的质心。

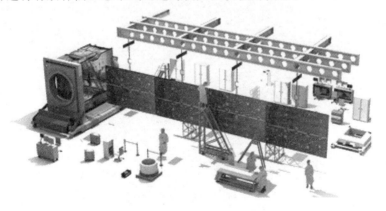

图 8 - 17　Astra 2F 通信卫星太阳翼展开试验示意图

为了保证太阳翼展开过程稳定，实际操作中经常使用两点悬吊法来补偿帆板重力，如图 8 - 18 所示。可以看出，太阳翼运动过程中相互垂直的滑块可以满足吊点沿与导轨平行和垂直两个方向二维运动。

将导轨直接悬吊法与配重法相结合，可以用于对复杂空间结构三维运动进行零重力补偿试验，如图 8 - 19 为日本六边形构型式天线地面展开试验示意图。可以看出，该天线零重力补偿装置导轨设计与常规设计有所不同。

　　（4）气球直接悬吊方法

　　气球直接悬吊方法利用轻质气体（如氢气、氦气）浮力与重力平衡原理对空间机构重力进行卸载。气球直接悬吊法具有简单、不受导轨束缚、部件运动范围大等优点，但气球运动惯性及空气阻力会对空间机构运动造成一定不利影响，适合轻质、速度和加速度较慢空间机构安装及重力补偿试验，相对而言这种方法应用较少。图8-20为欧洲某卫星固面天线使用氦气球卸载重力示意图。

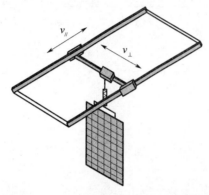

图8-18　二维导轨方法运动示意图　　　图8-19　日本六边形构型式天线地面展开试验示意图

图8-20　气球悬吊卸载重力示意图

8.2　空间大型周边桁架式天线地面试验技术

　　按照试验项目不同，空间大型周边桁架式天线展开可靠性试验主要包括火工品可靠性试验、部件刚度和强度试验、关节功能试验、动力装置试验、索网管理方案有效性试验、天线展开到位精度和重复精度试验、伸展臂和反射器系统级地面零重力展开试验。

（1）火工品可靠性试验

一般通过抽样考核火工品经历高低温储存、热循环、振动冲击、加速度、热真空及高低温、常温条件下满足设计要求的能力，并测试火工品爆炸引发的冲击加速度是否在设计范围内。

（2）部件刚度和强度试验

一般认为，单机部件最大应力出现于整星力学试验期间，力学试验主要包括噪声试验和振动试验。只要单机部件通过整星力学试验，即可确保单机不被破坏。机构展开试验主要验证机构经历各种工作状态之后的展开性能以及展开可靠性，很少对展开期间部件刚度和强度进行分析校核。但对于大型空间可展开天线而言，展开不同步和展开意外中止将导致部件受力较大，有必要对展开期间部件受力进行分析和测试，确保其强度和刚度在安全范围内。

（3）关节功能试验

主要考核伸展臂主动关节、反射器同步齿轮铰链、T 型铰链、斜杆滑移铰链等主被动关节在试验及空间环境下正常运转的功能。注意在热真空试验中，还应注意展开过程铰链所受应力对润滑膜的影响。

（4）动力装置试验

主要考核大小伸展臂及反射器主动驱动装置经历各项试验后在空间环境下正常工作的能力。

（5）索网管理方案有效性试验

主要考核微重力环境中反射器展开过程中索网管理防缠绕设计的有效性。鉴于地面环境中索网重力很难有效消除，需要专门试验对索网防缠绕设计进行验证。

（6）天线展开到位精度和重复精度试验

主要测试天线多次展开及展开到位后反射器与馈源阵相对位置关系是否满足设计要求。

（7）伸展臂和反射器系统级地面零重力展开试验

主要对重力补偿条件下伸展臂和反射器展开功能进行试验，并测试伸展臂和反射器展开到位指示装置正确性，暴露产品设计中存在的缺陷。

鉴于伸展臂和反射器尺寸大、关节运动关系复杂、展开后其结构强度难以承受其自身重力，很难开展空间大型天线伸展臂与反射器联合展开试验，因此分别对其开展地面展开试验。

8.2.1　伸展臂重力补偿条件下展开动力学试验

伸展臂大臂转动、回转和小臂转动均属旋转运动，根据以上分析，可采用转动摆臂悬吊法开展伸展臂地面展开试验。摆臂悬吊方法可以准确对空间机构重力进行补偿，并可有效检查空间机构可靠性和多次展开重复性。这里仅以大臂展开为例对其地面展开试验进行说明，为降低支撑桁架变形，在展开试验过程中可将反射器从伸展臂上拆下来进而单独对伸展臂开展展开试验。

　　图 8 - 21 为空间大型天线大臂地面展开试验示意图，该试验用于测试重力补偿条件下大臂展开驱动电动机、传动机构和控制器系统展开功能、展开位置精度和可重复精度。可以看出，该套试验装置主要由翻转车、模拟墙、零重力吊架系统、铅垂线、悬线（含弹簧）、伸展臂等部件组成。模拟墙与卫星本体壁板结构相同，其上有与伸展臂压紧释放机构的机械接口，以及伸展臂展开驱动机构与根部铰链连接的正确接口。模拟墙一般采用夹层结构制成，以减轻质量和保持相应的刚度。

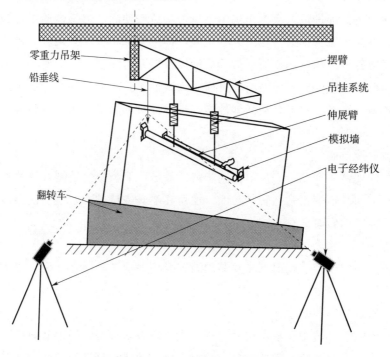

图 8 - 21　大臂地面展开试验示意图

　　试验前首先检查摆臂轴线是否与水平面垂直，然后调整伸展臂展开轴与水平面垂直。由于伸展臂是安装在模拟墙上的，而模拟墙又与翻转车固定在一起，试验前的调试主要调整翻转车使伸展臂轴线与水平面垂直。先对翻转车进行粗调，使伸展臂轴线与吊架上悬下的铅垂线平行，完成后开始对翻转车进行精调。精调时需要利用两台电子经纬仪观测模拟墙上与伸展臂转动轴线平行的标志，使该标志与经纬仪上标准铅垂线重合，进而确保伸展臂转动轴与水平面垂直，避免铰链转动过程中受到额外约束反力的作用。正式试验前需要调整悬吊系统，使悬吊系统上弹簧秤示数与规定值相等。将伸展臂松开，手动展开伸展臂，并在若干位置停留，读取弹簧秤示数，如果发现几个位置弹簧秤示数超差，则再次调整伸展臂展开轴，直至几个位置上弹簧秤示数小于允许值。

　　设备调整完毕后，启动驱动电动机开始进行试验。试验中需要记录展开过程中伸展臂展开速度时间历程、铰链位置作用力，并对试验过程进行全程录像。试验后需要再度检查弹簧秤示数，确认其不超差。

8.2.2　反射器重力补偿条件下展开动力学试验

空间大型天线反射器地面展开试验设计与评估是大型周边桁架式天线展开试验的难点和关键。经过前面几章的分析，可以明确天线反射器展开过程具有以下特点：

（1）桁架展开过程中每根杆件的质心和系统质心均在其各自竖直面内作二维运动

根据天线系统质心和每根杆件质心均在竖直面内运动这一特点，可以利用配重悬吊法设计其重力补偿装置；根据每根杆件质心作平面运动这一特点，可以采用导轨直接悬吊法和气球直接悬吊法设计其运动装置，由于反射器展开初始时刻速度较快且气球占用空间较大，综合权衡还是选用导轨直接悬吊法进行反射器重力补偿。

针对这一特点，可以将配重悬吊法和轨道直接悬吊法组合起来，以开展桁架重力补偿条件展开试验。

（2）展开过程中反射器桁架各转动铰轴线方向均不相同，且它们关于反射器桁架几何中心呈放射状

转动铰是周边桁架式天线活动关节中数量最多的铰，是天线展开阻力重要来源之一。以 30 个单元天线反射器桁架为例，其转动铰数量达 180 个。如果不计反射器桁架展开不同步，各个转动铰轴线均垂直各桁架单元运动平面，且关于反射器桁架几何中心呈放射状，这样就使得重力补偿装置在卸载时难以做到像太阳翼和伸展臂那样对机构铰链进行精确卸载，使得地面展开时天线重力对反射器桁架的展开影响难以合理补偿。此外，重力引起的同步齿轮位置处额外啮合阻力更加难以有效估计和补偿。

（3）地面展开过程中张力索网和金属反射网自身重力影响难以消除

地面展开过程中重力作用将使张力索网和金属反射网自由下垂，降低其自由摆动的幅度，进而使地面试验难以对索网防缠绕特性进行准确考核，这一点已经通过前面章节数值仿真结果进行了说明。

（4）反射器桁架展开后尺寸较大，难以在热真空环境中对其在轨展开可靠性进行更深入验证

空间大型天线展开后口径可达数十米到几十米，目前国内外均无如此大规模热真空试验大型天线进行空间模拟环境全展开状态试验，为了验证其展开可靠性，可以针对其展开危险点，例如展开初始时刻奇异点位置开展天线自收拢到释放初始位置。

（5）展开过程为一次性展开，展开进程不可逆

图 8-22 为大型周边桁架式天线反射器地面展开示意图。为了清楚起见，这里未绘出索网。该试验装置主要由导轨、吊挂系统（含弹簧秤）、反射器、测量装置等部件组成。导轨由滚动滑块和轨道组成，可为反射器每个单元质心运动提供相应运动轨道。吊挂系统可为反射器桁架提供零重力补偿。

试验开展前需要认真检查弹簧秤示数，使其误差在一定范围内，同时进一步通过电子经纬仪检测反射器桁架收拢状态轴线与水平面垂直度，以确保反射器在展开过程中其上下面始终与水平面保持平行。试验开始时切割器起爆，切断反射器桁架上包带，反射器桁架

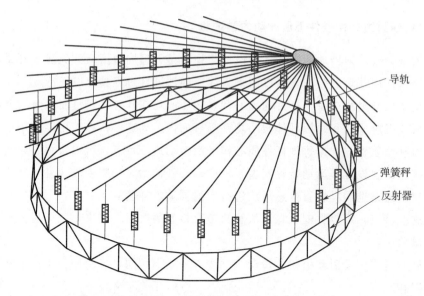

图 8 - 22　反射器地面展开试验示意图

在卷簧作用下展开至一定角度，电动机通过卷绳机构将斜杆绳索缓缓收纳，当卷簧驱动力小于反射器阻力时，反射器停止展开，这时以电动机为主要驱动力来源，将反射器桁架展开到位。展开过程中，有必要对弹簧秤示数进行监测，用以评估天线展开不同步对零重力补偿装置的影响，同时还需要实时对绳索张力和反射器桁架应力变化情况进行实时监测，确保其保持在合理范围内。

根据图 4 - 43，可以看出如果将小臂位置固定，则反射器展开过程中反射器桁架每根杆件的系统质心将沿着竖直方向下降，这意味着用于反射器重力补偿的悬吊绳索沿竖直方向的长度必须随反射器展开而相应伸长，而为了使反射器展开全过程中其重力始终得到良好卸载，则必须使绳索始终保持张紧状态，这样需要采用滑轮配重装置对反射器重力进行补偿。反射器滑轮配重重力补偿有两种方案：

1）在每根悬吊绳索上进行配重，如图 8 - 23 所示。这种技术方案可以确保对每个桁架单元重力进行合理补偿，但是占用空间较大，难以在反射器收拢状态进行布置，但同时展开过程中配重随滑块沿轨道做加速减速运动，可能会降低重力补偿效果。

2）在小臂位置进行总体重力补偿，如图 8 - 24 所示。优点是结构紧凑，缺点是难以保证每根绳索在展开过程中始终处于张紧状态，可能导致杆件和铰链受力不均衡，地面试验需要冒杆件不能完全卸载的风险。

为尽可能在发射前暴露反射器在轨可能出现的故障，需要反射器展开前经历收拢状态正弦振动和随机振动试验、火工品冲击试验、减压试验和热真空试验等一系列考验，鉴于大型周边桁架式天线反射器初始位置即为其运动奇异点位置，有必要在热真空室中开展反射器包带释放初始时刻运动功能试验。此外，由于零重力悬吊方法难以对索网管理方案进行完整验证，应该创造条件开展大型天线抛物线飞行微重力环境展开试验和在轨展开试验，确保其在轨展开可靠性。

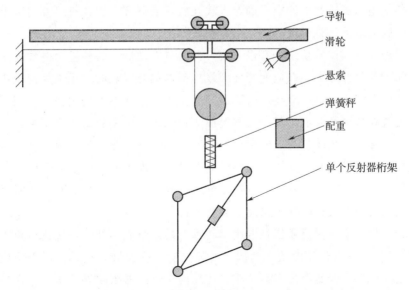

导轨

滑轮

悬索

弹簧秤

配重

单个反射器桁架

图 8-23　反射器单个桁架重力补偿方案

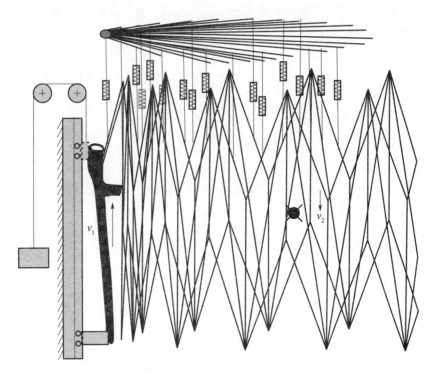

v_1

v_2

图 8-24　反射器整体滑轮重力补偿方案

8.3　天线地面展开试验的局限性

尽管大型天线各类地面试验可帮助尽早发现其设计、制造及装配缺陷，在一定范围可对天线反射器设计有效性做出评估，但国内外大型空间机构在轨展开故障的教训表明：天线成功通过各项地面试验并不能完全确保天线在轨可靠展开，因此有必要对大型空间天线地面展开试验的局限性进行说明。

（1）天线地面展开试验系统为有根系统，与天线在轨展开时整星无根系统存在差别

鉴于空间天线尺寸较大，在地面开展天线反射器展开试验时，无论如何都需要将天线反射器与试验装置相连，这样天线反射器展开过程中其运动不可避免受到地面试验装置的约束，然而天线在轨展开时卫星与反射器组成无根系统，根据数值仿真结果，天线反射器展开期间卫星本体将发生非匀速三轴平移运动和三轴姿态变化，给反射器展开带来相应牵连运动。卫星本体平移和姿态变化引起的反射器牵连运动可能使反射器索网发生一定程度摆荡，导致摆荡的索网与桁架发生接触甚至缠绕，这一点很难通过地面试验模拟出来。

（2）吊索与反射器展开运动不协调引起重力卸载不充分

地面试验过程中反射器需要依赖滑块、轨道与吊索组成的补偿系统进行重力卸载。根据图 8-22，反射器展开期间滑块运动被动追随反射器桁架展开运动，由于滑块本身惯性及其与导轨之间摩擦力会使得吊索运动滞后或超前于反射器桁架展开运动，在某些条件下这类不协调可能较为严重，将使得反射器桁架重力卸载很不充分，导致某些杆件受力过大而发生损伤，或者使关节铰链润滑膜遭到破坏，给天线在轨展开埋下隐患。

（3）伸展臂与反射器地面联展试验的缺失可能使天线与馈源阵间定位精度超差

前面提到，限于试验条件在地面无法进行伸展臂与天线反射器联合展开试验，这样就难以对伸展臂与反射器集成后展开到位精度进行评估，无法获得反射面和馈源相对位置变化引起性能下降的准确值。

（4）地面试验中重力场对索网的影响难以消除

在前面已经对这一点进行了详细阐述，这里不再赘述。

此外，限于目前认识的局限性可能还存在着一些地面试验中未能考虑到的其他因素，鉴于这些局限，今后可进一步完善并改进天线地面试验设计，制定天线在轨展开故障各类应急处置策略，以排除其在轨展开过程中可能出现的各类故障。

参 考 文 献

［1］ 周志成，曲广吉. 通信卫星总体设计与动力学分析［M］. 北京：中国科学技术出版社，2012.

［2］ 董富祥. 星载大型天线展开过程多体动力学建模及典型故障模式处理对策仿真研究［R］. 北京：中国空间技术研究院博士后出站报告，2013.

［3］ Jost H P. Tribology—origin and future［J］. Wear，1990，136：1 - 17.

［4］ Takano A. Tribology - related space mechanism anomalies and the newly constructed high - vacuum mechanism test facilities in NASDA［J］. Tribology International，1999，32：661 - 671.

［5］ Meguro A，Mitsugi J. Ground verification of deployment dynamics of large deployable space structures［J］. Journal of spacecraft and rockets，1992，29（6）：835 - 841.

［6］ Miyoshi K. Aerospace mechanisms and tribology technology［J］. Tribology International，1999，32：673 - 685.

［7］ 刘锋，金恂叔. 论航天器的热试验［J］. 中国空间科学技术，1999（6）：33 - 39.

［8］ Fusaro R L. NASA Space Mechanisms Handbook，NASA/TP—1999 - 206988［M］. Ohio，National Aeronautics and Space Administration Glenn Research Center，1996.

［9］ Roberts E W，Todd M J. Space and vacuum tribology［J］. Wear，1990，136：157 - 167.

［10］ Murray S F，Heshmat H，Fusaro R. Accelerated testing of space mechanisms，NASA - MTI 95TR29［R］. New York Lewis Research Center，1995.

［11］ 袁家军，于登云，陈烈民. 卫星结构设计与分析［M］. 北京：中国宇航出版社，2004.

［12］ 秦文波，程惠尔，刘振宇，等. 空间对接机构地面真空热试验［J］. 上海交通大学学报，2009，43（9）：1469 - 1472.

［13］ 李波. 空间润滑谐波减速器传动性能正交试验分析［J］. 机械工程学报，2012，48（3）：82 - 87.

［14］ 李星，邓军，吴海红. 航天滑环热真空试验检测系统设计［J］. 工程与试验，2012，52（3）：50 - 52.

［15］ Homma M，Hama S，Kohata H. Experiment plan of ETS - 8 in orbit：mobile communications and navigation［J］. Acta Astronautica，2003，53：477 - 484.

［16］ 从强. 空间机构地面重力补偿设备跟踪研究［J］. 航天器环境工程，2012，29（1）：92 - 99.

［17］ 刘春辉. 微重力落塔试验设备［J］. 强度与环境，1993（4）：41 - 52.

［18］ 张孝谦，袁龙根，吴文东，等. 国家微重力试验室百米落塔设施的几项关键技术［J］. 中国科学 E 辑，2005，35（5）：523 - 534.

［19］ 陈雨春，王德汉. 失重飞机抛物线飞行和应用［J］. 航天医学与医学工程，1994，7（4）：299 - 303.

［20］ 韦娟芳. 卫星天线展开过程的零重力环境模拟设备［J］. 空间电子技术，2006（2）：29 - 32.

［21］ 李向华. 星载双轴天线指向机构设计与研究［D］. 上海：上海交通大学，2011.

［22］ Meguro A，Ishikawa H. A study of the accuracy of deployment testing for large deployable structures［C］. 43rd AIAA/ASME/ASCE/AHS/ASC Structures，structural dynamics，and marerials con，

2002，Denver．

[23] Wilbur S，Frank M，Roy H. Space mechanisms lessons learned study volume I – summary. NASA – TM – 107046 ［M］. Ohio，NASA Lewis Reasearch Center，1995.

[24] 黄本诚，童靖宇．空间环境工程学［M］．北京：中国科学技术出版社，2010.

[25] 马有礼．航天器太阳电池阵热真空试验技术［J］．航天器环境工程，2000（1）：29 – 38.

[26] Morgan H S，Roberts H D. Shuttle VLBI experiment ［R］. NASA TM – 82491，Alabama，NASA Marshall Space Flight Center，1982.

[27] 寇艳玲．大型可展开网状反射器的设计评估［J］．空间电子技术．2000（2）：36 – 44.

[28] 蒋寿良．东方红三号卫星通信天线展开机构及展开试验［J］．空间电子技术．1994（3）：67 – 70.

[29] Smith T M，Lee B，Semler D etc. A large S – band antenna for a mobile satellite ［J］. AIAA，2004，1 – 8.

[30] Tsunda H，Hariu K，Kawakami Y. Structural design and deployment test methods for a large deployable mesh reflector ［J］. AIAA，1997，2963 – 2971.

[31] Meguro A，Ishikawa H，Tsujihata A. Study on ground verification for large deployable modular structures ［J］. Journal of spacecraft and rockets，2006，43（4）：780 – 787.